KB121783

미생물에 관한 거의 모든 것

미생물에
관한
거의
모든 것

March of the Microbes

존 L. 잉그럼 지음

김지원 옮김

이케이북

차례

　세상을 한 번 둘러보라. 무엇이 보이는가? 어느 봄날, 산책을 하며 내면의 고뇌에 완전히 사로잡혀 있는 게 아니라면 새의 지저귐, 자동차 경적, 해가 떠오를 때 느껴지는 숲속의 평화로운 고독을 느낄 것이다. 하지만 흙이나 콘크리트를 밟고 있을 때, 무심코 숨을 들이쉴 때도 우리가 딛고 있고, 우리를 둘러싸고 있으며, 심지어 우리 몸 안에 자리하고 있는 보이지 않지만 드넓은 미생물의 세계에 대해서는 거의 생각하지 않는다. 인간은 극소수에 불과하고 거의 대부분 미생물이 지배하고 있는 이 지구라는 행성에 이 조그만 생물체들이 어떤 영향을 미치는지도 생각하지 않는다. 이 보이지 않는 생물체들은 최소한 30억 년 이상 우리의 행성에서 살아왔으며, 우리가 태어나서 죽을 때까지 함께 지낸다. 그들은 인류의 동반자로서 인류 진화사 전체와 함께한다.

　어떤 환경에 있든 우리는 미생물의 흔적을 볼 수 있다. 바닷가에 앉아 황홀한 일몰을 바라보고 있다고 상상해보자. 사라지는 햇살로 인해 구름이 밝게 빛나고 있다. 이제 우리가 호흡하는 공기를 살펴보자. 우리가 숨을 쉴 때마다 들이마시며 생명을 유지하는 데 반드시 필요한 산소를 생성하는 미생물 활동에 대해서 생각해보자. 산소를 지나 우리가 들이마시는 공기의 대부분을 이루고 있는 비활성 기체인 질소 nitrogen에 대해서 생각해보자. 질소는 모든 식물과 동물이 흡수할 수 있는 형태로 전환되어야만 한다. 비활성 질소를 영양분으로 바꾸는 것은 쉬운 일이 아니지만, 미생물은 오래전에 이 능력을 익혔다. 사실 이 지구상에서 일어나는 주된 화학적 순환은 모두 미생물과 관련 있다. 심지어 해가 질 때 아름답게 빛나는 구름도 바닷물 속 미생물의 활동으로 인한 것이다. 이런 자연현상은 별로 놀라운 일이 아닐지 모른다. 지구 생물권의 구석구석에 미생물이 가득하기 때문이다. 아름다운 바닷가는 모래와 물로 가득하고, 그 모래 한 알 한 알, 물방울 하나하나에도 미생물이 가득하다. 미생물의 삶은 대단히 복잡하고 신비로워서 우리도 그 다양성을 간신히 이해하기 시작한 참이다. 하지만 미생물의 세계에는 아직도 탐험할 곳이 대단히 많다.

　그래서 주변의 환경을 더 잘 이해하려면 이 미생물들의 끊임없는 활동이 우리 존재에 미치는 지대한 영향력에 대해 좀더 알아볼 필요가 있다. 그렇다면 어디서부터 시작해야 할까? 이 책을 읽어보라. 여러분은 미생물의 세계로 들어가는 가이드와 함께 있는 셈이다. 이 훌륭한 입문서는 내가 가이드를 맡기고 싶은 최고의 인물이 쓴 것이다. 존 잉그럼은 수십 년 전부터 열정적으로 미생물 세계를 관찰해왔다. 그는 뛰어난 학자로서 미생물의 활동을 탐색했을 뿐만 아니라 전 세계에서 널리 사용되고 있는 여러 권의 주요 미생물 관련 교과서를 집필하기도 했다. 그는 이 책에 자연주의자이자 작가로서 자신이 겪어온 모든 것을 쏟아부었다. 그 결과물은 보이지 않는 미생물 세계의 경이로움으로 여러분을 매혹시킬 이야기로 탄생하였다.

　존 잉그럼이 샌디에이고의 캘리포니아 대학교에서 안식년을 맞았을 때 나는 대학원에 다니고 있었다. 그때 영광스럽게도 그와 한 연구실에서 일할 수 있었다. 그는 특유의 겸손하면서도 열정적인 방식으로 자신의 광범위한 지식을 나눠주고, 나에게 위대한 미생물의 세계를 더 탐험해보고 싶은 욕망을 일깨워주었다. 그와 만난 이후 나는 운 좋게도 이 탐험을 계속할 수 있었다. 하지만 더 큰 행운은 그가 나의 우상이자 평생의 친구가 되었다는 점이다. 여러분에게 곧 수십 가지 미생물의 모습을 보여줄 이 모험담을 먼저 읽으면서 나는 연신 온몸에 소름이 돋는 듯했다. 이는 위대한 스승에게 가르침을 받을 때에만 얻을 수 있는 느낌이다. 이 책을 읽는 독자들도 나와 같은 기분으로 이 놀라운 모험을 즐길 수 있기를 바란다.

미국 미생물학회 회장
로베르토 콜터

01

미생물이 있는 풍경

**MARCH OF
THE MICROBES**

미생물은 이 지구가 형성된 이래 수십억 년 동안 지구상에 존재했다.
우리 호모 사피엔스는 겨우 10만 년 정도 전에 나타났으며,
우리의 가까운 선조도 그보다 겨우 몇 백만 년 전에 등장했을 뿐이다.
우리는 미생물의 고독한 여행을
겨우 몇 걸음 정도 함께한 사이일 뿐이다.

The Microbial Landscape

미소동식물microorganism, 쉽게 말해 미생물microbe은 우리의 조상이자 창조주이고 수호자이다. 몇몇은 가끔 우리의 적이 되기도 하고, 우리를 죽이기도 한다. 심지어 우리를 살찌게 하는 것들도 있다. 하지만 그들의 정교하고 자가 발전적인 세상에 침입해 들어간 것은 우리 인류다. 그들은 35억 년 전부터 수십억 년 동안 지구상에 존재했다. 우리 호모 사피엔스는 겨우 10만 년 정도 전에 나타났으며, 우리의 가까운 선조도 그보다 겨우 몇 백만 년 전에 등장했을 뿐이다. 우리는 미생물의 고독한 여행에 겨우 몇 걸음 정도만 함께한 사이일 뿐이다. 그들이 1킬로미터를 갔다고 하면 겨우 1센티미터 정도 혹은 그들의 하루 중에서 2.5초 정도를 함께했다고 할 수 있다. 가장 원초적 형태의 식물과 동물들조차 미생물에 비하면 4분의 1이 갓 넘는 시간 정도만 지구상에 존재했을 따름이다.

이렇게 확고하게 자리 잡은 정착자들은 어느 정도 존중받을 필요가 있다. 미생물은 그저 처음 나타난 것 이상의 일을 했다. 그들은 본질적으로 여러 가지 면에서 지구의 화학적인 성질을 바꾸어 인류가 나타나고 진화하기에 알맞은 환경을 만들었다. 그들은 우리가 숨 쉬는 대기의 산소를 만들었을 뿐만 아니라 우리가 먹는 식물과 동물에게 반드시 필요한 질소 화합물도 만들었다. 그리고 미생물은 우리의 광범위한 공격에도 불구하고 우리의 환경을 균형 있게 유지시켜왔다.

　미생물의 형태와 크기가 별로 대단하지 않기 때문에 우리는 미생물이 진화 과정에서 쌓은 업적을 하찮게 여기는 편이다. 하지만 절대로 그렇지 않다. 그들은 생명의 유전적·대사적·구조적 근본 문제들을 전부 해결했다. 우리는 의식, 지능, 명확한 말 같은 눈에 띄고 때로는 위험한 장식들을 좀 덧붙였을 뿐이다. 미생물은 보편적인 유전자 암호genetic code를 읽고 쓰는 법을 익혀서 이를 단백질, 핵산, 다당류, 지질 같은 고분자 물질macromolecule을 만드는 데 이용했다. 미생물은 이 고분자들을 모아 모든 생명을 이루고 있는 기본 단량체인 '세포cell'라는 세포막으로 둘러싸인 구조를 탄생시켰다. 고분자들은 인간의 몸에 있는 것을 포함하여 모든 세포를 이루고 움직인다. 현대의 유전공학 기술이 확실하게 보여주듯이 우리는 미생물로부터 유전자를 물려받아 기초적인 생존 기술을 익히게 되었다. 우리는 그들이 일으키기 시작한 기나긴 진화 여정의 끝에 서 있는 것이다.

　하지만 미생물들이 능력을 전부 나누어준 것은 아니다. 우리가 계속해서 의존하여 살게 하려는 듯이 그들은 대사 능력 일부를 독점하고 있다. 여기에는 지구를 생명이 살 수 있는 곳으로 만드는 그들의

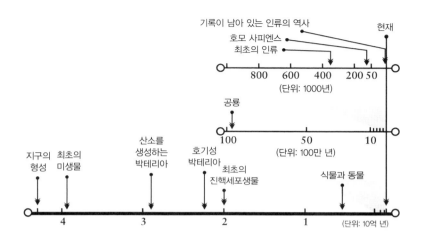

기록이 남아 있는 인류의 역사

호모 사피엔스
최초의 인류

현재

800 600 400 200 50
(단위: 1000년)

공룡

100 50 10
(단위: 100만 년)

지구의
형성

최초의
미생물

산소를
생성하는
박테리아

호기성
박테리아
최초의
진핵세포생물

식물과 동물

4 3 2 1 (단위: 10억 년)

• 지구와 생명의 역사 •

독특한 능력도 포함된다. 예를 들어 오로지 미생물만이 (기체 형태의 질소를 이용하여) 질소를 고정시킬 수 있고, 대기 중으로 기체 질소를 돌려보낼 수 있으며, 식물 세포의 주요 구성요소이자 지구상에서 가장 풍부한 유기 영양소인 셀룰로오스cellulose(섬유소)를 분해할 수 있다. 우리 자신을 포함하여 모든 동식물들은 이런 미생물들의 변환 능력에 직간접적으로 의존하고 있다. 미생물들이 개입하지 않으면 우리들은 금세 사라질 것이다.

물론 몇몇 미생물은 우리에게 해를 입히기도 한다. 작물을 손상시키거나 가축에 해를 입히고, 음식을 부패시켜 질병을 유발하고, 가끔은 우리를 죽이기도 한다. 하지만 이런 해로운 미생물은 극소수일 뿐이다. 게다가 미생물 중에서 질병을 일으키는 미생물인 병원균

pathogen이 차지하는 비율은 인간 중에서 1급 살인을 저지르는 범죄자가 차지하는 비율보다 훨씬 적다. 물론 범죄형 미생물이 소수라고는 해도 그들이 우리의 진화와 역사, 생존에 미친 영향은 대단히 크다. 동물들은 필요에 따라 미생물로부터 자신들의 몸을 지킬 복잡한 방어수단인 면역 체계를 갖추도록 진화했다. 이것은 커다란 변화이다. 우리 몸 대부분과 유전자 대다수가 면역 체계를 운영하는 데에 온전히 사용되기 때문이다.

유전적으로든 환경 때문이든 혹은 질병 때문이든 우리의 면역 체계가 제대로 작동하지 못하면 우리는 곧 미생물에게 포위되어 금세 죽을 것이다. 태어날 때부터 면역 체계에 큰 이상이 있었던 '버블 보이 The bubble boy'(종합면역결핍증으로 인해 태어나자마자 플라스틱으로 만든 비누방울 모양의 무균실 안에서만 살다 열두 살에 세상을 떠난 데이비드 베터David Vetter를 가리킨다 — 옮긴이)를 생각해보라. 그는 미생물로 가득한 세계로부터 완전히 고립된 채, 비누방울 같은 차단막으로 둘러싸인 인공적인 무균 환경에서만 살 수 있었다. 더 자주 볼 수 있는 경우로 에이즈를 들 수 있다. 면역 체계에서 중요한 부분을 망가뜨리는 에이즈 역시 치료하지 않으면 최후의 일격을 가할 수 있는 다른 미생물들 앞에 우리를 노출시킨다.

미생물들의 이런 중요성이나 독특한 매력에도 불구하고 자연계에 끊임없이 흥미를 가진 사람들조차도 미생물을 거의 무시한다. 가장 큰 이유는 우리가 미생물을 거의 볼 수 없기 때문이다. 새를 관찰하는 것처럼 쉽게 미생물을 관찰할 수는 없다. 희귀 난초를 찾아내듯이

미생물에 관한 거의 모든 것

형체만 보고서 미생물을 구분할 수도 없다. 박테리아 같은 각각의 미생물을 보려면 고성능 현미경이 있어야 한다. 설령 현미경이 있다 해도 효과는 별로 없다. 대부분의 박테리아는 형태가 극히 미세하게 다른 것을 제외하면 거의 똑같아 보인다. 심지어 형태로도 종을 구분하기가 어려운 경우도 있다. 대단히 경험 많은 미생물학자라 해도 현미경으로 비슷한 형태의 미생물을 보고 구분하기는 굉장히 어렵다. 치명적인 전염병 콜레라를 일으키는 콜레라균*Vibrio cholerae*과 몇몇 바다동물의 몸에서 빛을 내는 것 말고는 전혀 해롭지 않은 알리비브리오 피스케리*Alivibrio fischeri*는 모양이 거의 똑같다. 둘 다 한쪽 끝에 편모가 달린 막대형이다.

외양이 아니라 활동을 통해서도 미생물을 구분할 수 있다. 많은 경우 미생물의 활동 결과물은 우리의 눈, 코, 미뢰taste bud, 가끔은 귀를 통해서도 분명하게 구분된다. 우리의 감각만으로도 이 미생물이 무엇이고 어떤 일을 하는지 대부분 알 수 있다. 이 책에서 우리는 미생물 그 자체에 관해 여러 가지를 알려주는 미생물의 활동을 쉽게 구분하는 방법을 알아볼 것이다. 미생물 관찰을 새를 관찰하는 것만큼 쉽고 편안하게 하지 못할 이유가 뭐가 있겠는가? 새 관찰자들이 하듯이 미생물 발견 목록을 만들어볼 수도 있을 것이다. 우리가 구분할 수 있는 동식물은 물론이고 다른 형태의 생물체를 유지해주는 미생물의 핵심 역할을 인지할 수 있다면, 숲속을 산책하는 것도 더 흥미로워질 것이다. 몇몇 미생물은 우리의 감각으로는 알아챌 수 없지만, 이들은 우리의 환경과 삶에 중대한 영향을 미치고 있다. 이런 인기 없는 미생물에 대해서도 이야기할 것이다.

새 관찰자들은 '관찰sighting'한다는 말에 듣는 것도 포함시킨다. 울음소리로 새를 구분하는 것이다. 미생물 관찰자로서 우리는 일반적인 시각과 청각에 냄새와 촉각, 심지어는 맛까지 포함시킬 수 있을 것이다. 우리의 모든 감각을 사용하는 것이다.

미생물을 조금이라도 관찰하고 나면 경험 많고 똑똑한 자연주의자들조차 무시하고 경시하는 이 작은 생물체들의 영향력을 더 많이 알게 될 것이다. 예를 들어 유타 주와 콜로라도 주 사이에 있는 국립 공룡유적지의 관광안내소 앞에 있는 커다란 벽에는 굉장히 훌륭한 연대표가 있다. 이 연대표는 지구의 형성에서 시작해서 현대에 이르기까지 연대순으로 각종 생물들의 출현 시기를 표시하고 있다. 하지만 충격적이게도 여기에는 미생물에 관한 이야기가 완전히 빠져 있다. 미생물 관찰자들은 연대표에 있는 생물들이 미생물 없이는 진화하기는 커녕 살아남지도 못했을 거라는 걸 알고 있는데 말이다. 심지어는 그 벽을 바라보고 있는 생물체조차 존재하지 못했을 것이다.

경험 많은 미생물 관찰자들이라면 애리조나 주 피닉스의 사막 식물원에 있는 표지판을 보고 실망할지도 모른다. 아름답고 다양한 보물들이 가득한 이 식물원에는 대담하게 이런 말이 쓰여 있다. "오로지 식물만이 스스로 자기 식량을 만든다." 미생물에 대해 처음 배우기 시작한 사람도 미생물이 최초로 대기 중의 이산화탄소로부터 스스로 식량을 만들어냈다고 반박할 수 있을 것이다. 그리고 수많은 미생물들은 지금까지도 같은 일을 계속해오고 있다. 몇몇은 빛을 이용해서, 몇몇은 철, 황, 망간 등의 형태인 광물 안에 있는 화학적 에너지를 이용해서 자신의 식량을 만든다. 식물이 스스로 식량을 만드는 것은 미생물로부터 유래된 유전자 덕분이다. 식물은 오래전에 획득하여 현재는 세포 내 구조물로 존재하는 광합성 미생물 엽록체를 사용하여 식량을 만든다. 이 표지판을 좀더 정확하게 고치면 이렇게 될 것이다. "오로지 미생물만이 스스로 자기 식량을 만든다. 식물은 세포 내에 식량을 생산하는 노예로 가둬놓은 미생물을 착취해서 식량을 얻는다."

오리건 주 남동부의 애버트 호수에는 그곳에서 볼 수 있는 새와 볼 수 없는 물속의 염전새우에 대한 자세한 설명과 그림을 곁들인 표지

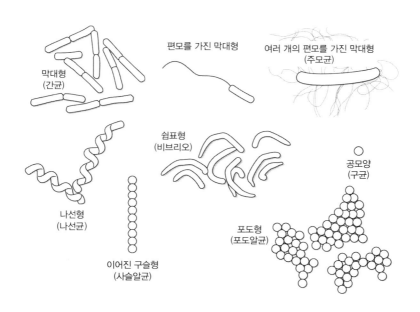

• 박테리아의 흔한 형태 •

판이 있다. 그러나 그 표지판 바로 뒤쪽에 펼쳐진 검고 광범위한 미생물 군집에 대해서는 이야기하지 않는다. 많은 방문객들이 그 검은 지역이 뭔지 궁금할 텐데 말이다. 미생물 관찰자들은 그게 뭔지 잘 알고 있을 것이다. 미생물을 관찰할 수 있는 곳은 다양하다. 애버트 호수로 소풍을 가면 우리는 왜 샌드위치에 들어 있는 스위스 치즈에 구멍이 있는지 생각하면서, 한편으로는 그 검은 지역을 유심히 살필 것이다. 우리는 매일 비슷한 현상들을 보지만, 이것을 미생물과 연관시키지는 않는다. 이런 현상을 이해하려면 미생물이 무엇이며 어떤 종류가 있는지, 그리고 무엇을 하는지에 관해서 알 필요가 있다. 그 말은 몇 가지 단어와 원리에 친숙해져야 한다는 뜻이다.

미생물에 대한 몇 가지 정의

미생물이란 쉽게 말해, 확대경 없이는 볼 수 없는 아주 작은 유기체이다. 우리들 대부분은 0.1밀리미터(혹은 100마이크로미터, 100µm) 정도 크기까지 볼 수 있기 때문에 크기 100마이크로미터 이하의 유기체가 미소 유기체, 즉 미생물이다. 물론 크기가 같다고 해서 유기체끼리 딱히 관계가 있는 것은 아니다. 개구리와 버섯도 크기가 비슷하다. 따라서 미생물이 모두 작으면서도 제각기 완전히 다르다는 사실에 놀랄 이유는 없다. 사실 미생물이라고 정의할 수 있는 다양한 유기체 집단이 식물이나 동물이 다르듯이 서로 거의 관련이 없다. 유기체에 있는

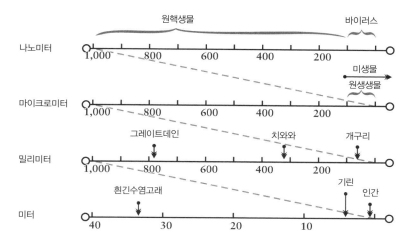

• 바이러스부터 흰긴수염고래까지 상대적인 크기 •

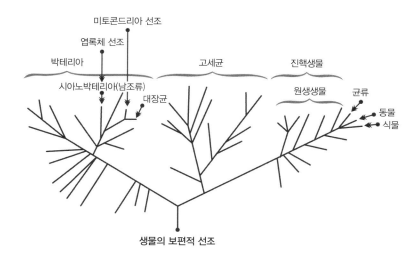

• 생물의 계통수 •

고분자 형태를 비교하는 현대 기술이 모든 생물들 사이의 관계를 밝혀주었기 때문에 이를 알 수 있게 되었다. 이것은 종종 보편적인 가계도, 즉 생물의 계통수 the Tree of Life로 요약·정리된다.

모든 세포 유기체들은 세 개의 집단(영역domain) 중 하나에 속한다. 그 세 가지 영역은 박테리아Bacteria, 고세균Arckaea, 진핵생물군Eucarya이다. 무세포성 바이러스는 생명의 계통수에 아예 존재하지 않는다. 어쨌든 그중 일부는 이 책에 나온다. 모든 동식물은 이 영역 중 진핵생물군에 속한다. 반대로 미생물은 이 세 영역에 고루 퍼져 있다. 모든 박테리아와 고세균은 사실 미생물이다.

박테리아와 고세균은 진핵생물에 비해 세포 구조가 조금 단순해서 이들을 전부 원핵생물prokaryote이라고 부른다. 원핵생물이라는 단어는 유용하지만, 오로지 외양만을 묘사할 뿐 유연관계에 대해서는 알려주지 않는다. 두 가지 원핵생물군의 대표인 박테리아와 고세균은 현미경으로도 구분할 수 없다. 외양이 비슷해도 이 두 집단에 속한 미생물은 유전적·생화학적으로 완전히 다르다. 그들은 동식물이 거리가 먼 것처럼 서로 거리가 멀다. 세포 구조(원핵생물)가 동일한 두 미생물이 완전히 다른 이유는 원핵세포가 아주 단순하기 때문일 수도 있다. 이들이 진화를 통해 공통적으로 갖게 된 독특한 구조가 아니라 이들이 갖지 못한 것으로 각각을 구분할 수 있는 것이다.

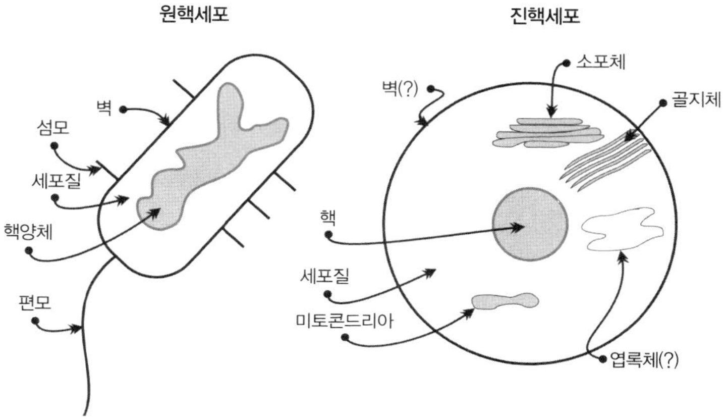
원핵세포
진핵세포
벽
섬모
세포질
핵양체
편모
소포체
벽(?)
골지체
핵
세포질
미토콘드리아
엽록체(?)

• 생물체의 두 가지 세포 •

박테리아

박테리아는 친숙한 단어다. 박테리아는 살균제 약통 뒷면에 보이는 대장균*Escherichia coli*, 황색포도알균*Staphylococcus aureus*, 폐렴사슬알균*Streptococcus pneumoniae*처럼 잘 알려진 이름의 단세포 원핵생물들로 이루어진 큰 집단을 말한다. 박테리아는 '세균germ'이라는 이름으로 더 잘 알려져 있고 결핵, 폐렴, 패혈증 인두염, 그리고 최근에 알려진 소화궤양 같은 질병을 야기하는 균들이 포함된다.

박테리아는 그람 양성gram-positive과 그람 음성gram-negative이라는 두 개의 큰 집단으로 나눌 수 있다. 이 이름은 한 세기 전 덴마크의 미생물학자인 한스 크리스티안 그람Hans Christian Gram이 개발하여 자신의 이름을 붙인 염색법에서 따온 것이다. 이 염색은 특정한 박테리아에서만 색이 나타나는데, 색이 나타나는 박테리아를 그람 양성균이라고 하고, 색이 나타나지 않는 박테리아를 그람 음성균이라고 부른다.

　그람이 활동하던 당시 현미경 아래에서 박테리아 세포를 볼 수 있도록 색을 입히는 염색법은 미생물학자들에게 굉장히 중요한 일이었다. 당시의 현미경으로는 염색하지 않고는 박테리아를 보기가 굉장히 어려웠기 때문이다. 각각의 박테리아 세포는 빛을 별로 흡수하지 않는다. 빛이 이들을 거의 그대로 뚫고 지나가기 때문에 전통적인 현미경으로 보면 박테리아는 거의 보이지 않는다. 하지만 염료는 빛을 효율적으로 흡수하는 재료였고, 그래서 박테리아 세포에 달라붙거나 들어가는 염료 덕에 이들을 확실하게 볼 수 있었다. 몇몇 염료는 그람의 염색약처럼 각각의 박테리아에서 선택적으로 작용한다. 염색 기술의 발전은 19세기 말에 수많은 과학적 업적의 기초가 되었다. 가장 유명한 세균성 질병들을 일으키는 특정 미생물들을 구분하게 된 이 짧은 시기를 '세균학의 황금기Golden Age of Bacteriology'라고 한다.

　세균학자들이 염색에 공을 들이면 들일수록 기술은 점점 더 정교해지고 미생물을 잘 보이게 만드는 것 이상의 유용함을 얻게 되었다. 대단히 선택성이 강한 염료를 발견하게 된 것이다. 예를 들어 몇몇은 특정 박테리아를 염색하지만 그 박테리아가 감염시킨 사람의 세포는 염색하지 않았다. 이런 종류의 염색약이 나타남에 따라 독일의 세균학자 로베르트 코흐는 1882년 결핵의 항원인 결핵균Mycobacterium tuberculosis을 발견했다. 그는 자신의 새로운 항산염색acid-fast staining을 이용해 이 치명적인 박테리아의 존재 여부로 질병의 감염 여부를 확인할 수 있었다. 박테리아 내부를 선택적으로 염색하여 이들의 존재 여부를 밝혀주는 다른 염색약들은 박테리아 세포가 어떻게 작용하는지를 알려주는 귀중한 도구가 되었다.

크리스티안 그람의 염색은 더욱 훌륭한 결과를 가져왔다. 이미 말했듯이 이 염색법은 박테리아를 그람 양성과 그람 음성이라는 두 개의 주요 집단으로 나누어주었다. 미생물학자들은 곧 이 두 집단이 많은 면에서 다르다는 것을 알게 되었다. 박테리아가 그람 양성인지 그람 음성인지를 아는 것은 중요한 정보가 되었다. 하지만 이것은 20세기 중반, 전자 현미경이 나타나 그람 양성과 그람 음성 박테리아 사이의 구조적 차이를 알게 된 후의 일이다.

이 둘은 해부학적으로 구분된다. 모든 세포들은 세포질cytoplasm(세포막)이라고 하는 대단히 조직적인 한 겹의 지질층으로 둘러싸여 있지만, 그람 음성 박테리아들에는 외부 세포막(외막)이 하나 더 있다. 화학적으로는 비슷하지만 세포막 때문에 독특해진 이 구조는 그람 음성 박테리아를 주변의 유독 물질로부터 강력하게 보호해준다. 그래서 이 박테리아들은, 예를 들어 특정 항생제에 1,000배 이상의 저항성을 갖고 있다. 이중 세포막 구조는 그람 음성 박테리아에 또 다른 독특한 능력을 선사한다. 이중 세포막으로 인해 막 사이에 원형질막공간periplasm이라는 소화 공간 역할을 하는 부분이 생긴 것이다. 외막을 지나 원형질막공간으로 들어오는 큰 분자들은 여기에서 세포막을 지나 세포에 양분이 될 수 있는 더 작은 분자로 소화된다.

그람 양성과 그람 음성이라는 특징은 다른 특성들과도 관계가 있다. 항생제에 대한 관계성과 반응성은 그 일부일 뿐이다. 박테리아가 그람 양성인지 그람 음성인지를 알면 그 박테리아에 대해 많은 것을 알 수 있다. 예를 들어 박테리아에 감염되었을 때 의사가 가장 먼저 알고 싶어 하는 것도 바로 이것이다. 하지만 그람 염색과 외막의 존재 사이에 중대한 연관성이 있음에도 불구하고, 이것 때문에 염색약에 각기 다른 반응을 보이는 것은 아니다. 염색에 차이가 있는 이유는 세포를 덮고 있는 층, 세포벽의 차이 때문이다. 그람 양성 박테리아 세포의 더 두껍고 화학적으로 복잡한 벽은 염료를 보존할 수 있지만, 더 얇은 그람 음성의 세포벽은 그러지 못한다.

　그람 음성 박테리아 중 한 종인 남세균cyanobacteria은 특히 관심을 기울일 필요가 있다. 이 박테리아는 볕이 드는 곳이라면 어디에나 있으며, 변하기 쉬운 성질 덕분에 생태계에서 활동하는 주요 행위자 중 하나이다. 이들은 광합성을 할 뿐만 아니라 대부분 대기에 있는 기체 질소를 영양분으로 이용할 수 있다. 그래서 이들이 자라고 번성하는 데 필요한 것은 햇빛과 공기 그리고 몇 가지 미네랄뿐이다. 또한 남세균은 지구의 진화에서 핵심 역할을 했다. 이들 중 하나가 선조 식물 세포에게 사로잡혔던 박테리아다. 이 박테리아는 식물 안으로 들어가 광합성 능력을 물려주게 되었고, 이 사건을 통해 식물계가 생겨났다. 그리고 남세균과 식물이 가진 광합성 능력의 부산물로 지구 대기에 산소가 생겼다. 이 중대한 공헌을 통해 우리와 다른 동물들이 살아갈 수 있게 되었다.

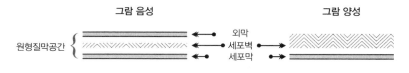

· 박테리아를 싸고 있는 구조 ·

남세균의 세포들이 대부분의 다른 박테리아에 비해 열 배쯤 크기 때문에 미생물학자들은 한때 이것이 뭔가 다른 것이라 생각하고 '남조류blue-green algae'라는 이름을 붙여주었다. 하지만 조류algae는 진핵생물이고, 남세균의 세포 구조는 분명 원핵생물이었다. 그래서 가끔 blue green bacteria라고도 부르는 남세균은 그저 큰 박테리아일 뿐이지만, 생태학적으로는 대단히 중요하다.

고세균

원핵생물의 또 다른 집단으로 자신들만의 영역을 갖고 있는 고세균 arckaea이란 무엇일까? 이 집단의 다양한 종들은 19세기부터 알려졌지만 이들은 비교적 최근까지 그 특성이 거의 밝혀지지 않았다. 고세균은 박테리아와 비슷하게 생겼고 똑같은 원핵세포 구조를 갖고 있어서 박테리아의 일부일 뿐이라고 여겨졌다. 하지만 1970년대에 생물의 연관성을 연구하기 위하여 DNA 서열분석sequencing 같은 새롭고 강력한 도구가 나타났다. 미국의 미생물학자 칼 우즈는 이 원핵생물 집단이 다른 생물과 마찬가지로 박테리아와도 별 관련이 없음을 알아냈다. 이후의 연구를 통해서 고세균을 특별하게 만드는 놀라운 생화학적 특성 및 다른 성질들이 발견되었다.

예를 들어 이들 세포막(앞에서 언급한 모든 세포의 원형질을 둘러싸고 있는 구조)의 화학적 구성은 다른 미생물의 세포막 구성과 근본적으로 다르며, 리보핵산ribonucleic acid(앞으로 RNA로 표기)을 만드는 특정한 핵심 효소의 구성 역시 다르다. 또한 고세균은 생태적으로나 대사적으로나 독특하다. 고세균만이 메탄, 즉 천연가스를 만드는 세균인 메탄생성균methanogen을 갖고 있다.

소는 첫 번째 위에 이 메탄생성균이 있어서 메탄을 분출하며, 인간에게도 이 고세균이 있어 메탄 방귀를 뀐다. 고세균의 다양한 집단들은 우리가 대단히 적대적이고 심지어 치명적이라고 여기는 환경에서도 살아가고 번성할 수 있다. 고세균은 생물학계에서 생태적 강인함과 모험심으로 유명하다. 몇몇은 물이 끓는 온도를 한참 넘어서는 약 섭씨 113도에서도 번성하고, 어떤 것들은 포화 소금물 용액을 터전으로 삼는다. 위장 같은 산성 환경(pH 1.0)에서 발견되는 것도 있다. 하지만 모든 고세균이 이런 극단적인 환경에서 사는 것은 아니다. 많은 고세균이 지구상에서 가장 온화하고 안락한 환경에서 살아간다. 예를 들어 바다는 수많은 고세균의 터전이다.

다른 미생물 집단과 달리 고세균 중에는 사람이나 동식물에게 질병을 야기하는 것이 없다. 몇몇 미생물학자들은 고세균이 대단히 오래되어서 동식물이 출현하기 전부터 진화하여 생태학적 특성을 확립했다고 여긴다. 고세균은 다른 환경을 찾아 거기에 남았다. 가설에 따르면 초기 지구의 상태와 비슷한 특성을 가진 환경에서 고세균을 많이 찾을 수 있다고 한다. 훨씬 온화한 지구에서 진화한 대부분의 다른 미생물이 살기 힘든 환경에서 말이다.

진핵생물

박테리아와 고세균을 제외한 모든 미생물은 진핵생물군에 속한다. 말했듯이 원핵생물과 달리 모든 진핵생물이 전부 미생물인 것은 아니다. 진핵세포에는 원핵세포에 없는 것이 있다. 바로 핵nucleus이다.

| **균류** fungi | 진핵생물군의 한 종인 균류에는 버섯, 곰팡이, 효모 등의 미생물이 포함된다. 이들은 독특한 세포 구조가 특징인 진화선상의 미생물 군집으로 이루어져 있다. 이 세포 구조는 세포질로 가득한 긴 원통형으로, 격벽으로 완전히 나뉘어 있지 않다. 효모 같은 몇몇은 특정 조건에서 단일세포로 존재하도록 진화되었지만 말이다. 균류는 환경에서 중대한 역할을 한다. 이들은 낙엽의 주요 분해자이다. 숲에 떨어진 이파리와 가지들은 균류에 의해 대부분 재활용된다. 어떤 균류는 살아 있는 식물을 공격하기도 한다. 사실 균류는 식물의 주요 병원체이긴 하지만 동물에게는 아니다. 동물의 주요 병원체는 박테리아와 바이러스다. 어떤 균류는 동물을 비롯하여 사람에도 감염된다. 무좀과 백선(버짐)은 짜증스럽지만 죽을 만큼 위험한 병은 아니다. 그러나

샌와킨계곡열san joaquin valley fever(미국의 캘리포니아 주 샌와킨 계곡에서 발생하는 풍토병―옮긴이)이나 분아균증blastomycosis(흙에 주로 존재하는 블라스토마이세스 데르마티티디스*Blastomyces dermatitidis*가 원인이 되어 발병하는 전신 곰팡이성 질병이다―옮긴이) 같은 병은 치명적이다. 이 질병들이 치료하기 얼마나 어려운지 알면 아마 놀랄 것이다. 왜냐하면 이 병의 균류는 우리와 아주 가깝고 대사 과정이 비슷하기 때문이다. 우리 몸에 큰 피해를 주지 않고 약으로 이들을 죽이기란 굉장히 어렵다.

균류는 생식 포자를 기반으로 세 집단으로 나눌 수 있다. 자낭균류Ascomycote, 담자균류Basidiomycote, 불완전균류Fungi imperfecti이다. 자낭균은 자낭*ascus*이라는 주머니에 포자가 들어 있다. 담자균은 담자기*basidium*라고 하는 몽둥이처럼 생긴 구조에 포자가 들어 있다. 19세기 진균학자들은 유성생식 단계가 없거나 유성 포자가 없는 균류 집단을 발견하였고, 이들을 '불완전imperfect'하다고 이름 붙였다. 이 균류에 유성생식 단계가 없는 이유는 최소한 두 가지가 있다. 유전적으로 유성생식을 할 수 없거나 적당한 파트너를 찾지 못한 것이다. 어느 쪽이든 유성생식 단계가 없다면 이 균류가 자낭균인지 담자균인지 구분할 수 없고, 그렇기 때문에 유성 포자를 형성할 수 없다. 그래서 이런 균류는 무성생식을 하게 되고, 언젠가 유성생식 단계가 발견될 때까지 일시적 집단인 불완전균류로 분류된다. 유성생식을 하게 되면 그때는 새로운 이름을 갖게 되는 것이다.

| **원생생물**protist | 비균류 단세포 진핵생물은 전통적으로 원충protozoa

과 조류의 두 집단으로 나뉜다. 광합성을 하는 것을 조류로 분류하고, 광합성을 하지 않고 대체로 운동성이 있는 것을 원충으로 분류한다. 유글레나(녹충류*Euglena spp.*)처럼 광합성을 하며 운동성이 있는 미생물은 어중간한 위치에 자리한다. 하지만 최근 생물의 관련성에 대한 분자적 연구가 이런 전통적인 분류법을 깨뜨렸다. 단세포 조류는 다세포 조류와 별로 관계가 없으며, 단세포 조류와 원생동물이라고 부르는 미생물 사이에는 뚜렷하게 구분되는 특징이 없다. 단세포 조류와 원생동물, 그리고 이전에 균류로 여겨졌던 몇몇 미생물까지 아울러 지금은 원생생물이라는 집단에 포함시킨다. 이것은 미생물학계에서 오랫동안 쓰지 않은 옛날 단어이다. 와편모충류*dinoflagellate*와 규조류*diatom* 같은 몇몇 원생생물들은 환경을 바꾸어놓았다. 다른 종들은 말라리아처럼 사람에게 심각한 질병을 일으킨다. 원생생물이 유발하는 질병은 특히 열대 기후에서 만연하기 때문에 이들에 관한 연구는 전통적으로 열대의학이라고 불렸다. 하지만 편모충*Giardia*과 와포자충*Cryptosporidium* 같은 원생생물은 온화한 기후대에서도 질병을 일으킨다.

바이러스

박테리아, 고세균, 진핵생물이라는 생물의 세 가지 계통에 속한 모든 생물들은 세포 생물이라는 특성을 공유한다. 모두가 한 개나 그 이상 혹은 다량의 원형질 (세포) 덩어리로 이루어져 있으며, 각각 완전한 세포막으로 싸여 있다. 그러나 바이러스는 완전히 다르다. 바이러스는 세포로 이루어지지 않는다. 대신 세포 안에서 발견되는 두 종류의 핵산인 디옥시리보핵산deoxyribonucleic acid(앞으로 DNA로 표기)이나 RNA 중 하나의 서열에 저장된 유전 정보를 단백질로 싸고 있는 덩어리이다. 어느 한쪽의 바이러스성 핵산이 세포에 들어가면, 즉 바이러스가 숙주 세포를 감염시키면 저장되어 있던 정보가 곧장 세포로 들어가 더 많은 바이러스들을 만들기 시작한다. 그러다 가끔은 숙주 세포를 망가뜨리거나 죽이기도 하고 가끔은 숙주에 별다른 피해를 입히지 않은 채 가만히 머문다. 바이러스는 궁극적인 기생생물이다. 그들 스스로 하는 것은 전혀 없고 그저 자신들이 원하는 것을 세포에게 시킬 따름이다.

바이러스의 한 종류인 박테리오파지bacteriophage T4는 바이러스가 어떤 일을 하는지를 보여주는 훌륭한 본보기이다. 박테리오파지 T4는 박테리아의 희생양을 죽인다.

바이러스 입자, 즉 비리온virion은 그 꼬리를 박테리아 세포 표면에 붙이고 세포 안으로 DNA를 '주입'한다. 비리온의 DNA(실제 정보)만이 세포 안으로 들어가고, (단백질로 이루어진) 나머지 부분은 세포 표면에 붙어 있는 텅 빈 껍질처럼 밖에 남는다. 이 간단한 행동이 바이러스에 관한 근본적인 사실을 알려준다. 복제 후에도 멀쩡하게 남아 있는 세포성 미생물과는 달리 바이러스는 복제를 하기 위해서 숙주 세포를 감염시키고 나서 분해된다. 비리온 자체는 활동성이 없다. 스스로 대사 활동을 하지 못해 세포를 감염시키지 않고는 복제도 하지 못한다.

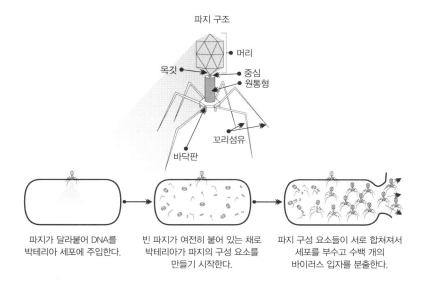

파지 구조

머리

목깃

중심
원통형

꼬리섬유

바닥판

| 파지가 달라붙어 DNA를
박테리아 세포에 주입한다. | 빈 파지가 여전히 붙어 있는 채로
박테리아가 파지의 구성 요소를
만들기 시작한다. | 파지 구성 요소들이 서로 합쳐져서
세포를 부수고 수백 개의
바이러스 입자를 분출한다. |

• 박테리오파지 T4의 일생 •

박테리오파지 T4 비리온의 DNA는 숙주 세포에 들어가서 세포에게 하던 일과 대사활동을 모두 멈추고 더 많은 비리온 성분(DNA와 단백질)을 만들라고 지시한다. 그런 다음 숙주 세포가 이 파지 요소들을 충분히 만들고나면 자연히 새로운 파지 비리온을 합성한다. 세포가 감염되고 약 20분 후에 세포가 분해되며 200개가량의 파지 비리온을 분출한다. 각각의 비리온은 다른 박테리아 세포를 감염시킬 수 있다. 파지 T4를 비롯한 바이러스들의 성장 사이클은 대단히 폭발적이다. 초기 감염 후 20분 만에 파지 비리온 한 개가 200개로 증가한다. 그것들이 각각 또 다른 박테리아 세포를 감염시키면 40분 후에는 원래의 파지 입자가 4만 개의 자손을 생산할 것이고, 한 시간 후에는 800만 개로 증가한다.

바이러스의 일반적인 성장 과정은 대단히 다양하다. 어떤 바이러스는 DNA가 아니라 RNA를 갖고 있다. 많은 바이러스들이 감염시킨 숙주 세포를 죽이지 않는다. 몇몇은 감염 후 즉시 복제를 시작하지도 않는다. 하지만 파지 T4의 복제 형태는 바이러스 복제의 기본 원리를 보여준다. 비리온이 세포를 감염시킨 다음 분해되고, 바이러스 핵산(DNA나 RNA)이 감염된 세포에 세포 자신이 아니라 바이러스를 위한 활동을 하도록 지시를 내린다.

몇몇 미생물학자들과 미생물 관찰자들은 바이러스가 살아 있는 것인지 아닌지, 그래서 미생물에 포함시켜야 하는지 아닌지를 놓고 열정적으로 논쟁을 벌일지도 모르겠다. 바이러스는 대학 미생물학과에서 연구되고 있으며 생물의 여러 가지 특성을 갖고 있다. 복제하고 진화하고 유전자 코드를 사용하며, 모든 생물들에게서 발견되는 고분자로 이루어져 있다. 반면 세포성 미생물은 DNA에 그들의 활동을 명령하는 유전정보를 저장하고, 살아 있는 동안에는 분해되지 않는다.

세포성 미생물의 성장과 복제

바이러스를 제외한 다른 미생물들의 주요 활동은 요약하기 쉽다. 바로 더 많은 미생물 세포를 만들기 위한 화학 합성chemical syntheses이다. 성장growth과 복제reproduction라고 하면 아마 더 친숙할 것이다. 물론 성장과 복제는 모든 생명체의 주요하고 필수적인 특성이다. 하지만 우리 자신과 같은 고등생물에도 주된 활동은 아니다. 우리의 대사 에너지 대부분은 행동이나 생각(우리의 뇌는 총 에너지의 20퍼센트 정도를 사용한다), 체온 유지 같은 다른 곳에 쓰인다. 반면 상황이 좋을 때면 거의 모든 박테리아의 대사 에너지가 더 많은 박테리아 세포를 만드는 데 사용된다. 몇몇 박테리아가 잘하는 것처럼 열심히 헤엄을 치고 있을 때에도 그들이 사용 가능한 대사 에너지 중 최저량만이 성장과 복제 대신 움직임을 유지하는 방향으로 전환된다.

미생물 세포가 자신과 같은 세포를 더 많이 만드는 동안 주변 환경은 여러 가지 방식으로 변화한다. 영양분을 사용하거나 다량의 세포를 만들거나 혹은 대사 과정에서의 노폐물을 주변에 쏟아내기 때문이다. 우리는 미생물의 활동을 그들이 가장 헌신하는 목표, 즉 성장과 복제를 하는 동안 주변에 뿌리는 부산물을 통해 확인할 수 있다.

미생물의 성장과 복제는 화학적 과정이다. 자연 속의 원료가 세포 안으로 들어가 더 많은 세포를 만드는 데 필요한 물질로 변화한다. 이런 변화는 대체로 미생물 세포 안에서, 수천 가지의 다양하고 복잡한 화학반응으로 이루어진다. 극소수의 예외는 있지만 이 각각의 반응들은 각기 다른 생물 촉매나 효소로 촉발된다. 그래서 미생물 세포를 만드는 데는 수천 가지 각기 다른 효소가 필요하다.

이렇게 복잡하지만 복제의 모든 과정은 놀랄 만큼 빠르게 진행된다. 대장균(모든 생물 중에서 가장 철저하게 연구되어 그 활동이 모두 파악된 생물) 같은 평범한 박테리아는 이상적인 상태에서 세포 두 개로 되는 이 복잡다단한 화학적 과정을 단 15분 만에 해치운다. 몇몇 박테리아는 이보다 더 빠르기도 하지만 대부분은 이보다 조금 더 오래 걸린다. 이에 관련된 수천 가지 화학반응 단계(대장균은 1,276단계를 거친다)는 이해하기가 굉장히 어려울 것 같지만 하나하나가 아니라 과정을 전체적으로 살펴보면, 즉 과정 하나하나에서 일하는 사람들의 행동보다 그 과정을 하나의 흐름으로 여긴다면 놀랄 만큼 쉽게 느껴질 것이다. 새로운 박테리아 세포(혹은 어떤 세포든)를 만드는 데는 이 공정의 겨우 다섯 가지 반응 혹은 대사 과정만이 필요할 뿐이다.

| **영양분 획득** | 이 공정의 첫 단계는 우리에게도 아마 친숙할 것이다. 주변 환경에 존재하는 수많은 원료들(혹은 우리가 식량이라고 부르는 것들)이 세포에 흡수된다. 일반적으로 이런 흡수는 영양분을 (가끔 1,000배로) 세포 안에 농축시킴으로써 영양분이 극히 적은 환경에서도 살아갈 수 있게 만드는 것으로, 에너지를 소모하는 공정이다. 박테리아의 한 종인 카울로박테르*Caulobacter*를 예로 들면, 이것은 영양분이 별로 많지 않은 수돗물에서도 살 수 있다. 그 안에도 불쌍한 카울로박테르가 찾아서 농축하고 성장할 수 있는 영양분이 충분히 존재한다.

| **영양분 처리** | 원료를 획득하고 나면 영양분은 세포 안에서 화학반응을 일으키는 평범한 물질로 전환된다. 놀랍게도 대부분의 경우 세포를 만드는 데에는 겨우 열두 개의 대사전구체*precursor metabolite*라는 유기화합물이 필요할 뿐이다. 몇몇 원핵생물은 독특한 세포벽을 만들기 위해 열세 번째 물질 펩티도글리칸*peptidoglycan*이 필요하다.

| **고분자 구성 물질 만들기** | 그다음에는 대사전구체의 일부가 여러 개의 화학적 과정을 거쳐 약 쉰 개의 각기 다른 작은 분자 혹은 세포를 이어 붙여 고분자로 만들어주는 구성 물질로 전환된다. 모든 유기체에는 같은 종류의 구성 물질이 필요하다. 예를 들어 모든 유기체에는 단백질을 만드는 데 다양한 서열의 아미노산 스무 개가 필요하다. 하지만 모든 유기체가 스스로 이 구성 물질을 만들 수 있는 것은 아니다. 스스로 구성 물질을 만드는 능력은 이들이 가진 효소의 종류에 달려 있다. 다른 많은 미생물들과 마찬가지로 대장균은 아미노산 스무 개를 전부 만들 수 있다. 왜냐하면 필요한 효소를 전부 갖고 있기 때문이다. 반면 인간에게는 이 효소가 여러 개 없다. 우리는 겨우 열 개의 아미노산만 만들 수 있기 때문에 다른 필수 아미노산 열 개는 음식을 통해서 섭취해야 한다.

| **고분자 만들기** | 흔히 단량체monomer 라고 하는 이 구성 물질이 한데 합쳐지거나 중합되어 세포의 고분자를 형성하는 긴 사슬을 만든다. 세포의 고분자는 주로 단백질, 핵산(DNA와 RNA), 다당류와 지질이다. 모두 유기체를 만드는 데 중요한 역할을 한다.

| **고분자 합체하기** | 그 후 고분자들이 서로 합쳐져서 새로운 세포의 가시적인 부분(세포 소기관)을 형성한다. 세포의 구성 성분이 두 배가 될 정도로 고분자가 충분히 만들어지고 새 요소들이 합성되었다면, 세포가 나뉘며 공정이 완료된다. 하나의 세포가 두 개의 세포로 늘어날 수 있을 정도의 원료를 합성한 것이다.

놀라운 일은 아니지만, 이 다섯 가지 대사 과정은 반드시 차례차례

일어나지 않는다. 중간에 여러 차례의 피드백 고리가 있다. 이 고리에서 가장 중요한 것은 에너지이다. 자연은 우리가 잘 알듯이 무언가를 공짜로 주지 않는다. 세포에서 일어나는 것과 같은 화학반응은 화학에너지라는 대가를 지불할 때에만 이루어진다. 세포에서 일어나는 화학반응 중 몇 가지는 에너지 면에서 자급자족이 가능하지만, 몇 가지 필수 과정은 그렇지 않다. 외부의 도움이 필요하다.

세포가 어떻게 이러한 도움을 얻을 수 있을까? 아주 간단하다. 세포 안의 대사반응 때 남는 에너지를 저장해두었다가 도움이 필요한 다른 반응에 사용하는 것이다. 세포는 이런 여분의 에너지를 아데노신 삼인산Adenosine triphosphate(앞으로 ATP로 표기)이라는 훌륭한 화합물 형태로 저장해둔다. 세포 내 반응에서 남은 에너지는 그대로 ATP의 형태로 저장되며, 나중에 이 ATP가 도움을 필요로 하는 다른 과정에 투여되는 것이다. ATP는 대사 에너지의 화폐로, 에너지가 남는 반응과 부족한 반응 사이를 오간다.

그래서 화학반응의 관점에서 보면 새로운 세포 합성은 별로 복잡한 것이 아니다. 세포는 주변 환경으로부터 영양소를 흡수해서 열두 개의 대사전구체를 만들고 대사 에너지(ATP)를 모은다. 그런 다음 세포는 이 두 가지 주요 대사 자원을 이용하여 새로운 세포를 만드는 것이다.

미생물부터 사람에 이르기까지 모든 유기체들은 이 대사 자원(대사전구체와 대사 에너지)을 본질적으로 동일한 화학 과정과 동일한 효소들을 통해서 새로운 세포로 바꾸지만, 개시 물질을 만드는 방식은 유기체들, 특히 미생물들 사이에서는 굉장히 다양하다. 미생물이 대사

전구체를 만들고 대사 에너지를 모으는 방식은 대단히 광범위하고, 이런 다양성을 관찰하는 것이 미생물을 각각 구분하는 기본적인 방법이다. 우리는 미생물이 대사전구체를 만들고 대사 에너지를 모은 결과물을 보고, 냄새 맡고, 맛보고, 가끔은 느끼거나 소리로 들을 수 있다.

반면 사람을 비롯한 동물들은 대사 자원을 모으는 방법이 한정되어 있고 단순하다. 우리는 우리가 먹는 음식의 유기물로부터 대사전구체를 만들고, 연소와 비슷한 호흡 과정을 통해서 대사 에너지를 얻는다. 유기 영양분의 탄소 원자가 산화되어 이산화탄소를 만들고, 우리가 들이킨 공기 중의 산소가 환원되어 물이 되고 대사 에너지를 방출한다.

식물은 조금 더 창의적이다. 그들은 공기 중의 이산화탄소로부터 대사전구체를 만들고, 산소성(산소를 생성하는) 광합성을 통해 대사 에너지를 얻는다. 다시 말해 빛과 물에서 대사 에너지와 산소를 얻는 것이다. 밤에는 낮 동안 축적한 유기 영양분 일부를 사용하여 유기호흡을 한다.

곧 보게 되겠지만 미생물은 믿을 수 없을 정도로 창의적이고 다양한 방법으로 대사 재료를 얻는다. 미생물들도 이산화탄소, 일산화탄소, 유기 영양소 등을 이용하여 대사전구체를 만들지만, 동물보다 훨씬 광범위한 재료를 이용한다. 대사 에너지를 얻을 때에는 산소만이 아니라 여러 가지 방식으로 유기 화합물을 이용해서 호흡한다. 또한 무기 화합물까지도 이용해 호흡하는 능력이 있다. 미생물은 산소만 만드는 것이 아니라 여러 가지 형태의 광합성도 할 수 있다. 발효도 할 수 있으며 몇몇은 특정 화합물을 세포 안팎으로 움직이는 것만으로도 에너지를 얻는다. 증명하기는 어렵지만 미생물이 대사전구체를 만드는 재료로 사용하지 못하는 천연 유기 화합물(인공적인 것은 제외)은 없다고 하고, 대사 에너지의 공급원으로 사용되지 못하는 자연적인 화학반응도 없다고 한다. 미생물이 어디에나 있으며 이렇게 어마어마하게 많이 존재하는 것도(지금 현재 우리의 몸에만 10조에서 100조 개의 미생물이 존재한다) 놀랄 일이 아니다. 그리고 이들은 우리와 우리가 사는 세계에 큰 영향을 미치고 있다.

　이제 실제로 미생물을 보고, 냄새를 맡고, 맛을 보고, 소리를 들어보자. 이 탐험에 현미경이나 다른 도구는 필요치 않다. 우리의 다섯 가지 감각만 있으면 된다. 가끔 몇 가지 분자까지 구분할 수 있을 정도로 예민한 후각에 의존하여 미생물을 관찰할 것이다. 후각은 우리에게 미생물이 무엇을 하고 있는지 많은 것을 알려줄 수 있다.

02

에너지를 얻는 방법

**MARCH OF
THE MICROBES**

"

타르 웅덩이에서 올라오는 커다란 기포는
실제로 미생물이 있다는 증거이다.
이는 새롭게 획득한 기술을 바탕으로 최근에 발견한 것이다.
라브리아 타르 웅덩이의 기포는 다른 곳에서도
미생물을 발견할 수 있음을 알려주었다.
미생물 생태학은 폭발적인 성장 단계를 밟고 있는 중이다.

"

Acquring Metabolic Energy

1장에서 이야기한 것처럼 우리가 수많은 미생물을 인지할 수 있는 것은 미생물이 대사 에너지를 획득하는 과정에서 환경을 바꾸기 때문이다. 지금부터 설명할 네 가지 미생물 역시 예외가 아니다. 사실 이 미생물들은 대단히 독특한 방식으로 에너지를 얻는다.

생선 비린내의 비밀

이 냄새는 대체 뭘까? 우리 눈에 보이는 거라고는 그다지 신선하지 않은 바다 생선뿐이지만, 이 독특한 비린내는 미생물이 활동하고 있음을 알려주고, 그것이 어떤 종류이며 어떤 일을 하고 있는지도 알려준다.

생선을 바다에서 처음 건져 올렸을 때는 거의 냄새가 나지 않는다. 하지만 곧바로 냉장을 하지 않으면 생선은 한 시간 안에 빠르게 비린내를 풍기기 시작한다. 처음에는 괜찮을 수도 있지만, 금세 역하고 불쾌하게 바뀐다. 민물 생선은 다르다. 민물 생선은 부패할 때까지는 괜찮은 냄새를 풍긴다. 바다 생선에서 나는 이 비린내는 생선에서 자라는 몇몇 박테리아가 생성하는, 코를 찌르는 냄새를 풍기는 트리메틸아민trimethylamine(TMA) 때문이다. 트리메틸아민을 만드는 박테리아는 사방에 존재하고(심지어 우리의 장에 사는 그 유명한 대장균도 트리메틸아민을 만든다) 생선은 풍부한 영양분 공급원이기 때문에 생선에는 트리메틸아민을 만드는 박테리아가 당연히 존재할 것이다. 이들은 생선이 죽자마자 증식하기 시작한다. 지독한 비린내를 풍기는 트리메틸아민 때문에 우리는 부패의 흔적이 나타나기도 전에 냄새를 맡을 수 있다.

이 박테리아들은 왜 이런 냄새를 풍기고, 왜 바다 생선에서만 증식하는 것일까? 바로 부패를 통해서 대사 에너지를 획득하기 때문이다. 바다 생선이 죽자마자 박테리아는 다른 사체에서 그러듯이 생선 표면에서 증식하기 시작한다. 처음에는 녀석들은 산소 호흡을 통해서 대사 에너지를 얻는다. 그렇게 빠르게 생선 표면 구석구석에서 산소를 빼앗는다. 우리와 대부분의 다른 동물에게서는 그걸로 끝이다. 산소가 없으면 더 이상 대사 에너지를 생성하지 못해 우리의 대사 과정이 중단되기 때문이다. 사실 우리나 대부분의 동물들은 빠르게 죽는다.

하지만 미생물은 산소가 고갈되자마자 산소가 필요없는 방식으로 바꾸어 대사 에너지를 획득하기 시작한다. 생선에서 자라는 박테리아는 부족한 산소를 대신하기 위해서 바다 생선에 풍부한 트리메틸아민옥사이드trimethylamine N-oxide(앞으로 TMAO로 표기)라는 대체 화합물로 대사 에너지를 계속 획득한다. 이런 무산소 호흡 형태를 무기호흡 anaerobic respiration이라고 부른다. 유기 영양분과 TMAO는 대사 과정을 통해 이산화탄소와 트리메틸아민을 만들고 대사 에너지를 방출한다.

유기호흡을 할 때에는 생선에 있는 유기 영양분을 산화하여 이산화탄소와 대사 에너지를 만들지만, 무기호흡을 할 때는 산소를 환원시켜 물을 만드는 것이 아니라 TMAO를 환원시켜 냄새가 나는 트리메틸아민을 만든다. 무기호흡은 산소 대신 TMAO만 사용할 수 있는 것은 아니다. 여러 가지 미생물들이 다른 많은 산소 대체제를 사용한다. 사실 몇몇 미생물은 여러 개의 각기 다른 대체제를 사용하기도 한다. 이들은 에너지의 경제적 측면과 유효성을 고려해 산소나 그 대체제 중 하나를 선택한다. 산소는 TMAO보다 훨씬 강력한 산화제이기 때문에 유기호흡은 TMAO를 기반으로 한 무기호흡보다 더 많은 대사 에너지를 만들 수 있다. 두 가지 호흡법을 다 할 수 있는 미생물들은 이 차이를 인지하고 산소부터 사용하다가 산소가 부족해지면 그제야 TMAO를 사용하는 무기호흡법으로 전환하는 것이다. 여러 산소 대체제를 사용할 수 있는 미생물들은 가능한 한 가장 에너지를 많이 만들 수 있는 호흡법을 사용하기 때문에, 산소가 부족해지면 그다음으로 에너지를 많이 만드는 대체제를 사용하는 방식으로 전환한다.

그런데 왜 바다 생선서만 비린내가 날까? 바다 생선만이 비린내를 풍기는 트리메틸아민이 되는 TMAO를 갖고 있기 때문이다. 민물 생선에게는 이 물질이 없다. 바다 생선의 세포 안에 축적되는 TMAO는 생선에 중대한 이점을 제공한다. TMAO는 생선이 사는 고농도의 소금물에서 체내 균형을 잡는 것을 도와준다. 이 덕에 생선은 세포에서 물이 빠져나가 몸이 찌그러지지 않는 것이다. 어떤 화합물이든 고농도일 때에는 똑같은 일을 하지만, 소금을 포함하여 화합물의 농도가 지나치게 높아지면 세포의 연약하지만 핵심 단백질에 해를 미칠 수 있다. 고농도의 TMAO는 이 단백질에 거의 해를 끼치지 않는다. TMAO는 삼투조절 물질*compatible osmolyte*이라는 화합물 군에 속하며, 세포에 해를 입히지 않으면서 삼투압을 조절한다. 또한 TMAO는 생선의 특정 효소에 영향을 미치는 심해의 높은 수압을 견딜 수 있게 만들어준다. TMAO는 극지 생선에서 특히 농도가 높은데, 이는 일종의 부동액 역할을 하기 때문이다. 하지만 기후가 어떻든 상어, 홍어, 가오리 등의 모든 바다 생선과 그 외에 문어, 오징어, 두족류 같은 해양 생물들에는 모두 TMAO가 있다. 따라서 죽은 뒤 모두 비린내를 풍기는 것이다.

　미생물만이 아무 냄새도 없는 TMAO를 비린내가 나는 트리메틸아민으로 환원시킬 수 있다. 그래서 우리는 생선이 비린내를 풍기기 시작하면 박테리아가 증식하고 있다는 것을 알 수 있다. 우리에게 해를 미치는 것은 아니지만 말이다. 하지만 그 덕에 우리는 박테리아가 혐기성 환경고*anaerobic pocket*를 만들고 지독한 냄새를 풍기는 트리메틸아민을 생성할 정도로 생선이 오래되었다는 것을 알 수 있다. 생선을 좋아하는 사람들이 오래전에 눈치 챈 것처럼 생선의 신선도를 판별하는 가장 좋은 방법은 냄새다. 슈퍼마켓에서 랩에 구멍을 뚫어야 하더라도 냄새를 맡아보는 것이 좋다. 하지만 송어나 메기, 틸라피아, 잉

어는 그럴 필요가 없다. 그것들은 민물 생선이며 따라서 TMAO가 없어 비린내 나는 무기호흡을 할 수가 없기 때문이다. 이 생선들은 신선도가 완전히 떨어졌어도 냄새는 여전히 괜찮을 수 있다.

흑해와 갯벌의 공통점

다음 미생물을 찾으려면 흑해Black Sea로 가거나 세계 어디에나 있는 갯벌을 둘러봐야 한다. 흑해의 심연은 검은색을 띠고 있어 굉장히 어둡기 때문에 흑해 전체는 놀랄 만큼 빛깔이 검푸르다. 하지만 흑해라는 이름이 이 색깔 때문에 붙여진 것은 아니다. 상당히 오래전에 색깔과 무관하게 붙여졌을 것이다. 흑해의 심연이 이렇게 검은 빛을 띠고 있는 이유는 소금기 있는 물에 접해 있는 갯벌의 냄새 및 검은 색깔과 마찬가지로, 미생물 때문이다. 갯벌의 검은색과 냄새는 산소 대신 황산염(SO_4^{2-})을 사용해 대사 에너지를 얻는 박테리아의 무기호흡 때문에 나타난다. 이 미생물은 이런 무기호흡을 하면서 황산염을 냄새나는 황화수소(H_2S)로 환원시킨다. 다시 말해 황산염을 환원시키는 이 박테리아가 황산염과 유기 영양분을 이산화탄소(CO_2)와 황화수소로 바꾸고 대사 에너지를 방출하는 것이다. 황산염은 지구상에 풍부하다. 육지에서 흘러내린 황산염은 바다에 축적되지만, 육지에서는 칼슘과 혼합되어 한때 고대의 바다 밑바닥을 이루고 있던 석고($CaSO_4$) 형태로 찾아볼 수 있다. 석고는 주로 건축자재로 사용되는데,

건식벽을 만드는 하얀 건식 재료가 바로 석고이고, 칠판 분필도 마찬가지이다.

이런 무기호흡의 폐기물인 황화수소는 우리가 흔히 계란 썩는 냄새라고 하는 코를 찌르는 냄새를 낸다. 황화수소와 계란을 결부시키는 이유는 무기호흡 때문이 아니라 미생물에 근거를 두고 있기 때문이다. 계란을 상하게 만드는 미생물은 계란 속에 있는 황 화합물에서 황화수소를 분리하여 이 기체를 만든다. 이 과정에서 생산되는 황화수소는 아주 적다. 계란에 황 화합물이 비교적 적기 때문이다. 하지만 우리 모두 잘 알듯이 황화수소의 양이 적더라도 냄새는 굉장히 강력하다. 고농도의 황화수소는 매우 유독하다. 우리가 들이마시는 공기 한 모금에 황화수소가 1퍼센트만 들어 있어도 의식을 잃을 수 있다. 하지만 황화수소는 반응성이 굉장히 강해서 자연계에서는 축적되지 않는다.

미생물은 썩은 계란에서 아주 적은 양의 황화수소를 만드는 반면, 흑해와 갯벌에서는 황산염을 이용한 무기호흡을 통해서 상당량의 황화수소를 합성한다. 황화수소는 미생물이 대사 에너지를 생성하는 과정에서 생기는 부산물이다. 하지만 왜 이런 형태의 무기호흡이 흑해와 갯벌을 검게 만드는 것일까? 자연계의 다른 화합물들과 마찬가지로 황화수소는 마그네슘이나 망간 같은 금속 이온과 반응해서 수용성 금속 황산염을 형성하는데, 이것이 대부분 검은색이다. 이 작고 검은 금속 황산염 입자들은 물속에 부유하고 있다가 흑해 바닥에서 앙금 침전물과 함께 섞인다.

황산염 환원균이 생성한 황화수소는 반응성이 굉장히 높기 때문에 위험할 수 있다. 예를 들어 이 박테리아는 철 같은 금속과 반응해서 금속들을 부식시킨다. 그래서 진흙 속에 묻힌 파이프가 바닷물에 노출되면 혐기성 환경에서 황산염을 흡수하는 황산염 환원균이 생성한 황화수소에 노출되어 빠르게 부식된다. 황산염 환원균 중에서 가장 철저하게 연구된 것은 데술포비브리오*Desulfovibrio*이다. 이 박테리아는 황산염을 기반으로 한 무기호흡에만 전적으로 의지한다. 이들은 산소가 있어도 산소를 이용하지 못한다. 심지어 산소에 해를 입는다.

다른 바다와 달리 흑해만 황산염 환원균으로 인해 눈에 띄게 검게 변하는 이유는 무엇일까? 다른 모든 바다와 마찬가지로 흑해에도 황산염과 유기 영양분, 황산염 환원균이 있다. 흑해를 독특하게 만드는 것은 이 광범위한 혐기성 환경이다. 이 흥미로운 바다의 심수층은 윗부분보다 더 짜고 더 차갑기 때문에 밀도가 더 높아져 무산소 층이 굉장히 넓다. 위쪽에 있는 바닷물보다 밀도가 높은 혐기성 구역은 아래쪽에 단단히 자리 잡아 위쪽과 섞이지 않는다. 그래서 심수층은 공기와 접촉할 일이 없고, 그 결과 무산소 지역으로 남게 된 것이다.

민물이든 바닷물이든 물의 위아래 층이 섞이지 않는 것을 부분순환*meromictic*이라고 부른다. 북아프리카와 미국에 부분순환 호수가 몇 개 있으며, 그중에서도 워싱턴 주의 소프 호수와 뉴욕 주의 그린 호수, 라운드 호수가 유명하다. 여기에도 황산염 환원균은 아니지만 흥미로운 혐기성 미생물이 깊은 곳에 풍부하게 자리하고 있다. 민물에는 대체로 황산염이 아주 적다. 물론 소금기가 있는 사막 호수는 유명한 예외이다. 대부분의 호수는 전순환holomictic한다. 매년 한두 차례는 깊은 곳의 물이 그다지 차갑지 않아서 상층부보다 무겁지 않은 봄철에 섞이곤 한다. 바람은 이 두 층을 섞는 주요 동력이다. 대부분의 부분순환 호수는 특히 깊고 경계가 가파라서 바람의 영향을 별로 받지 않는다.

해안 근처의 바닷가에도 상대적으로 작은 부분순환 지역이 여럿 있다. 이 지역은 흑해와 비슷한 염분약층, 즉 염분 농도의 수직적 분포를 보여준다. 강물이 밀도가 더 높고 짜고 깊게 흐르는 물 위를 지나도 섞이지 않는다. 흑해는 현재 세계에서 가장 큰 부분순환 지역이며 지구상에서 가장 많은 양의 무산소 물을 보유하고 있다. 흑해의 안정적인 염분약층은 계속해서 흘러오는 지중해의 염수와 심층부로 들어오는 보스포루스 해협의 물, 그리고 아조프 해에서 흘러오는 상층의 소금기 없는 강물로 이루어진 것이다. 지중해는 다른 큰 바다보다 염분이 더 많은데, 이는 지중해로 들어오는 민물보다 증발되는 물의 양이 더 많기 때문이다.

그래서 흑해 심층부에는 황산염 환원균이 다량의 황산염을 황화수소로 바꿀 수 있는 광대하고 편안한 거처가 형성되어 있다. 황산염은 흑해에서 모든 해양 환경에 존재하는 금속 이온과 결합해 검은 황산염을 형성하고, 특유의 아름다운 검은 빛을 흑해에 선사하는 것이다.

대부분의 바닷가와 강가 갯벌에서도 비슷한 조건이 형성된다. 염수가 황산염을 공급하고, 유기 영양분과 황산염 환원균이 진흙 속에 존재한다. 게다가 유기호흡을 하는 데 산소를 이용하는 미생물 때문에 표면에서 산소가 빠르게 고갈되어 표면 바로 아래에는 혐기성 환경이 조성된다. 그 결과 황화수소가 생산된다. 여기서도 황화수소는 진흙 속에서 금속 이온과 반응하여 검은색을 띤다. 금속 이온과 반응하지 않은 소량의 황화수소는 이 갯벌의 특징이라 할 수 있는 썩은 계란 냄새를 풍긴다. 바닷가 갯벌과 달리 민물 근처의 갯벌은 색깔이 훨씬 밝고 대체로 썩은 계란 냄새를 풍기지 않는다. 왜냐하면 바다와 달리 대부분의 민물에는 황산염이 아주 적기 때문이다.

물론 흑해와 바닷가 갯벌에만 검은 진흙이 있고 유황 냄새가 나는 것은 아니다. 하지만 이런 색깔과 냄새가 뒤섞여 있는 곳이라면 어디든 대체로 황산염 환원균을 찾을 수 있을 것이다.

조용한 연못에서 솟는 기포

바닥이 진흙으로 된 고요한 연못(비가 와서 갑자기 생긴 웅덩이 말고 제대로 된 연못) 근처에 몇 분만 기다리고 있으면 아마 표면으로 이따금 기포가 올라오는 것을 볼 수 있을 것이다. 이 기포는 우리가 흔히 천연가스라고 부르는 메탄(CH_4)으로 이루어져 있음이 거의 확실하다.

이를 확인하기는 어렵지 않다. 조그만 깔때기 끝을 플라스틱 튜브로 막고 집게나 마개로 닫는다. 그리고 튜브를 연못 안으로 넣어 물을 채운다. 그런 다음 깔때기를 거꾸로 뒤집은 뒤 튜브 입구를 연못 표면 바로 아래, 기포가 있던 자리에 오게 하고 막대기로 연못 바닥을 휘저어 기포를 일으켜 깔때기에 물 대신 기체가 차도록 한다. 그리고 나

51
에너지를 얻는 방법

서 기체의 압력을 더 높이기 위해서 깔때기를 더 아래로 내리고 마개가 연못 위로 나오게 한다. 그리고 불을 붙인 성냥을 튜브 가까이 대고 마개를 연다. 빠져나온 메탄 기체는 파란색 불꽃과 함께 타오를 것이다. 만약 그렇다면 연못 바닥에 있던 것이 그냥 공기가 아니라 진흙 앙금 속에 살고 있는 고세균이 만든 메탄임을 알 수 있다.

이 메탄을 만든 것이 고세균이라고 확신하는 이유는 고세균의 한 종인 메탄생성균*methanogen*이 지구상에서 이 기체를 만들 수 있는 유일한 미생물이기 때문이다. 그들은 대체로 침전물 속에 있는 다른 미생물, 아마도 박테리아가 만들어놓은 수소 기체(H_2)나 다른 작은 분자, 일반적으로 아세테이트(CH_3-COO^-)를 사용해서 이산화탄소를 환원시켜 메탄 기체를 만든다. 이것은 간단한 반응이다. 수소 기체와 이산화탄소가 메탄으로 전환되고 아주 조금이지만 대사 에너지를 방출한다. 그리고 메탄생성균은 이 에너지를 붙잡고 이것을 써서 번성할 수 있다. 미생물은 대단한 에너지 구두쇠이기 때문이다.

물론 수소(혹은 다른 적당한 작은 분자)와 이산화탄소를 가진 혐기성 환경은 많이 있다. 일반적으로 메탄생성균은 그런 환경에서도 잘 증식하여 메탄을 만들 수 있다. 그런 환경 중 하나가 반추동물(소나 양처럼 삼킨 먹이를 게워 먹는 동물)의 첫 번째 위장이다. 반추동물에서 만들어진 메탄은 트림으로 분출된다. 수많은 가축들의 트림은 메탄의 엄청난 원천 중 하나로 하루에 약 2만 톤 정도가 분출된다. 메탄은 무서울 정도로 강력한 온실가스이기 때문에 이런 가스 원천은 환경적으로 커다란 문젯거리로 여겨진다.

미생물에 관한 거의 모든 것

우리 인간 대부분 혹은 전부에게도 장내에 메탄생성균이 어느 정도 있다. 그리고 우리 중 3분의 1에게는 거의 소만큼 메탄을 만들 수 있는 양의 균이 있다. 다행스럽게도 인간의 생산량은 그보다 훨씬 적다. 이런 메탄의 약 20퍼센트가 혈액으로 흡수되고 결국에는 호흡으로 방출된다. 위장병 전문의들은 날숨에서 메탄을 측정하여 이 사람이 심각한 메탄 생산자인지 아닌지를 확인한다. 나머지 장내 메탄은 위장 내 가스로 여겨진다. 하지만 우리의 장내 주요 가스는 미생물이 생산한 수소이다. 메탄생성균은 연못 바닥의 진흙에서처럼 수소 기체의 일부를 메탄으로 바꿀 뿐이다. 메탄을 많이 만드는 사람과 덜 만드는 사람의 가장 중요한 차이가 무엇인지는 미생물학자뿐만 아니라 위장병 전문의들도 관심을 가지고 있다. 메탄 생성은 한때 대장암 발생 여부와 관계가 있다고 여겨지기도 했지만, 이어지는 연구로 이런 관련성은 배제되었다. 하지만 메탄의 생성 자체는 게실염diverticulitis(게실은 신체 주요 기관의 벽에 생기는 작은 주머니로, 게실염은 대장에서 생성된 게실의 내용물이 고여 발생하는 염증이다 — 옮긴이) 및 변비와 관계가 있다. 어느 쪽이 원인이고 결과인지는 분명하지 않지만 말이다. 이 책 후반에서 이야기하겠지만, 메탄 생성과 체중 증가 사이에도 관계가 있어 보인다. 이와 같은 미생물과 인간의 관계는 철저하게 연구되고 있다.

분뇨처리장치 안에 설치된 혐기성 소화조는 쓰레기 매립지와 마찬가지로 또 다른 메탄생성균의 진화적 환경을 형성한다. 잘 운영되는 분뇨처리장치와 쓰레기 매립 시설에서는 빠져나오는 메탄을 모아 유용한 목적을 위해 연소한다. 이렇게 하여 전기를 생산하거나 들어오는 분뇨를 태워 처리 과정을 더 빠르게 한다. 사람과 동물의 분뇨를 처리하는 소형 소화조는 중국을 비롯한 몇몇 나라에서 사용되고 있으며 여기서 발생한 메탄은 가정에서 요리를 하고 난방을 하는 데 사용된다.

중국에는 인구의 70퍼센트가 지방에 사는데, 중국의 몇몇 지방정부는 각 건물에서 이렇게 메탄을 생성하는 소형 소화조를 쓸 것을 장려하고 있다. 벽돌이나 콘크리트로 일주일 만에 만들 수 있고 80달러 정도밖에 들지 않는 이 소화조는 기술적으로 대단히 간단하지만 훌륭하게 작동한다. 이 소화조는 폐기물을 처리하는 동시에 유용한 물질을 생산한다. 소화조는 4,500리터가량을 담을 수 있으며 사람과 동물, 특히 돼지의 분뇨와 곡식 그루 및 잡초 같은 농업 폐기물을 박테리아와 고세균으로 처리하여 메탄으로 바꾼다. 이 물질들에서 박테리아가 생산한 생성물은 메탄생성균이 메탄을 만드는 데 필요한 초기 물질이 되는 것이다. 이런 가정용 기계 대부분이 가정에서 요리와 난방에 필요한 에너지의 60퍼센트가량을 감당할 수 있는 양의 메탄을 생산한다. 그리고 추가적인 이점은 소화조에서 나오는 액체이다. 유독한 투입물과 달리 미생물이 처리한 이 폐수는 냄새가 나지 않는다. 다른 미생물들이 지독한 냄새를 풍기는 물질들을 영양분으로 사용했기 때문이다. 소화조의 액체는 다량의 질소가 포함된 짙은 현탁액으로 작물에 비료로 사용되거나 닭과 생선에게 먹이는 벌레를 키우는 등 여러 가지 목적으로 사용된다.

서구에서 에너지에 관한 염려가 점점 커져가면서 이에 영향을 받아 독일과 미국을 포함한 다른 나라에까지 시골 지역에서 메탄생성균을 동력원으로 이용하는 일이 늘어났다. 2005년에 뉴욕 주에서는 중소형 농장에서 분뇨를 메탄으로 바꾸어 전기를 생산할 경우 보조금을 주는 법안을 통과시켰다. 시간당 1메가와트밖에 안 되는 에너지를 생산하는 농장이라 해도 지원 대상에 포함되었다. 이 정도 에너지를 생산하려면 소 스물다섯 마리분의 분뇨가 필요하다. 그리고 지독한 냄새가 조금 감소한다는 부가적인 이점도 있다.

메탄생성균이 엄청난 양의 메탄을 생산하기는 하지만, 메탄생성균만이 지구상에서 유일하게 메탄을 만드는 것은 아니다. 메탄은 지표면 깊숙한 곳, 맨틀 근처 고온고압의 환경에서도 형성된다. 그 안에서 만들어진 메탄도 미생물과 관련이 있다. 메탄은 지구 표면 수 킬로미터 아래에서 발견되는 미생물 군을 먹여 살리는 영양분이 된다. 살아 있는 생명체가 있을 거라고 예상할 만한 곳이 아니지만 미생물은 그런 곳에서도 지구화학적 메탄을 기반으로 번성하고 있다.

사실 메탄은 지구상에 놀랄 만큼 풍부하다. 막대한 양의 메탄이 겨우 수십 년 전에 발견된 메탄 하이드레이트hydrated methane라는 고체 형태로 존재한다. 메탄 하이드레이트(메탄얼음, 혹은 메탄 클라스레이트라고도 불린다)는 얼음처럼 보이지만 성냥을 갖다 대면 불이 붙는 흥미로운 물질이다. 어떤 면에서 메탄 하이드레이트는 실제로 얼음의 형태를 하고 있다. 얼음 같은 구조를 가진 물 분자들 안에 메탄 분자가 사로잡혀 있는 형태인 것이다. 이 안에 있는 메탄의 압력은 다양하지만, 항상 놀랄 만큼 높아서 수화물 체적의 164배에 이르는 경우도 있다.

　메탄 하이드레이트는 지구상에서 두 지역에 주로 자리하고 있다. 대륙붕 근처의 심해에 300미터 두께의 층을 이루고 있거나 혹은 극지대의 영구 동토층이다. 메탄 하이드레이트는 온도가 낮거나 기압이 높거나 혹은 두 가지 조건을 모두 충족시키는 환경에서만 형성되어 안정적으로 유지된다. 지구상에는 석유보다 메탄 하이드레이트의 형태로 탄소가 더 많이 존재하는 것으로 추정된다. 메탄 하이드레이트는 태양계의 다른 곳에도 존재한다. 예를 들자면 토성의 달에도 있다.

　현재까지는 연료로 사용하기 위해 메탄 하이드레이트를 채취하는 것이 허용되어 있지 않다. 미생물이 생성한 커다란 메탄 저장고 두 개가 환경에는 시한폭탄 역할을 하기 때문이다. 현재 매장되어 있는 바다보다 온도가 조금 높거나 압력이 조금 낮은 곳에서 메탄 하이드레이트는 자발적으로 메탄 기체를 분출한다. 영구 동토층 역시 녹으면서 메탄을 분출한다. 잠재적인 재앙의 시나리오가 눈에 훤히 보이지 않는가? 지구 온난화로 인해 기온이 상승하면 메탄 하이드레이트의 메탄 기체가 대기 중으로 분출되어 온실 효과를 더 높이고, 기후를 더 따뜻하게 만들어 더 많은 메탄이 분출되는 악순환인 것이다. 몇몇 지구과학자들은 이런 시나리오가 실제로 5,500만 년 전에 벌어져서 팔레오세-에오세 극온난기(지구가 굉장히 따뜻했던 시기)를 불러왔다고 주장한다. 메탄이 강력한 온실가스이기 때문에 특히 더 빠른 온난화를 불러와 이 재앙을 반복할 가능성이 있다. 메탄 분자 하나하나는 이산화탄소보다 50배 더 강력한 힘을 갖고 있다. 심지어 대기 중의 메탄

농도가 이산화탄소의 200분의 1밖에 되지 않는 지금도 메탄은 우리가 겪고 있는 급속한 지구 온난화에 큰 기여를 하고 있다.

메탄은 한 번 형성된 뒤에는 미생물학적 불활성 상태에 빠지지 않는다. 어떤 박테리아는 호기성 환경에서 유기호흡을 통해 메탄을 대사시킬 수 있고, 산소가 없을 때 메탄을 에너지원으로 사용하는 박테리아도 있다. 하지만 메탄은 한 번 대기 중으로 빠져나가면 메탄을 사용하는 미생물들에게 다시 붙잡히지 않는다.

조용한 연못에서 올라오는 순수해 보이는 기포에는 사실 여러 가지 가능성이 있다. 메탄을 모으면 연료로 사용할 수도 있고, 대기 중으로 빠져나가면 지구 온난화 혹은 몇몇 사람들이 말하는 것처럼 무시무시한 기후변화에 끔찍한 영향을 미칠 수도 있다.

타르 웅덩이에서 올라오는 커다란 기포

란초라브리아 타르 웅덩이(동어반복인데다가 이름 자체도 틀렸다. 라브리아la brea라는 말이 원래 '타르'라는 뜻인데다 실제로는 타르가 아니라 아스팔트로 이루어졌기 때문이다)는 캘리포니아 주 로스앤젤레스 도심 부근에 자리하고 있다. 이 웅덩이는 약 4만 년쯤 전에 축적되기 시작한 석유 웅덩이의 잔재이다. 4만 년 전이라면 지리학적으로 꽤나 최근의 일로, 인류가 존재할 때 일어난 일이다. 이 웅덩이에서는 지하의 원천에서부터 석유가 용솟음치는데, 원유가 표면에 이를 즈음에는 천연

정제소 역할을 한다. 가솔린 같은 기화성 물질들은 대기 중으로 빠져나가고 잔여물인 아스팔트는 용승upwelling으로 만들어진 깊은 웅덩이 안쪽에 남게 된다. 몇몇 웅덩이에서는 용승과 정제가 지금까지도 이루어지고 있어서 그 근방에서는 약간 주유소 냄새가 난다. 커다란 기포가 올라오는 지역이 아직까지 살아 있는 곳이고, 라브리아의 다른 지역에서는 아스팔트가 이미 굳어졌다. 이런 곳은 안에 있는 고대의 뼈를 찾기 위해 파헤쳐지기도 했다. 지표에 나타난 아스팔트 웅덩이는 특이하지만 세계 다른 곳에서도 찾아볼 수 있다. 비슷하지만 좀 더 작은 아스팔트 웅덩이가 캘리포니아 주 베이커즈필드와 페루, 이란에도 있다.

라브리아의 웅덩이는 가장 유명하고 매혹적이다. 아스팔트 웅덩이의 크기 때문이기도 하고, 수 세기 동안 그 안에서 죽은 동물들의 뼈가 수없이 많이 보존되어 있기 때문이기도 하다. 약 4만 년 전 마지막 빙하기 때, 넓은 아스팔트 웅덩이 위에 먼지나 나뭇잎이 덮이면, 그것은 지나가는 동물들에게 치명적인 함정이 되었을 것이다. 초식동물들의 놀란 비명이 육식동물을 부르고, 그 녀석들 역시 웅덩이에 빠졌을 것이다. 이 아스팔트 덫에 빠진 동물들은 웅덩이 안으로 사라지고 그들의 뼈는 보존되었다. 당시에는 더 시원하고, 축축하고, 아마 스모그도 없었을 로스앤젤레스의 확실한 동물 통계 조사인 셈이다. 물론 대부분의 생태계에 존재하는 비율과는 반대로 웅덩이에 빠진 육식동물의 수가 초식동물에 비해 일곱 배나 많으니 굉장히 한쪽으로 치우친 통계이다. 일반적으로는 초식동물이 육식동물보다 거의 100배 정도 많은 법이다. 하지만 이런 덫에는 동물들이 무작위적으로 걸리지 않는다. 초식동물은 아마 불행하게도 이 근처를 돌아다니다가 빠졌을 것이다. 반면 육식동물은 초식동물들의 괴로운 비명을 듣고 다가왔을 것이다. 그래서 초식동물 한 마리가 수많은 육식동물을 끌어들였을 것이 분명하다.

하지만 웅덩이가 보여주는 생물학적 통계는 대단히 다양하고 광범위하다. 식물(미국삼나무와 지금은 위기종인 해안참나무 등), 포유동물, 조류(캘리포니아 콘도르, 독수리, 칠면조 등), 파충류(방울뱀 등), 양서류, 어류(무지개 송어 등), 무척추동물(전갈과 흰개미 등)이 웅덩이에서 나왔다. 코끼리와 비슷한 고대 생물인 아메리카 마스토돈, 검치호랑이, 아메리카 사자, 아메리카 낙타, 다이어늑대, 아메리카 치타, 나무늘보처럼 지금은 멸종된 수많은 포유동물 중 일부의 잘 보존된 표본이 라브리아에 있는 조지 C. 페이지 박물관에 전시되어 있다. 아메리카 들소, 쿠거, 살쾡이, 재규어, 야마, 코요테, 엘크, 라쿤, 스컹크 같은 다른 포유류들은 이 지역뿐 아니라 다른 곳에 아직까지 존재한다. 심지어 웅덩이에서는 9,000년 전 인디언 여성의 유골도 발견되었다.

여전히 액체가 차 있는 웅덩이에서 올라오는 커다란 기포는 조용한 연못과 마찬가지로 유전과 꽤나 관계가 깊은 기체인 메탄일 것이다. 기포 속 메탄의 원천이 지하의 유전이고, 그 출처는 대단히 오래되고 아마도 지구화학적일 것이라고 일반적으로 추정하고 있다. 하지만 최근에 리버사이드의 캘리포니아 대학교에서 김종식과 데이빗 E. 크롤리가 밝힌 웅덩이의 미생물 통계치가 이 추측을 바꾸었다.

기포가 올라오는 타르 웅덩이는 미생물이 살기에 굉장히 불리한 환경처럼 보인다. 웅덩이에는 유독한 화학물질이 가득하고 소중한 물은 조금밖에 없다. 하지만 표면에서 6미터 아래(최근에 받은 영향을 최소화하기 위하여)의 아스팔트 덩어리를 분석한 연구에 따르면 웅덩이에는 200종에서 300종의 알려지지 않은 박테리아를 포함하여 수많은 미생물이 살고 있다. 이 아스팔트 덩어리의 깊이로 추정하건대 샘플은 1만 4000년 정도 된 것으로 추정된다. 이 통계조사의 일부는 미생물학계에서 자주 수행하는 방법에 따라 수행되었다. 아스팔트 샘플을 물과 함께 채취한 후 실험실에서 일반적인 방법으로 배양을 시키는 원재료로 사용했다. 몇몇 미생물은 이런 방법으로 되살릴 수 있었지만, 웅덩이의 미생물 대부분은 배양에 실패했다. 그러면 거기에 미생물이 있다는 것을 어떻게 알았을까?

대부분의 미생물, 아마 거의 99퍼센트 정도는 아직까지 실험실에서 배양할 수 없다. 미생물이 인공배양을 끈덕지게 거부하는 이유는 다양하고, 복잡하고, 아마 어느 정도는 아직까지 알려지지 않았다. 그래도 몇 가지 이유를 들자면 미생물들이 서로 얽히고설켜서 상호 의존한다는 점(그래서 실험실에서 홀로 살아남지 못하는 것이다), 영양분이 최소량을 넘어설 경우에 대한 민감성, 그리고 대단히 느린 성장도(미생물학자의 인내심을 시험한다) 등일 것이다. 미생물학자는 자신들이 실험실에서 배양할 수 있는 것 이상의 미생물이 존재한다는 사실을 알고 충격을 받았다. 수많은 전염병을 일으키는 미생물들을 실험실에서 배양해 연구했던 의료미생물학의 황금기 때에는 배양할 수 없는 미생물이 극히 적다고 여겼기 때문이다. 한센병 등의 질병을 일으키는 미생물 중 극히 일부만을 실험실에서 배양하지 못했을 뿐이다. 이런 놀라운 성공의 연속으로 미생물학자들은 모든 미생물을 실험실에서 배양할 수 있다는 약간의 자만심을 갖게 되었던 것 같다. 그저 미생물학자의 실험 능력만 높이면 된다고 여겼다. 하지만 이런 질병 유발 미생물들은 당연히 특별한 경우이다. 이들은 우리 몸이라는 실험실에서 혼자서 번성할 수 있도록(이것을 '순수배양'이라고 한다) 진화했기 때문이다.

좀더 섬세하고 어려운 실험실 배양 방법은 여전히 개발 중이지만, 현재로서는 이 문제를 해결한 돌파구가 마련되었다. 미생물을 실험실에서 배양하려고 하는 대신에 원래 환경에서 미생물을 채취해 DNA를 분석하는 것이다. 그리고 실험실에서 이미 연구한 미생물과의 DNA 유사성을 바탕으로 배양 불가능한 미생물의 가까운 친족을 찾아내 이들이 자연계에서 어떤 역할을 하고 있는지를 추정하는 것이다. 이런 접근법을 메타게노믹스metagenomics라고 부른다. 이 방법은 미생물에 관해 수많은 새로운 정보를 주었지만, 실험실 배양을 통해 얻은 지식을 바탕으로 하고 있다. 조만간 전통적인 방식인 근면한 배양과 신중한 연구를 통해 그 지식의 저장고를 다시 채워야 할 것이다.

메타게노믹스는 타르 웅덩이의 미생물을 연구하는 데에도 사용되었다. 아스팔트의 샘플을 액체 질소에 얼린 다음 DNA를 추출하여 염기 서열을 분석했다. 이 정보는 미생물에 관해 새롭고도 놀라운 정보를 선사했다. 웅덩이의 어떤 박테리아는 아스팔트의 탄화수소를 공격하고 이들을 지방산fatty acid 같은 더 편리한 물질로 바꾸어놓는다. 메탄생성균 같은 고세균이 이 지방산을 메탄으로 바꾸어서 웅덩이에서 야구공만한 크기의 기포를 올려보낸다. 물론 추정일 뿐이지만 대단히 설득력 있는 가설이다.

　타르 웅덩이에서 올라오는 커다란 기포는 실제로 미생물이 있다는 증거이다. 이는 새롭게 획득한 기술을 바탕으로 최근에 발견한 것이다. 라브리아 타르 웅덩이의 기포는 다른 곳에서도 미생물을 발견할 수 있음을 알려주었다. 미생물 생태학은 폭발적인 성장 단계를 밟고 있는 중이다.

미생물에 관한 거의 모든 것

03

와인과 치즈의 미생물

**MARCH OF
THE MICROBES**

"

스위스 치즈의 구멍은
프로피오니박테륨 셰르마니로 인한 특수한 예이다.
하지만 다른 많은 미생물이 다른 모든 치즈를 만드는 데 기여하고 있다.
미생물은 질 좋은 치즈를 만드는 데 있어서 중요한 협력자이다.
치즈 업계는 미생물 없이는 존재할 수 없을 것이다.

"

Food and Drink

미생물과 음식의 관계에 대해 얘기하면 대표적으로 나오는 것이 세균공포증microbiophobia이다. 어쨌든 미생물은 우리 음식을 망가뜨리고 때로는 심각하고 치명적인 음식 관련 질병을 유발하기 때문이다. 하지만 긍정적인 면도 있다. 인류 역사 초기에는 음식을 생산하고 보존하는 데 미생물을 이용했다. 미생물이 존재한다는 것을 알기 한참 전부터 인류는 미생물을 이용했다. 최근에야 이런 고대의 지혜에서 미생물의 역할이 얼마나 중요했는지를 이해하게 되었을 뿐이다. 미생물과 음식의 이 수많은 상호관계를 조금 엿보고 나면 여러분의 부엌과 식탁 위에서 펼쳐지는 미생물들의 매혹적인 활약을 관찰할 수 있을 것이다.

미생물을 기반으로 하는 음식의 생산과 보존은 대체로 발효를 바탕으로 하고 있다. 발효란, 대단히 친숙한 단어이지만 사실 미생물이 대사 에너지를 얻는 또 다른 방법이기도 하다. 2장에서는 에너지를 얻기 위해 산화나 환원 반응을 하는 유기호흡과 무기호흡 두 가지를 이야기했다. 발효도 이와 마찬가지지만, 방법은 조금 다르다. 현대 미생물학의 아버지 루이 파스퇴르는 이 방법을 발견한 뒤 지금까지 회자되는 유명하지만 약간은 틀린 말을 남겼다. "공기가 없는 곳에서 발효는 생명의 결말이다." 그는 무기호흡에 대해서는 알지 못했다. 호흡이란 산소나 산소의 대체제를 유기 영양분으로 환원·산화시키는 행위이다. 발효 과정에서는 유기 영양분 혼자 산화되고 환원된다. 영양소 분자의 한쪽은 산화되고 다른 한쪽은 환원되는 것이다. (드물게 유기 영양분이 다른 유기 영양분을 산화시키기도 한다.) 어떤 발효법에서는 당 (유기 영양분)이 분리되어 더 많이 산화된 물질과 더 많이 환원된 물질을 만들기도 한다. 알코올 발효가 바로 이런 경우이다. 포도당glucose은 이산화탄소, 에탄올(C_2H_6O), 대사 에너지로 전환된다. 이산화탄소는 포도당보다 더 많이 산화된 물질이다(탄소 대비 산소의 비율이 더 높고, 탄소 대비 수소의 비율은 더 낮다). 에탄올은 포도당보다 더 많이 환원된 물질이다(탄소 대비 산소의 비율이 더 낮고, 탄소 대비 수소의 비율이 더 높다). 젖산 발효 같은 다른 발효법에서는 하나의 생성물 분자(젖산)의 한쪽 끝이 더 산화되어 있고 다른 한쪽은 더 많이 환원된다.

종류를 불문하고 모든 발효는 중요한 특징 하나를 공유한다. 에너지가 그다지 많이 생산되지 않는다는 것이다. 그래서 발효에 사용되는 미생물은 성장에 필요한 대사 에너지를 충분히 생산하기 위해 다량의 유기 영양분을 소모해야만 한다. 그 결과 이들은 다량의 결과물을 생산하고 주변에 쌓아 눈에 띌 정도로 환경을 변화시킨다.

샴페인의 미생물

샴페인에는 미생물 관찰자들의 모든 감각을 깨워줄 요소들이 풍부하다. 특유의 시각적·청각적·미각적 경험과 거품은 모두 미생물의 활동 결과이다. 물론 법적으로 '샴페인'이라는 이름의 음료는 오로지 부르고뉴의 샹파뉴 지방에서 생산된 와인에만 붙일 수 있다. 이를 '아펠라시옹 도리진 콩트롤레Appellation d'origine controlée(원산지 통제 명칭)'이라고 하는데, 다른 사람들이 이 이름을 사용하여 이득을 보는 것에 불만을 품은 와인업자들을 진정시키기 위해 20세기 초에 도입된 시스템이다. 따라서 샴페인이라는 이 이름은 현재 법적인 보호를 받고 있다. 다른 곳에서 만들어진 비슷한 와인은 스파클링 와인이라고 한다. 이 특별한 프랑스 와인의 기나긴 전통과 훌륭한 품질을 찬양하는 의미에서, 거의 모든 스파클링 와인이 설령 '샴페인'이라고 불리지 못한다 해도 똑같이 완만한 곡선형 병을 사용하고 있다.

하지만 주둥이를 막은 철사가 감긴 두툼한 코르크 마개와 병의 무게에는 전통에 대한 찬사 이상의 의미가 있다. 이것은 미생물로 인한 어쩔 수 없는 선택이다. 와인의 탄산화로 인한 압력을 제어하기 위해 꼭 필요한 것이다. 스파클링 와인에 이런 엄격한 포장법이 필요하다면, 콜라부터 클럽소다에 이르는 다른 탄산음료들은 왜 평범한 병이나 캔에 넣느냐고 물을 수도 있을 것이다. 대부분의 탄산음료는 이산화탄소를 캔이나 병이 견딜 수 있을 정도만 주입한다. 하지만 스파클링 와인에서는 효모가 이산화탄소와 알코올을 생산한다. 포도당을 이용한 알코올 발효 역시 어느 정도의 압력이 되면 더 이상 생산을 멈추지만, 병 속 이산화탄소의 압력을 결정하는 것은 사람이 아니라 효모이다. 이 효모의 기준 압력은 8기압이나 되기 때문에 두꺼운 유리병과 철사를 감은 코르크 마개만이 이 압력을 견딜 수 있다. 캘리포니아 와인 업계의 아버지 메이너드 애머린은 이 운 좋은 생물학적·물리학적 발견이야말로 신이 우리를 사랑한다는 확실한 증거라고 말하곤 한다.

샴페인 및 다른 포도 산지에서 생산된 고급 스파클링 와인을 메토드 샹프누아즈méthode champenoise(전통적인 샴페인 제조법)에 따라 만들면, 시장에 출시되는 최종 생산물을 담은 바로 그 병에서 탄산화가 이루어진다. 각각의 무거운 병에 완성된 스틸 와인(탄산가스를 완전히 제거한 와인— 옮긴이)과 리쿼 드 트리아주liqueur de triage(와인, 당분, 효모가 혼합된 시럽— 옮긴이)를 넣고 마개를 닫는다. 트리아주는 소량의 당분과 효모 혼합액이다. 효모는 발효를 통해서 당분을 알코올과 이산화탄소로 바꾸어 와인을 탄산화한다. 와인 제조업자들은 병 안에서 이상적인 압력을 이룰 수 있도록 당분의 양을 계산한다고들 말한다. 하지만 사실 이것을 결정하는 것은 효모이다.

전통적인 방법을 따른다면, 와인 병은 압력이 생성되는 발효 과정 동안 목 부분을 아래로 향하도록 비스듬히 기울게 둘 수 있는 A자형 선반에 꽂고서 4~5주 정도 놔둔다. 그리고 매일 병 아래쪽에 뭉쳐 있는 효모균들이 병목 부분으로 내려갈 수 있도록 병을 90도씩 돌려준다. 이것을 '리들링riddling', 혹은 '르뮈아주remuage'라고 한다. 효모의 발효로 생성된 압력 때문에 병이 종종 터지기도 하므로 병을 돌려주는 사람은 얼굴 보호대를 쓴다.

지금은 많은 샴페인 제조자들이 자동 리들링 기계를 사용하기 때문에 트리아주를 첨가한 후 병을 수송용 상자에 거꾸로 담아 하루에 네 번, 한 시간 동안 부드럽게 진동을 주고 2분마다 흔들리는 테이블 위에 놓아둔다. 물론 전통적인 방법이 더 나은 상품을 만드는지, 자동 리들링이 더 나은지에 대해서는 논란의 여지가 있다. 단가를 절약하는 자동 리들링 기계를 도입한 사람들은 그들의 방법이 더 정확하고 더 안정된 제품을 생산할 수 있다며 전통을 깰 만한 가치가 있다고 내세운다.

리들링을 하면 효모와 와인이 오랫동안 접촉함으로써 몇몇 효모들이 자가분해되어(자신의 효소들로 인해 세포가 깨지며) 내용물을 와인 안에 쏟아내 향미를 더한다. 대부분의 전문가들은 일정 기압을 유지하는 커다란 탱크에서 탄산화 작업을 해 병에 넣는 샤르마 기법Charmat method으로 만든 스파클링 와인이 전통적으로 만든 것과 품질이 같지 않다는 데 동의한다. 그 이유 중 하나가 탱크 안에서는 자가분해하는 효모의 양이 더 적기 때문일 것이다.

메토드 상프누아즈에서는 전통 방식이든 자동 리들링 방식이든 간에 리들링 이후 효모 덩어리들이 병목에 도달하면 병목 부분을 영하 17도의 소금물에 담가 병 끝부분의 내용물을 얼린다. 그 후 병을 똑바로 세우고 임시 마개를 제거하면 얼어 있던 부분이 튀어나온다. 이 소량의 샴페인과 함께 효모도 밖으로 나온다. 그런 다음 대체로 당화시킨 스틸와인인 리쿼 덱스페디시옹liqueur d'expedition을 같은 양만큼 집어넣어 잃은 양을 보충한다. 이 과정을 '도시지dosage'라고 한다.

미생물 발효가 겨우 8기압에서 멈춘다는 것은 놀라운 일이다. 대부분의 경우 알코올 발효가 멈추려면 압력 범위가 250에서 500기압쯤 되어야 한다.

가압 용기에서 일어나는 와인 발효가 압력 증가에 특히 예민한 이유, 상대적으로 낮고 병에 담을 수 있는 8기압에서 멈추는 이유는 정확하게 알지 못한다. 다만 압력 증가가 미생물에 미치는 영향에 관해서는 대강의 가설이 존재한다. 샴페인 현상을 연구한 대부분의 미생물학자들은 이것이 압력과 알코올 농도, 액체 안에 녹아 있는 이산화탄소 양 사이의 복잡한 상호관계라는 데에 동의한다. 이유야 어찌됐든 이런 방식으로 샴페인을 비롯한 다른 스파클링 와인이 만들어질 수 있는 것이다.

이런 현상은 독일에서 개발한 몇몇 스틸 와인 제조법에도 사용되었다. 으깬 포도(와인 제조자들이 '머스트must'라고 부르는 상태)의 1차 발효는 가압 스틸 탱크에서 이루어진다. 와인 제조업자들은 탱크 안의 압력을 조절하여 발효를 천천히 꾸준히 유지시킬 수 있다. 효모 성장률을 한정하는 압력은 별로 높을 필요가 없다. 발효 중인 효모의 자가 생성 압력을 0.6기압으로 유지하면(이것은 자동차 타이어를 부풀릴 만큼도 안 되는 압력이다) 효모의 성장률이 4분의 1로 줄어든다. 이런 압력 조절은 지나치게 빠른 발효로 인한 문제를 피할 수 있다. 말하자면 완성된 와인의 품질을 손상시키거나 심지어는 효모를 망가뜨려 발효를 멈추게 해 끔찍한 '발효 장애'를 일으킬 수 있는 과도한 열의 발생을 방지할 수 있다. 이 방법은 좋은 평가를 받았으나 캘리포니아에는 도입되지 않았다.

스위스 치즈의 구멍

우리는 아주 오랫동안 치즈를 만들어왔다. 아마도 인간이 정착해서 무리지어 살기 시작한 1만 년 전부터일 것이다. 하지만 치즈를 만드는 과정을 돕는 우리의 소리 없는 파트너에 대해서는 최근까지 알려지지 않았다. 치즈는 처음부터 끝까지 미생물의 산물이고, 다양한 치즈의 맛과 모양은 모두 미생물 덕분에 생긴 것이다. 스위스 치즈의 구멍을 포함해서 말이다. 이 인간과 미생물의 협력 관계는 대단히 생산적이다. 전 세계적으로 연간 1,300만 톤의 치즈가 만들어진다.

심지어 치즈를 만드는 원재료인 우유도 셀룰로오스를 쪼개는 미생물의 독특한 능력에 의존하고 있다. 그리고 미생물은 우리의 도움이 있든 없든 우유를 치즈로 만드는 과정에 즉각 관여한다. 우유는 대체로 설탕(젖당lactose)과 단백질(대부분 카세인casein), 지방이 섞인 용액이자 현탁액이다.

치즈를 만드는 데 가장 다양하게 관여하는 미생물은 젖산균 혼합물로 일반적으로 락토코커스 락티스*Lactococcus lactis*가 포함되어 있고, 그 밖에도 이 박테리아 혼합물에 든 다른 많은 종들이 특정한 종류의 치즈를 만드는 데 기여한다. 여러 이유로 젖산균은 이 목적에 대단히 잘 맞는다. 젖산균은 확실한 발효제이다. 이 박테리아는 발효밖에 하지 않는다. 공기에 노출되어도 살아남을 수 있지만 산소를 사용하지 않기 때문에 우유의 섬세한 풍미를 만드는 요소를 산화시켜 해를 입힐 일도 없다. 1857년 루이 파스퇴르가 발견한 것처럼 젖산균은 젖당을 포함하여 우유의 당분을 젖산으로 바꾼다. (이종발효 젖산균 heterofermentative lactis acid bacteria에 속하는 어떤 종들은 발효되면서 젖산과 함께 다른 화합물을 만들어낸다.) 그리고 젖산균은 젖소의 젖에 항상 증식하고 있으며 이를 통해 우유에 들어가기 때문에 신선한 우유에 항상 존재한다. 이들이 만들어내는 젖산은 치즈를 만드는 데 두 가지 핵심적인 역할을 한다. 젖산은 산성이 강하기 때문에 우유가 다른 미생물에 의해 부패되는 것을 막고, 다음 과정인 응고 절차로 넘어가도록 만들어준다.

전통적으로 치즈를 만드는 것은 치즈 공장에 자연히 존재하는 젖산균에 의존했다. 물론 시간이 지나면서 특정 종류의 젖산균 수가 특정 지역의 설비와 건물에 눈에 띄게 많아졌고, 그래서 그곳의 치즈 제조업자들은 매년 계속해서 같은 치즈를 만들 수 있었다. 몇몇 치즈는 이런 지역색으로 유명하다. 특정 종류의 치즈는 특정 지역에서만 만들 수 있었다. 하지만 지금까지 꼭 그런 것은 아니다. 한때 특정 지역에서만 나오던 전통 치즈들이 지금은 전 세계 여러 나라에서 만들어진다. 예를 들어 카망베르 치즈는 그 이름의 원조가 된 프랑스 노르망디 지역의 카망베르 마을에서만 만들어졌으나 지금은 아일랜드와 페탈루마, 캘리포니아처럼 멀리 떨어진 곳에서도 일등급 품질로 생산된다. 이렇게 다른 지역에서 같은 치즈를 만들려면 초기 공정에 미생물 배양액을 넣어주어야 한다. 이 공정에 필요한 젖산균에 대한 상세한 유전 정보가 비교적 최근에 알려졌기 때문에 배양액을 신중하게 선별해야 한다. 집중적인 연구 덕택에 지금은 많은 정보가 알려졌다. 우선 25종 이상의 젖산균에 관한 염색체 유전자 염기서열이 완전히 밝혀졌다. 각각이 200만~300만 개의 염기쌍을 갖고 있다. 하지만 염색체 유전자 염기 서열이 전체가 모든 것을 말해주지는 않는다. 대부분의 젖산균은 플라스미드plasmid라는 여러 개의 작은 유전자 영역을 갖고 있다. 플라스미드는 예를 들어 젖산 발효 같은 주요 대사활동을 인코딩하지는 않지만, 치즈의 질을 결정하는 중요한 반응을 인코딩한다. 특정 치즈를 만들기 위한 좋은 배양액이 되기 위해서는 박테리아가 적절한 플라스미드 배열을 갖고 있어야 한다.

발효 배양액은 빠르게 증식해서 1밀리미터당 수천만 개의 세포로 증가한다. 그 결과 우유는 대단히 산성화되어 다음 단계인 응고 과정으로 넘어갈 수 있게 된다. 응고액을 만들려면 우유에서 카세인을 침전시켜야 한다. 이것은 전통적으로 응유효소를 넣는 비미생물적 과정으로 이루어졌다. 응유효소는 어린 젖소의 네 번째 위나 반추동물의 위를 말린 것에서 추출한다. 응유 과정의 활성 성분인 응유효소는 우유의 카세인에서 특정 부분을 잘라 두 개의 단백질 조각으로 나누는 효소(키모신chymosin)이다. 작은 쪽(63개의 아미노산으로 이루어져 있다)은 카세인처럼 용해가 가능하고 카세인이 우유에서 침전된 후 남는 물 같은 물질인 유장의 일부 성분이다. 큰 단백질 조각(163개의 아미노산)은 용해가 불가능하고 치즈를 만들게 되는 덩어리인 '응유curdled milk'로 모이게 된다. 이 절단 과정은 카세인을 소화할 때 가장 먼저 이루어지는 과정이자 가장 중요한 과정이다.

열렬한 채식주의자들은 응유효소로 만들어진 치즈가 자신들의 원칙에 어긋난다고 생각해서 다른 방법을 이용할 것을 요구한다. 미생물의 은혜 덕택에 채식주의자용 치즈도 존재한다. 몇몇 균류는 자연적으로 키모신과 같은 효소를 만들 수 있고, 소의 유전자를 특정 균류(효모인 클루이베로마이세스 락티스*Kluyveromyces lactis*, 그리고 사상균인 아스페르길러스 니제르*Aspergillus niger*) 및 대장균에 집어넣어 응유효소로 만들기도 한다.

1만 년 전의 인류가 치즈를 만들기 위해서 어린 송아지의 위장 추출물을 써야 한다는 대단히 희귀한 지식을 어떻게 알게 되었을지 궁금할 것이다. 적당히 추측해보자면 누군가가 우유를 보관하는 편리한 가방으로 반추동물의 위(염소의 위가 적당한 크기였을 것이다)를 사용했을 거라는 것이다. 치즈를 만들기 위해 필요한 모든 것이 거기 다 있다. 우유의 젖산균과 가방의 응유효소. 여행 말미에 우유를 나르던 사람은 신선한 치즈를 얻었을 것이다.

오늘날에는 우리가 본 것처럼 미생물의 약진이 이 가방 치즈 제조법을 넘어섰다. 몇몇 키모신은 키모신을 만드는 균류로부터 얻지만, 지금은 치즈 제조에 사용되는 대부분의 키모신이 DNA 재조합 기술을 통해 반추동물에서 추출해 미생물에 삽입한 키모신 인코딩 유전자를 통해 얻어진다. 그런 다음 가열을 통해서 응유와 유장을 분리하거나 가끔은 치즈의 종류에 따라 이것을 압축한다. 유장은 다량의 잔여물이다. 지금은 유장을 금세 처리할 수 있는 돼지를 집에서 키우지 않기 때문에 유장 처리가 문제로 대두했다.

그 후에 분리한 응유는 균일한 크기로 자른다. 이 크기는 만들 치즈의 종류에 달렸다. 응유를 치즈의 특정한 형태에 따라 성형하고, 대단히 복잡한 미생물 간섭 과정인 숙성을 시작한다. 이 과정에서 치즈의 특성과 미묘한 풍취가 생겨난다. 박테리아가 대부분의 일을 도맡지만 카망베르나 로크포르, 스틸튼 같은 몇몇 치즈에서는 특정 균류가 핵심 역할을 한다. 숙성에는 미생물이 간섭하는 여러 가지 화학적 과정이 포함된다. 몇몇 과정에서는 완전한 미생물이 필요하고, 몇몇은 미생물이 자가분해하며 쏟아낸 효소가 필요하다. 이런 변화 대부분은 제대로 알려져 있지 않지만, 그중 가장 중요한 것은 카세인을 작은 조각으로, 가끔은 아미노산 하나하나만큼 작게 자르는 과정이다. 이 조각 중에 예를 들어 글루탐산염glutamate이나 아스파라긴산염aspartate 같은 것들이 치즈에 독특한 풍미를 더해준다. 그리고 몇몇 아미노산은 미생물의 작용으로 변화되어 또 다른 맛의 요소가 된다. 굉장히 복잡한 과정이다.

디아세틸diacetyl은 미생물이 더해주는 중요한 성분 중 하나이다. 이 간단한 탄소 네 개짜리 화합물은 치즈와 버터의 맛에 향을 더해준다. 심지어 가공 버터에도 그 향 때문에 디아세틸이 사용된다. 하지만 맥주에는 별로 어울리지 않는다. 사실 맥주에 디아세틸이 생기면 큰 문제가 된다. 잘 안 팔리는 생맥주에서 종종 이 향을 알아챌 수 있다. 디아세틸을 감지하는 가장 쉬운 방법은 손바닥에 맥주를 조금 붓고 액체가 증발할 때까지 문지르는 것이다. 손바닥에 남은 향기는 구분하기가 쉽다. 몇몇 양조업자들은 이 향을 '신내'라고 한다.

그 버터향 때문에 디아세틸은 전자레인지 팝콘 등 여러 종류의 음식에 첨가된다. 하지만 동시에 수많은 근로자들에게 '팝콘 노동자의 폐popcorn worker's lung'라고도 불리는 쇄진성 폐질환을 일으켰다. 디아세틸에 대한 직업상 노출 기준을 정하는 법률은 현재 계류 중이지만, 맥주 테스트 정도는 괜찮다.

스위스 치즈의 독특한 맛뿐만 아니라 구멍, 혹은 '눈'들 역시 미생물로 인한 것이다. 전통적으로 스위스 치즈를 스위스 치즈로 만들어주는 박테리아 프로피오니박테륨 셰르마니Ppropionibacterium shermanii는 치즈 제조 공장에 자연적으로 존재하고 있었다. 하지만 지금은 순수배양액과 젖산균을 치즈를 만드는 초기 공정에 집어넣는다. 이 균주의 또 다른 속인 프로피오니박테륨 아크네Propionibacterium acnes는 여드름과 관련된 균으로, 피부의 피지선에서 생산되는 여분의 피지 일부를 염증성 지방산으로 변화시켜 염증을 일으킨다. 이 균은 심한 뾰루지를 일으키며 심한 경우에는 흉터가 남기도 한다.

젖산균과 마찬가지로 프로피오니박테륨도 발효를 통해 대사 에너지를 얻는다. 이들은 젖산균이 만든 젖산 일부를 산화시켜 이산화탄소로 만들고 다른 분자들을 프로피온산propionic acid으로 환원시키며 그 부산물로 아세트산acetic acid을 얻는다.

이산화탄소는 구멍을 만든다. 프로피온산과 프로피오니박테륨의 다른 대사 생성물은 스위스 치즈에 그 달콤한 견과류 향의 맛을 선사한다. 프로피오니박테륨의 균주는 이런 물질을 적당량 만들 수 있도록 신중하게 선택되었다. 심지어 이산화탄소의 양도 대단히 중요하다. '구멍 없는' 스위스 치즈라는 말을 듣지 않으려면 적당히 구멍이 있어야 하지만, 그렇다고 치즈가 무너질 정도여선 안 된다.

프로피온산 발효의 생성 물질은 그저 풍미를 더해주는 것 이상의 역할을 한다. 프로피온산은 효과적이면서 무해한 보존제이기도 하다. 프로피온산은 (프로피온산칼슘의 형태로) 오래전부터 빵에 곰팡이 증식을 방지하기 위해 첨가되었다. 프로피온산 발효 생성물의 혼합물 역시 유용하다. 이런 천연 보존제는 무지방 우유에서 프로피오니박테륨 셰르마니를 배양한 후 배양액을 건조시켜 가루로 만든 것이다. 마이크로가드(microGARD) 같은 상표로 팔리는 이런 보존제들은 커티지 치즈를 비롯한 다른 음식에 첨가된다.

스위스 치즈의 구멍은 프로피오니박테륨 셰르마니로 인한 특수한 예이다. 하지만 다른 많은 미생물이 스위스 치즈 및 다른 모든 치즈를 만드는 데 기여하고 있다. 미생물은 질 좋은 치즈를 만드는 데 있어서 중요한 협력자이다. 이 업계는 미생물 없이는 존재할 수 없을 것이다.

약발포성 와인 비노 베르데

비노 베르데Vinho verde는 포르투갈 북서쪽 구석에서 생산되는 와인이다. 이 지역은 이런 와인을 대략 12세기경부터 만들어왔으며, 가끔은 독특하고 매력적인 둥그스름한 병에 담아 내놓는다. 그 병 안에 담긴 내용물은 미생물의 활약을 보여주는 대단히 흥미진진하고 과학적으로 도움이 되는 본보기라 할 수 있다.

'비노 베르데'란 포르투갈 어로 '푸른 와인'이라는 뜻이지만 병 안의 와인은 레드나 로제, 혹은 대체로 화이트 와인이다. '베르데'라는 것은 아마도 와인의 나이를 뜻하는 것이리라. 대체로 이 와인은 만든 해에 소비된다. 비노 베르데의 알코올 함량은 7퍼센트 정도로 낮다. 이는 캘리포니아 테이블 와인의 절반 수준이다. 또한 비노 베르데는 약발포성(세미 스파클링 혹은 페티앙Petillant)이다. 그래서 특별한 미생물을 목격할 수 있는 것이다.

비노 베르데의 약발포성 특성은 이산화탄소 농도가 낮기 때문에 생기는 것이지만, 그 기원은 샴페인 같은 스파클링 와인과는 상당히 다르다. 첫째로 효모가 아닌 박테리아가 이산화탄소를 만든다. 그리고 또 하나는 이산화탄소의 출처가 당분이 아니라 유기산인 말산malic acid이라는 것이다. (포도에는 말산과 타르타르산tartaric acid이라는 두 개의 유기산과 소량의 구연산citric acid, 그리고 포도당과 과당이 있다.) 많은 젖산균(당을 발효시켜 젖산을 만들 수 있는 박테리아)이 설령 와인의 pH가 낮고 알코올 함량이 높다 해도 말산($C_4H_6O_5$)을 젖산($C_3H_6O_3$)과 이산화탄소로 만들고 대사 에너지를 방출할 수 있다. 이를 유산발효malolactic fermentation라고 한다.

하지만 이 대사 전환은 사실은 발효가 아니다. 산화 환원도 일어나지 않는다. 말산($HOOC-CH_2-CHOH-COOH$)이 그냥 두 개의 조각으로 나뉘는 것이다. 하나는 이산화탄소이고 다른 하나는 젖산($CH_3-CHOH-COOH$)이다. 이 두 분자로 분할되는 과정에서 약간의 에너지가 방출되고 유산균은 이것을 대사 에너지의 유일한 원천으로 흡수하여 사용한다. 이 미생물이 어떻게 이런 인상적인 위업을 이루는지에 관해서는 조금 후에 살펴보겠다.

와인에서 유산발효의 결과는 세 가지로 나타난다. 와인의 산도가 떨어지고(말산은 산성을 띠는 카르복시기[$-COOH$]를 두 개 갖고 있고 젖산은 한 개만 갖고 있다), 와인을 탄산화시키며(이산화탄소가 만들어졌으므로), 와인의 복잡한 풍미를 더욱 높인다(유산균이 와인에 약간의 풍미를 더한다).

비노 베르데 같은 약발포성 와인은 대단히 드물지만, 유산발효 자체는 무척 흔하다. 이는 거의 모든 레드 와인에서 일어나는 일이다. 사실 유럽(프랑스를 포함하여)처럼 기온이 좀 낮은 포도 생산지의 레드 와인은 유산발효의 멋진 개입이 아니었다면 고급 와인이 될 수 없을 만큼 시었을 것이다.

유산발효는 전통적으로 양조학의 가장 낭만적인 미스터리 중 하나로 취급되었다. 제멋대로인 미생물이 언제, 어디서, 어떤 결과를 불러올 것인지 기다리는 것이 두려우면서도 근사한 일이었기 때문이다. 예를 들어 캘리포니아에서는 1960년대까지 대부분의 양조업자들이 자신들의 와인이 유산발효를 거치고 있는지 어떤지 알지 못했다. 몇몇은 수확 후 몇 달이 지나 커다란 저장통(그 시절에는 대부분 미국삼나무로 만들어졌다)이 살짝 흔들리면 유산발효가 되고 있는 중이라고 여겼다. 양조업자들이 시작한 것도 아니고, 그들이 멈출 수 있는 일도 아니었다. 그저 일어나는 것이다.

그 시절에 가능했던 급속 분석 방법을 사용하여 데이비스의 캘리포니아 대학교 양조학과 조교수였던 나는 대부분의 캘리포니아 와인이 유산발효가 되었으며, 발효시키는 유산균이 해마다 다른 것이 아니라 양조장마다 다르다는 것을 발견했다. 특정 유산균은 한 양조장에서만 살아가고 있으며 그들이 숨어 있는 곳은 아마도 저장통이나 발효 탱크로 추정된다. 삼나무 탱크는 표면에 구멍이 많아 포도주를 여러 차례 담았다 빼도 박테리아가 버틸 수 있는 수많은 공간을 제공했다.

당시 양조업계에는 유산발효에 대해서 혼란스러운 감정을 갖고 있었다. 대부분의 양조업자들은 자신들이 통제하지 못하는 양조장의 박테리아가 와인을 공격해 바꾸어놓는다는 사실에 당혹스러워했다. 양조장에서 박테리아의 활동은 전통적으로 제품 손상과 양조장의 지저분함에 관한 문제라고 여겼기 때문이다. 위대한 루이 파스퇴르도 유명한 저서 《식초와 와인에 대한 연구Études sur le vinaigre et sur sur le vin》에서 박테리아로 인한 '와인의 병'에 대해 분석하고 분류했다. 그중 다수가 젖산균이 일으키는 것이었다. 반면 유산발효는 위대한 유럽 레드와인에서도 일어나는 것으로 알려져 있다. 유산발효는 산도를 낮추고 복잡한 풍미를 높여주는 것으로 여겨진다. 그리고 무엇보다 아무도 발효가 병 안에서 일어나기를 바라지는 않는다. 남은 균체가 와인을 부옇게 만들고, 문제의 박테리아 종류나 균주가 어떤 것이냐에 따라서 가끔은 불쾌하고 심각하게 안 좋은 버터향을 낼 수도 있기 때문이다. (비노 베르데에 탄산을 만드는 유산균 균주는 기분 좋은 맛을 아주 조금 더할 뿐이다.) 병에 와인을 넣기 한참 전에 저장 탱크에서 발효가 일어난다면 병에 넣기 전에 바람직하지 않은 맛이 제거될 것이다. 그러면 병에 넣은 와인의 맛이 훨씬 더 안정적일 것이다.

도움이 되는 균주를 이용해 적당한 때에 유산발효를 시작하는 것이 와인 제조의 목표이다. 하지만 이것은 굉장히 까다로운 일이다. 유산발효를 거친 좋은 와인에서 얻은 박테리아를 새 와인에 넣는다고 해서 발효가 시작되지는 않는다. 그 이유는 효모와 유산균이라는 두 미생물의 영양분 문제로 밝혀졌다.

효모는 영양분을 필요로 하지 않는다. 이들은 아미노산이나 비타민처럼 미생물학자들이 성장 요소growth factor라고 부르는 핵심 영양소를 전부 다 만들 수 있기 때문에 주변 환경에서 공급해줄 필요가 없다. 하지만 효모는 탐욕스러운 영양분 사냥꾼으로 악명 높다. 성장을 끝낸 다음에 효모는 핵심 영양분과 여타 다른 것들을 주변 환경에서 찾아 액포vacuoles라는 세포 내 주머니에 저장한다.

이런 탐욕스러운 미생물의 행위는 1930년대에 사람들의 건강에 흥미로운 역사적 사건을 일으켰다. 당시 젊은이들은 제빵용 효모 생산 업체들의 광고 때문에 여드름을 방지하거나 치료하기 위해서 조그만 효모 케이크(살아 있는 효모로 만들어진)를 먹는 것이 유행이었다. 그런데 가끔은 살아 있는 효모들이 사람의 장내에서 중요한 영양분을 흡수하기 때문에 비타민 결핍이 일어나곤 했다.

대부분의 젖산균처럼 유산균은 효모와 정반대이다. 그들은 영양분을 저장하지 못하지만 생합성효소의 보완제가 대단히 한정적이어서 성장하기 위해 상당량의 성장 요소가 필요하다. 예를 들어 젖산균인 류코노스톡 시트로보룸*Leuconostoc citrovorum*은 성장에 필요한 열아홉 가지의 아미노산(우리가 필요로 하는 것보다 아홉 개가 많다)과 열 가지의 비타민을 공급해주어야 한다.

효모와 유산균의 영양적 충돌은 유산발효를 인위적으로 시작하기가 어려운 이유를 보여준다. 초기의 효모발효가 끝나면 효모는 새로운 와인에서 성장 요인을 게걸스럽게 흡수한다. 효모가 수행하는 알코올발효(소위 1차 발효)가 끝날 무렵에는 유산균이 자랄 만한 성장요소가 와인에 별로 남아 있지 않다. 유산균이 자라 유산발효를 하려면 몇 달이 지나 상당량의 효모들이 탱크 바닥에 가라앉아 자가분해되어, 양조장에 사는 유산균들이 자랄 수 있을 정도의 성장 요소를 방출한 후여야 한다.

유산발효를 인위적으로 개시하는 방법은 초기의 효모발효가 아직 진행되고 있고 효모들이 와인의 영양분을 모두 빨아들이기 전에 와인에 건강한 유산균 순수 접종물을 상당량 투여하는 것이다. 이 방법은 효과가 있었다. 나파 밸리의 루이 마티니 양조장에서 분리한 유산균 균주 ML34(유산균의 서른네 번째 균주)로 이 방법을 사용해 나와 양조업자 브래드 웹은 소노마 밸리의 한젤 양조장에서 첫 번째 강제 유산발효를 성공시켰다. 후에 이 균주는 새로운 종으로 인정되어 오에노코커스 오에니스*Oenococcus oenis*라는 학명을 받았다. 이 균주는 무료로 얻을 수 있으며 전 세계적으로 사용되고 있다. 유산발효를 시작하고 관리하는 것은 이제 와인 제조에 있어서 기초적인 일이 되었다.

하지만 흥미롭고 중대한 과학적 질문은 남아 있다. 어떻게 유산균은 유산발효를 통해 대사 에너지에 필요한 만큼의 에너지를 얻어내는가? 이 질문에 대한 답은 다른 사람들이 찾아냈다. 말산을 젖산과 이산화탄소로 바꾸는 반응에서는 대사 에너지의 단위인 ATP 한 분자를 만들 때 필요한 에너지의 3분의 1 정도밖에 나오지 않는다. 원핵세포 미생물 중에서 가장 유명한 구두쇠 에너지 수집가로 꼽아줘야 할 것 같은 유산균은 그 소량의 에너지를 모아 적당한 양이 되면 ATP 분자를 만든다.

유산균은 모든 유기체가 어떤 형태로든 행하는 화학삼투작용chemiosmosis이라는 ATP 생산법을 통해서 이를 만든다. 화학삼투작용에서는 세포막 위로 양성자 구배(수소 이온의 농도차)가 생긴다. 유산균과 다른 원핵생물의 경우에는 세포질 위로 생긴다. 자연계에서 어떤 물질에 농도차가 생기면 저절로 그것을 메우게 되고, 세포질 위의 양성자 구배를 없애는 유일한 방법은 세포 바깥의 고농도 수소 이온이 세포질을 통과해서 세포 안으로 들어오는 것뿐이다. 그리고 안으로 들어오는 유일한 방법은 ATP 합성효소가 만든 세포막을 횡단하는 기공을 통해 하는 것이다. 수소 이온이 이 기공을 통해 들어올 때 (그리고 양성자 구배로 들어갈 때) ATP가 생산된다. 효소를 물이 흐를 때 기계적 에너지를 생산하는 수차 같은 존재라고 생각하면 되겠다.

유산발효의 독특한 부분은 양성자 구배가 어떻게 생기는가 하는 것이다. 이것은 말산을 세포 안으로 밀어 넣고 젖산과 이산화탄소를 내놓는 과정에서 생긴다. 수소 이온 하나가 말산 분자 하나와 함께 안으로 들어가면 발효의 생성물인 젖산과 이산화탄소를 갖고 수소 이온 하나가 밖으로 나간다. 이런 식으로 말산 분자 하나가 사용될 때마다 이온 하나만큼의 차이가 생긴다. 이 반응에서 방출되는 소량의 에너지가 이런 교환을 종용한다. ATP 분자 하나를 생성하기 위해서는 ATP 합성효소를 통해 양성자 세 개가 움직여야 한다. 그래서 세포 바깥에 축적되는 양성자는 대사 에너지가 저장되는 은행계좌 같은 역할을 한다. 충분한 양이 축적되면 세포의 에너지 통화인 ATP로 전환된다. 우리가 이미 알고 있는 것처럼 자연은 아주 적은 것이라 해도 공짜로 주지 않지만, 조금씩 저축해서 부자가 될 수는 있다. 어떤 미생물은 수소 이온이 아니라 나트륨 구배를 이용해서 화학삼투작용를 하기도 한다. 하지만 두 경우에서 원리는 동일하다. 세포막에 있는 효소를 통해 이온이 세포 안으로 들어오며 이온 구배가 ATP 합성을 일으키는 것이다.

유산발효는 관대한 기부자이다. 와인 제조업자들과 와인 애호가들은 덜 시고 더 맛있는 레드와인이라는 이득을 얻었다. 비노 베르데 소비자들은 그 가볍고 탄산이 있는 근사한 맛을 즐길 수 있게 되었다. 그리고 오에노코커스 오에니스는 대사 에너지의 필요성을 모두 충족시켜준다. 이런 종류의 발효는 피클 제조 공장에서도 일어나지만 거기서는 이들의 역할을 긍정적으로 보기가 어렵다. 이들이 생산하는

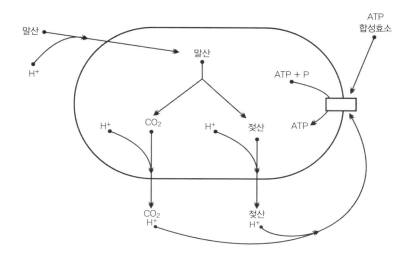

・유산발효를 통한 대사 에너지 수집・

이산화탄소는 발효 중인 오이 안으로 들어가 오이를 부풀린다. '비대 오이'라고 불리는 이런 부푼 오이는 버려야 한다. 오이가 비대해지는 것을 막는 방법은 예방이 아니라 후처리라 할 수 있다. 갇혀 있던 이산화탄소와 공기 또는 질소를 배출시키기 위해서 피클통의 pH를 낮추면 이산화탄소가 피클을 비대하게 만들 정도로 축적되기 전에 통 안에서 기포가 되어 방출된다.

비노 베르데 제조는 대단히 적은 에너지를 얻는 반응에서도 어떻게 미생물이 자라는지를 알려주었다. 지금까지 읽은 내용을 잘 기억하고 있다가 어느 날 비노 베르데를 마시게 된다면 동석한 사람들에게 이야기를 해주어도 좋을 것이다. 비노 베르데에 있는 것과 같은 유산균은 적은 에너지 생산 반응만으로도 훌륭하게 살아가고 있는 생명체들 중에서도 일등급 생존자라 할 수 있을 것이다.

귀부 와인 샤토 디켐

1855년 나폴레옹 3세가 프랑스 보르도 지역의 와인에 등급을 요구하면서 와인 양조장들은 와인을 1등급, 2등급, 3등급 크뤼cru로 각각 나누었다. 샤토 디켐은 1등급(프르미에 크뤼)으로 분류되었지만, 모든 보르도 와인 중에서 샤토 디켐만이 특별히 슈페리어로 뽑히는 탁월함을 보여주었다. 와인 감별사로도 유명했던 토머스 제퍼슨 역시 같은 결론을 내렸다. 그는 1784년에 미국 대사 자격으로 프랑스에 왔을 때 샤토를 방문하고 이 와인을 대단히 좋아해서 자신을 위해 250병, 그리고 조지 워싱턴을 위해서 추가로 주문했다. 부디 그 와인의 오늘날 가격인 병당 150달러보다 싸게 팔았기를 바랄 뿐이다.

샤토 디켐과 관계된 미생물은 균류인 보트리티스 시네레아*Botrytis cinerea*이다. 이 균은 대단히 상반된 평판을 듣고 있다. 샤토 디켐(과 그 외 와인들)에는 크게 도움이 되지만, 이 균은 좀더 차고 축축한 기후대의 특히 초본식물에 많이 나타나는 보이지 않고 치명적인 회색곰팡이병을 일으키기도 한다. 또한 보트리티스 시네레아는 포도가 충분히 익었을 때 포도송이에 회색곰팡이를 감염시킨다. 대부분의 포도를 재배하는 농부들은 이 곰팡이병이 포도를 망치고 다른 곰팡이와 벌레가 꼬이게 만들기 때문에 피하려고 대단히 노력한다. 하지만 보트리티스 시네레아는 샤토 디켐을 포함하여 세계에서 가장 칭송받는 디저트 와인을 생산하는 핵심적인 공헌자이다. 이 덕에 이 균에 '귀부noble rot(귀한 부패)'라는 이름이 붙기도 했다.

여러 면에서 보트리티스 시네레아는 상당히 평범하고 전형적인 균류이다. 대부분의 균류처럼 보트리티스 시네레아는 세포로 나뉘지 않는 원형질이 가득한 관이 복잡하게 이어져 있는 균사체의 상태로 증식한다. 보트리티스 시네레아는 배우자를 찾지 못하는 불완전균류의 표본이다. 배우자를 찾을 수 있는 균주는 자낭균으로, 보트리오티니아 푸켈리아나*Botryotinia fuckeliana*라는 이름이 붙어 있다.

보트리티스 시네레아가 포도송이에서 자라면 균사의 가지 끝에 둥그스름한 구조물(흡기haustoria)을 형성하여 양분을 얻는다. 이 흡기가 포도의 세포막 가까운 곳에 위치해 이를 통해 포도즙과 영양분을 끌어낸다(이끼 속의 균류가 빛에 의존하는 파트너를 통해 양분을 얻는 것처럼). 이렇게 양분을 얻을 때 균주의 요소 일부가 포도에 들어간다. 이 일방적인 교환은 선택적이고, 바로 와인 제조업자들이 원하는 것이다. 포도즙에서 물을 빼냄으로써 포도는 더욱 달아진다. 그리고 보트리티스 시네레아는 포도의 당분(기억하고 있겠지만 포도당과 과당이 같은 양 혼합된)을 사용함으로써 단맛을 떨어뜨리지 않는다. 대신 대사활동에 오로지 포도의 말산만을 이용한다. 이는 또한 포도의 산도를 감소시켜 비노 베르데에 유산발효가 그랬듯이 와인의 맛을 더 부드럽게 만들어준다. 보트리티스 시네레아는 또한 샤토 디켐에 금빛 색깔과 여러 가지 혼합물이 복잡하게 섞여서 나오는 그 독특하고 특별한 향미를 선사한다. 이뿐만이 아니다. 보트리티스 시네레아는 글리세린 glycerin을 첨가해 소테른 와인의 특징이라 할 수 있는 입 안을 채우는 끈기를 부여한다.

다른 미생물들 역시 소테른 와인에 특별한 영향을 미친다. 이 포도 (프랑스 소테른 지방의 세미용과 슈넹 블랑 혼합물)에 존재하는 자연발생 효모는 포도당을 선호하기 때문에 완성된 와인에 훨씬 더 단맛을 내는 과당만을 주로 남겨둔다. 그래서 보트리티스 시네레아와 내재된 와인 효모라는 두 미생물의 선물 덕에 소테른 와인은 독특한 풍미와 입 안을 채우는 묵직한 맛을 가진 달콤한 금빛 디저트 와인이 되는 것이다.

소테른은 귀부 와인의 최상급이고, 샤토 디켐은 최상급 소테른이다. 하지만 프랑스에서만 이런 와인이 생산되는 것은 아니다. 헝가리의 토코이 와인 역시 대단한 칭송을 받고 있고 독일의 여러 와인 역시 그렇다. 캘리포니아에서는 별로 생산되지 않는데, 기후가 좀더 건조하기 때문에 보트리티스에 별로 좋지 않기 때문이다. 보트리티스에 좋은 기후와 해는 (보트리티스를 감염시키고 퍼뜨리기 위해) 한참 습한 날씨가 유지되다가 그 뒤에 (감염된 포도를 건조시키기 위해서) 건조한 기간이 지속되어야 한다. 독일의 귀부 와인은 포도가 어디서 어떻게 수확되었는지에 따라서 이름을 붙이고 분류한다. 보트리티스의 관여 정도가 높아지고 이에 따라 질이 높아지는 순서대로 이야기하자면 슈패트레제Spatlese(늦게 따다)는 포도를 늦게 수확해서 보트리티스가 감염될 시간을 좀더 많이 준 것이고, 아우스레제Auslese(선택되다)

는 보트리티스가 감염된 포도송이를 선별한 것이다. 베렌아우스레제 Beerenauslese(선택된 포도알)는 감염된 포도알을 고른 것이고, 트로켄베렌아우스레제Trokenbeerenauslese(선택된 건조 포도알)는 건조된 포도알 하나하나를 선별한 것이다. 물론 비용도 질과 비례한다.

샤토 디켐은 우리의 거의 모든 감각으로 미생물을 인식할 수 있다. 눈으로는 금빛 색깔을 보고, 맛과 향기를 느낄 수 있으며, 글리세린이 들어간 그 진득함을 느낄 수 있다. 흥미롭게도 여기에 관여하는 미생물 활동은 모두 자연적인 것이다. 와인 제조업자들이 일부러 이런 미생물을 첨가하는 것은 아니다. 모든 면에서 다음 미생물 관찰지인 콜라와는 대단히 다르다.

콜라

비교적 현대적으로 보이는 이 미생물 관찰지는 라벨에 붙어 있는 재료 목록에 따라서 만들어진 것이다. 들어간 분량에 따라 액상과당 high-frutose corn syrup(HFCS)이 탄산수 바로 다음에 나온다. 액상과당은 탄산음료에 금지된 재료가 아니다. 슈퍼마켓의 라벨들을 잠깐 살펴보면 몇 가지 '다이어트' 음식을 제외하면 과일 주스부터 샐러드 드레싱, 심지어 케첩에 이르기까지 달든 조금 덜 달든 모든 즉석식품에서 액상과당을 찾아볼 수 있다. 액상과당은 굉장히 달고 싸기 때문에 전반적으로 설탕, 즉 자당sucrose을 대체한다. 우리는 이것을 점점 더 많이 사용하고 있다. 이미 전 세계적으로 설탕보다 액상과당이 더 많이 쓰인다. 연간 1,000만 톤 이상의 액상과당이 생산되고, 이것은 주로 미국에서 소비되지만 그 밖의 나라에서도 사용량이 빠르게 늘고 있다.

갓 딴 스위트콘을 제외하면 옥수수는 전혀 달지 않다. 부엌 선반에서 찾을 수 있는 종류의 옥수수 시럽은 적당히 달다. 액상과당은 굉장히 달다. 두 개의 옥수수 시럽은 미생물에서 얻는 효소를 사용하여 만들어진 것이다. 식품점 통로를 지나가다 보면 효소를 사용한 다른 물품들도 여럿 발견할 수 있다. 세제, 유당불내성(유당분해효소 결핍증)인 사람들을 위한 소화제, 콩을 먹은 다음 위장의 가스를 제거하는 약, 가운데 부드러운 체리 맛을 넣은 초콜릿 캔디부터 여과 와인과 맥주까지도 미생물 효소에 의존하고 있다. 미생물 효소는 널리 사용되고 있다.

특정 미생물을 발효통fermenter이라고 하는 커다란 용기에서 배양하고, 거기에서 효소를 추출한다. 효소의 종류와 그 쓰임새는 다양하다. 몇 가지만 훑어봐도 그 쓰임새가 얼마나 다양한지 대략적으로 알 수 있을 것이다.

사탕 애호가들에게 가장 흥미롭고 굉장히 놀라운 사실을 들자면 가운데 액체가 들어 있고 겉이 초콜릿으로 덮인 체리 사탕을 만들 때는 효소인 수크라아제sucrase(자당분해효소)가 사용된다. 녹은 초콜릿으로 액체를 감싼다는 것은 굉장히 어렵고 불가능한 일인 것처럼 느껴지지만, 그런 식으로 하는 것이 아니다. 가운데 부분을 초콜릿에 담그면 그 안에 든 상당량의 자당 때문에 고체화된다. 인베르타아제

invertase(전화효소)라고도 불리는 수크라아제가 가운데 부분 혼합물에 들어 있기 때문에 겉이 초콜릿으로 뒤덮이고 초콜릿이 굳으면 그 안에서 수크라아제가 물에 잘 녹지 않는 자당을 물에 훨씬 더 잘 녹는 포도당과 과당 혼합물로 바꾼다. 그래서 고체 상태였던 가운데 부분이 액체로 바뀌는 것이다.

마찬가지로 효모에서 얻는 락타아제lactase(젖당분해효소)는 젖당불내성을 가진 사람들의 소화를 돕는 데 사용된다. 이들은 유제품을 먹으면 포유동물의 젖과 대부분의 유제품에 들어 있는 당분인 유당을 소화하지 못하기 때문에 위통을 겪게 된다. 이 환자들은 유당을 사람이 소화시킬 수 있는 더 작은 구성성분인 갈락토스galactose와 포도당으로 분리하는 락타아제를 생산하지 못한다.

유아기에는 모든 사람들이 락타아제를 생산할 수 있다. 그래야만 모유나 우유로 만들어진 분유를 소화할 수 있기 때문이다. 하지만 많은 인종들이 성인이 되면서 이 능력을 잃는다. (북유럽계와 특정 아프리카인들이 잘 알려진 예외이다.) 락타아제를 만들 능력을 잃는 사람들을 유당불내증 환자라고 한다. 분해되지 않은 유당은 소장에서 흡수되지 못하고 대장으로 가서 복부 통증, 설사, 복부 팽만, 장내 가스 등을 일으킨다. 미생물에서 추출한 락타아제가 들어간 약을 먹으면 유당불내증 환자들도 우유, 아이스크림, 치즈, 요구르트 및 다른 유제품들을 쉽게 먹을 수 있다.

또한 미생물에서 추출한 효소는 모든 사람들이 공유하고 있는, 특정 다당류(라피노스raffinose, 스타키오스stachyose, 이눌린inulin 같은 멋진 이름을 가진)를 소화시키지 못하는 당불내성을 해소하는 약으로도 사용된다. 야채를 먹을 때, 특히 이런 다당(화학자들은 좀더 정확하게 올리고당이라고 한다)을 상당량 함유하고 있는 콩을 먹을 때는 이것이 소화되지 않은 채 우리 위와 소장을 지나 대장으로 내려간다. 거기서 박테리아가 이들을 공격해 가스를 생산한다. 대체로 수소 가스이고 일부 사람들에게서는 메탄 가스가 만들어지기도 한다. 그럴 때 우리와 우리 주변의 사람들은 장내 가스로 고생하게 되는 것이다. 가스 제거용으로 가장 많이 사용되는 미생물 추출 효소는 식물락트산간균 *Lactobacillus plantarum*과 다른 젖산균에서 추출한 알파-갈락토시다아제alpha-galactosidase이다. 이 효소는 함께 연결되어 있는 가스 생산 다당류 두세 개를 더 작은 당(포도당, 갈락토스, 라피노스)으로 분해시킨다. 그 후 이것들은 대장으로 들어가 거기에 있는 가스 생산 미생물에게 사용되기 전에 소장에서 미리 흡수된다.

미생물 추출 효소는 세척력을 높이기 위해서 세탁용 세제에 굉장히 많이 쓰인다. 미생물 추출 리파아제lipase(아스페르길러스 니제르 *Aspergillus niger*와 그 비슷한 균류로부터 추출된다)는 불용성 지방과 기름을 분해하여 수용성 분자(글리세롤glycerol과 지방산)로 만들어 기름얼룩을 제거한다. 프로테아제는 핏자국처럼 단백질, 특히 막대균 *Bacillus*이나 고초균*Bacillus subtilis*, 바실러스 리체니포르미스*Bacillus Licheniformis*에 속한 균에서 나온 것들을 수용성 단백질로 분해하여 씻어낼 수 있게 만든다.

또한 미생물 추출 효소는 즉석 음식을 더 맛깔스럽게 보이도록 만드는 데 쓰인다. 아스페르길루스 니제르와 다른 균류에서 추출한 펙티나아제pectinase(펙틴분해효소)는 식물 벽을 만드는 펙틴을 분해한다. 식품업계에서는 이것을 과일 주스와 와인을 여과하는 데 사용한다. 고초균에서 추출한 베타-글루코나아제beta-gluconase는 또 다른 식물 벽 요소를 분해하여 맥주의 탁한 기운을 없앤다.

　이 모든 효소들이 우리가 먹고 마시는 것과 옷을 세탁하는 것에 큰 영향을 미치지만, 옥수수로 감미료를 만드는 데 사용되는 미생물 추출 효소가 아마 인간의 삶에 가장 큰 영향을 미쳤을 것이다. 옥수수 전분은 공장에서 세 단계를 거쳐 액상과당으로 변화한다. 전분이 말토덱스트랜스(포도당의 긴 사슬을 이루고 있는 전분의 수용성 조각)가 되고, 이것이 포도당이 되었다가 다시 액상과당이 되는 것이다. 각각의 단계에서 미생물 추출 효소가 반응을 촉진시킨다. 처음 두 단계를 진행시키는 효소는 오래전부터 사용되었다. 그리고 이들의 공통 활동의 산물인 포도당은 당류이긴 하지만 별로 달지는 않다. 옥수수 전분에서 만들어진 것이 바로 요리에 널리 쓰이는 옥수수 시럽이다. 엄청난 단맛은 포도당이 과당으로 전환되는 세 번째 단계에서 생겨나는 것이다. 과당은 대단히 달다. 만약 설탕, 즉 자당이 당도 100이라고 하면 포도당은 70 정도이지만 과당은 130 정도이다. 게다가 포도당은 대체로 불용성이라서 농축 시럽으로 많이 만들어지고, 그렇기 때문에 저장이 어려워서 최근의 식품업계에서는 별로 쓰이지 않는다. 과당에는 이런 문제가 없다. 과당은 포도당보다 두 배쯤 잘 녹기 때문에 시럽에 있는 포도당 절반을 과당으로 바꾸면(이것이 액상과당이다) 두 가지 문제가 모두 해결된다. 결과물이 자당만큼 달면서 차가워졌을 때에도 금방 굳지 않는 안정적인 용액이 된다.

　포도당을 과당으로 바꾸어주는 미생물 효소인 글루코스 이소메라 아제glucose isomerase(포도당이성화효소)는 대단히 흥미롭다. 돌이켜보 면 이 효소를 발견했다는 게 참으로 놀랍다. 이 효소가 원래의 박테리 아 안에서 하던 대사 역할은 포도당이나 과당과는 아무 관계도 없다. 대신 또 다른 당분인 자일로스xylose를 활용하는 첫 번째 단계를 촉진 시키는 일을 했다. 자일로스는 식물의 세포벽을 이루는 주요 요소인 헤미셀룰로오스hemicellulose의 구성요소이기 때문에 자연계에 풍부하 다. 이 효소가 자일로스를 또 다른 당분인 자이울로스xyulose로 전환 시키고, 그 후에 박테리아가 이를 활용한다. 1957년에 굉장히 우연 히 이 효소가 포도당을 과당으로 전환시키는 아주 약간의 능력(자일로 스를 전환시키는 것에 비해 160분의 1밖에 안 되는)을 갖고 있다는 사실이 밝혀졌다. 이 발견은 엄청나게 놀라운 것은 아니었다. 포도당이 구조 적으로 자일로스와 비슷하기 때문이다. 하지만 그 후에 또 다른 예상 치 못했던 사건으로 이 효소가 아주 약간의 코발트 이온만 있으면 훨 씬 뛰어난 포도당-과당 전환제가 된다는 중대한 사실을 알아냈다. 이 발견은 박테리아에 많이 있는 글루코스 이소메라아제에 대한 열띤 연 구의 시대를 열어주었고, 마침내 액상과당을 만드는 실질적인 분야에 도 활용되었다.

　이 연구는 여러 가지 중요한 결과를 가져왔다. 돌연변이원(돌연변이 를 일으키는 화학물질이나 방사선)에 미생물을 처리하고 돌연변이 균주

중에서 포도당-과당 전환 능력이 더 뛰어난 것들을 골라냈다. 그리고 이 효소를 생산하는 미생물 배양법도 더 많은 효소를 얻어낼 수 있는 방향으로 개선되었다. 액상과당을 상업적으로 쉽게 생산하기 위해 넘어야 했던 수많은 장애물 중에서 가장 중요했던 것은 배양할 때 값비싼 자일로스를 넣어야 한다는 부분이었다. 자일로스가 없으면 자연계에 존재하는 미생물 균주는 효소를 만들지 않는다. 자일로스가 있어야만 미생물에 이것을 대사시킬 효소를 만들라는 신호를 보낼 수 있는 것이다. 이런 경제적 장벽은 값비싼 자일로스가 전혀 없어도 글루코스 이소메라아제를 만들어내는 돌연변이 균주(항시성 균주constitutive strain라고 한다)가 발견되며 무너졌다. 또한 이 효소를 이용하는 더 효율적인 방법들도 개발되었다. 이 방법 중 가장 중요한 것은 효소를 화학적으로 비활성인 분자에 붙여 긴 원통형으로 만드는 것이다. 그런 다음 각각의 포도당 시럽에 새로운 효소를 첨가하는 대신에 같은 원통을 통해 여러 통의 포도당 시럽이 지나게 하는 것이다. 이런 기법은 여러 가지 이점을 제공한다. 상대적으로 비싼 이 효소가 조금만 있어도 되고, 필수적인 코발트 이온 역시 원통에 고정시킬 수 있기 때문에 결과물에는 들어가지 않는다.

하지만 한 가지 중대한 기술적 문제가 오늘날까지도 해결되지 않고 있다. 이런 식으로 만들어진 과당 감미료는 시럽으로만 나온다는 것이다. 결정화해서 자당처럼 과립 형태로 만들 수 없다. 글루코스 이소메라아제 반응이 모든 포도당을 과당으로 전환시키는 것이 아니기 때문에 결정으로 만들어지지 않는다. 반응이 양방향으로 움직여 포도당이 과당이 되는 것만큼이나 빠르게 다시 포도당으로 돌아오기 때문에 두 가지 당분 혼합물은 항상 평형을 이루게 된다. 결정화하기 위해서는 용액의 당분이 순수해야 한다.

하지만 평형 혼합물에서는 과당을 결정화할 수 있을 정도로 많이 얻지 못한다. 이 말이 뭔가 화학적인 딜레마처럼 여겨질 수도 있지만, 이 해결책 역시 미생물적인 것이다. 포도당과 과당 사이의 평형은 온도가 올라가면 과당 쪽으로 이동한다. 글루코스 이소메라아제가 높은 온도를 견딜 수 있다면 과당 용액을 결정화할 수 있을지도 모른다. 하지만 이런 미생물을 어디서 찾을까? 고온 환경에서? 열내성 효소를 생산하는 돌연변이 균주에서? 아직까지는 알 수 없지만 이 답을 알아내면 대단한 이득이 될 것이다.

많은 면에서 액상과당은 우리의 단맛에 대한 탐욕을 충족시켜주는 이상적인 해결책으로 보인다. 액상과당은 매우 달고 저렴하다. 그리고 다른 모든 인공 감미료들이 의학적으로 이런저런 이유 때문에 문제가 있는 반면 액상과당은 안전하다. 과당은 대부분의 과일에 있는 자연적인 감미료이다. 그리고 더 중요한 것은 액상과당에 자당이 없다는 것이다. 자당은 충치의 원인이 된다. 우리의 식생활에서 자당을 완전히 제거하면 충치도 생기지 않는다. 하지만 불행히 액상과당을 광범위하게 사용하면서 의도하지 않았던 부정적인 결과도 나타나게 되었다.

우리의 식탁 위에 대량의 액상과당이 올라가면서 비만이 대유행하고 아동 당뇨병 비율도 눈에 띄게 증가했다. 어떤 사람들은 이것이 직접적인 관계가 있다고 여긴다. 액상과당과 비만의 유행이 우연이 아니라는 증거는 더 있다. 저렴한 가격 덕분에 패스트푸드점과 음식점에서 내놓는 청량음료의 양이 몇 배로 늘었다. 그리고 이것이 비만을 유발한다는 확실한 생리학적 증거도 있다. 우리가 섭취하는 음식 대부분에 들어 있는 당분인 포도당에 반응해서 췌장에서 인슐린insulin이 생산되고, 이것은 포만감을 느끼게 하는 호르몬인 렙틴leptin을 방출시킨다. 이런 렙틴이 부족하면 결국 비만으로 이어진다. 예를 들어 유전적으로 렙틴을 생성하지 못하는 유전자를 가진 쥐는 비만이 된다. 하지만 췌장에는 과당 수용체가 없다. 그래서 과당이 배가 부를 만큼 먹었다는 신호를 보내지 못한다.

하지만 미생물에게 잘못을 돌릴 수는 없다. 미생물은 식물의 세포벽에 있는 물질을 분해한 산물로 살아가기 위해 노력하고 있을 뿐이다. 우리가 이것을 지방으로 만든다. 사실 다른 장에서 보겠지만, 비만에 직접적으로 영향을 미치는 미생물은 따로 있다.

날달걀의 방어막

껍질 안에 들어 있는 날달걀에는 놀라울 정도로 미생물이 없다. 흰자에 아비딘avidin, 리소자임lysozyme, 콘알부민conalbumin처럼 미생물의 성장을 막고 심지어 그람 양성 박테리아를 죽이기까지 하는 강력한 능력을 가진 단백질들이 있기 때문에 달걀은 천천히 상한다. 보송

보송한 엔젤 푸드 케이크나 매끄러운 마요네즈를 만드는 능력이나 품질은 미생물과는 관계없는 이유로 점점 떨어지지만(대체로 이산화탄소를 잃으면서 흰자가 굳기 때문이다) 날달걀 자체는 몇 달씩 상하지 않고 버틴다. 미생물에 저항력이 강한 날달걀과는 달리 삶은 달걀에서는 미생물을 막아주는 단백질이 열로 비활성화되었기 때문에 훨씬 빠르게, 대략 일주일 정도면 상한다. 삶은 달걀이 이렇게 잘 상하는 것은 미생물에 대한 주요 방어막이 달걀껍질과 막이 아니라는 것을 보여준다. 조금쯤은 도움이 되겠지만 말이다. 껍질에서 꺼내 조리한 달걀은 훨씬 빠르게 상한다.

아비딘은 비타민 비오틴biotin(황을 함유하고 있는 비타민으로 지방과 탄수화물 대사에 관여한다 — 옮긴이)과 결합하여 우리들처럼 비오틴을 필요로 하는 미생물들이 이것을 흡수하지 못하게 만드는 단백질이다. 비오틴을 필요로 하는 미생물들은 비오틴이 없으면 성장할 수 없기 때문에 달걀 안에서 증식할 수가 없다. 비오틴과 결합하는 아비딘이 결합 가능한 비타민의 농도를 극히 낮게 만들기 때문이다. 아비딘은 달걀의 흰자뿐만 아니라 조류, 파충류, 양서류의 조직에서도 발견되고, 여기서도 미생물을 방지하는 역할을 한다. 아비딘은 작은 분자와 결합한다고 알려진 그 어떤 단백질보다 비오틴과 단단하게 결합한다. 비오틴에 대한 이 엄청난 탐욕은 여러 가지 생화학 공정에 이용되고 있다. 예를 들어 단백질을 정제할 때는 원하는 단백질에 비오틴 분자 하나를 붙이기만 하면 된다. 그러고 나면 고정시켜놓은 아비딘이 다른 단백질과 섞여 있는 혼합물 속에서 나머지는 놔두고 원하는 소량의 특정 단백질만을 뽑아낸다.

달걀의 두 번째 항균 방어막이라 할 수 있는 리소자임은 아비딘보다 자연계에 좀더 널리 퍼져 있다. 리소자임은 달걀흰자뿐만 아니라 눈물, 콧물, 침, 장 점막에서도 찾을 수 있다. 리소자임에는 놀라운 박테리아 살상 능력이 있다. 리소자임은 박테리아의 세포벽을 형성하고 있는 고분자인 펩티도글리칸의 특정 결합을 자른다. 이 결합이 깨지면 박테리아 벽이 약화되어 안쪽에서 세포벽을 미는 압력 때문에 세포가 터져서 결국 부서지거나 분해된다. 흥미롭게도 리소자임은 페니실린penicillin과 거의 똑같이 세포벽을 공격해서 박테리아를 죽인다. 리소자임과 페니실린 둘 다 같은 미생물학자인 스코틀랜드의 알렉산더 플레밍이 발견했다는 사실도 흥미롭다. 그는 자신의 콧물이 특정 박테리아를 죽인다는 사실을 관찰하다가 1921년에 리소자임을 발견했다. 그는 후에 효소로 밝혀진 이 활성성분을 리소자임이라고 이름 붙였다. 박테리아를 분해하여 죽이기 때문이다. 1년 후 플레밍은 눈물과 침, 달걀흰자에서도 리소자임을 발견했다고 보고했다. 리소자임에 대한 플레밍의 관심은 박테리아 감염을 치료할 화학적 항균제로 쓰는 데에 있었다. 하지만 이것은 별로 효과적이지 않은 것으로 판명되었다. 하지만 리소자임은 화학요법에 관한 플레밍의 관심을 자극했고, 그 덕분에 플레밍은 1928년에 페니실린을 발견하는 역사적 업적을 세우게 되었다. 플레밍에게 영향을 미친 또 다른 사건은 제1차 세계대전 때 군의관으로 복무하며 직접 상처 감염의 끔찍하고 치명적인 위험성을 목격한 경험이었다.

몇 가지를 제외하면 모든 박테리아는 펩티도글리칸으로 된 세포벽을 갖고 있지만, 그렇다고 모든 박테리아가 다 리소자임에 죽는 것은 아니다. 리소자임은 물론 펩티도글리칸을 망가뜨리기 위해 접촉하려 하지만 그람 음성 박테리아에서는 외벽이 이런 접촉을 막는다. 그래서 리소자임은 오로지 그람 양성 박테리아에만 치명적이다.

아비딘은 비오틴을 필요로 하는 미생물의 성장만을 저해하고, 리소자임은 그람 양성 박테리아에만 치명적이지만, 달걀의 세 번째 항균 방어막인 콘알부민은 모두 가능하다. 콘알부민은 사실상 모든 미생물에 반응한다. 포유동물에서 발견되는 철분 운반 단백질인 트랜스페린transferrin과 비슷하기 때문에 난卵트랜스페린ovotransferrin이라고도 불리는 콘알부민은 철 이온(Fe^{3+})과 강하게 결합해서 침입해 들어오는 미생물이 철을 흡수하지 못하게 만든다. 몇 가지 예외를 제외하면 모든 미생물은, 아니 모든 세포 유기체들은 특정 핵심 요소에 철을 필요로 한다. 철 없이는 성장할 수 없다. 달걀을 미생물의 공격으로부터 방어하는 데 콘알부민이 얼마나 중요한지는, 예전에 공장에서 달걀을 철제 쟁반에 놓고 씻던 시절에 드러났다. 이런 달걀에는 콘알부민의 철 결합 능력을 넘어설 정도로 많은 철분이 들어가서 부패 미생물과 결합하여 더 빠르게 상했다.

우리의 혈액에도 미생물이 결합할 철분이 부족하기 때문에 (혈액 속에도 철 결합 단백질인 트랜스페린이 철과 결합하고 있다) 미생물 감염을 어느 정도 방어할 수 있다. 이런 이유 때문에 몇몇 소아과 의사들은 유아가 빈혈 증세를 보이지 않는 한 유아의 음식물에 철분을 추가하지 말라고 권한다.

달걀은 미생물에 대해 표적 화학 방어에 성공한 표본이다. 달걀의 방어 단백질들은 음식을 보존하는 효율적이고 무해한 방법을 제공한다.

걸쭉한 이탈리안 샐러드드레싱

식품점에서 병으로 파는 이탈리안 샐러드드레싱은 예전에는 물처럼 묽었으나 지금은 놀랄 만큼 되직하다. 그 이유가 궁금할 것이다. 라벨에 답이 적혀 있다. '잔탄검xanthan gum 함유.' 다른 드레싱과 소스, 냉동식품, 음료, 심지어 치약 등 많은 것들이 그러하다. 또한 잔탄검은 '이수(泥水, mud)'라고도 부르는 시추 유체로도 사용된다. 이것은 유정에서 시추장치의 비트(잘린 표면)를 통해 주입되는 점액질로, 돌조각이나 지층과 결합한 후에 그것들을 표면으로 끌어낸다. 잔탄검이 이렇게 사용되는 것은 모두 다 그 독특한 점성 때문이다. 0.5퍼센트나 가끔은 그 10분의 1(0.05퍼센트)만 있어도 샐러드드레싱처럼 액체를 충분히 걸쭉하게 만들 수 있다. 게다가 걸쭉해진 액체는 위가소성pseudoplasticity이라는 흥미로운 현상을 보인다. 전단력(비트는 힘)이 가해지면 액체가 묽어지는 것이다. 이것은 샐러드드레싱처럼 걸쭉한 음식을 맛있게 만드는 데 꼭 필요한 특성이다. 입 안에서 씹는 등의 행위가 음식에 전단력을 가하게 되고, 이것이 잔탄검 때문에 걸쭉해져 있었다면 입 안에서는 묵직한 느낌이 들지 않게 된다. 따라놓았을 때에는 걸쭉하지만, 입 안에서 움직일 때에는 묽어지는 것이다.

액체를 되직하게 만드는 데 쓰는 물질은 잔탄검만이 아니다. 여러 가지 형태의 녹말starch, 알긴산alginic acid(갈조류 다시마목인 켈프에서 추출), 카라게닌carrageenan(홍조류나 바닷말에서 추출), 우무agar(또 다른 홍조류인 한천에서 추출) 등이 널리 사용된다. 하지만 그 독특한 특성 때문에 잔탄검은 대단한 인기를 얻게 되었다. 그래서 잔탄검이 박테리아의 시체로 이루어져 있다고 말하면 아마 꽤나 놀랄 것이다.

잔탄검을 이루는 죽은 박테리아 세포는 잔토모나스 캄페스트리스 *Xanthomonas campestris*라는 균으로 식물을 감염시키는 박테리아이다. 이전의 미생물 관찰지들과는 달리 이것은 잔토모나스 캄페스트리스의 대사활동 결과물이 아니다. 여기서 우리는 미생물의 세포 그 자체,

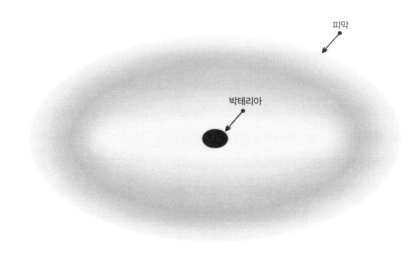

피막

박테리아

• **박테리아의 피막은 종종 세포보다 훨씬 크다** •

특히 세포의 바깥 부분을 보게 된다. 균류, 고세균, 잔토모나스 캄페스트리스 같은 박테리아를 포함하여 많은 미생물들이 피막capsule이라고 하는 미끈거리는 세포외 층으로 둘러싸여 있다. 이 피막은 가끔은 세포 자체보다 몇 배나 크다.

일반적으로 피막은 다당류로 이루어지지만 가끔은 단백질로 이루어지기도 한다. 잔토모나스 캄페스트리스 주변의 피막은 다당류이다. 피막은 둘러싸고 있는 미생물에 여러 가지 이점을 준다. 예를 들어 피막이 있으면 미생물이 보통 머무르는 액체가 있는 환경에서 벗어나도 세포가 마르지 않게 해준다. 그리고 피막은 미생물을 단단한 표면에 달라붙게 만들어 세포가 살기 좋은 위치에서 쓸려가지 않게 해준다. 어떤 경우에는 피막이 감염과 관계있을 때도 있다. 피막 때문에 미생물이 질병을 일으키는 것이다. 실제로 몇몇 미생물의 병원성(질병을 일으키는 능력)은 온전히 그 피막에 달려 있다. 잔토모나스 캄페스트리스도 그렇다. 하지만 알 수 없는 이유로 잔토모나스 캄페스트리스는 놀라운 양의 피막을 형성한다. 질병을 일으키는 데 필요한 것보다 훨씬 많은 양의 피막을 만드는 것이다. 피막과 병원성의 관계에 대해서는 나중에 다시 설명하겠다.

잔탄검을 만들려면 잔토모나스 캄페스트리스를 발효기(발효가 혐기성 공정이고 탱크 안의 내용물은 대단히 호기성이라는 불편한 사실을 무시한 산업용 용어이다)에 넣고 증식시켜야 한다. 잔토모나스 캄페스트리스에 필요한 호기성 환경을 유지하기 위해 발효기 안에 빠르게 공기를 주입하고 내용물을 격렬하게 저어주면 된다. 그 결과는 놀라울 정도이다. 미생물 세포가 대단히 많은 양의 피막을 만들기 때문에 배양액 전체가 무척 걸쭉해져서 통에서 따르면 몹시 천천히 흘러나온다. 피막과 그 안에 있는 박테리아 세포를 침전시키고 유기용매로 박테리아를 죽인 다음 고체 부분을 건조시키면 밝은 색깔의 가루를 얻을 수 있다. 이것이 잔탄검이다.

감염을 촉진하는 능력 때문에 이 끈끈하고 저급한 미생물 피막은 인간사에 엄청난 영향을 미쳤다. 아마 가장 악명 높은 피막은 흔히 폐렴구균pneumococcus이라고 불리는 폐렴사슬알균Streptococcus pneumoniae을 둘러싼 피막일 것이다. 이 박테리아는 대단히 심각하고 치료받지 않으면 죽을 수도 있는 질병인 폐렴구균성 폐렴을 일으킨다. 이 무시무시한 질병은 현재는 페니실린과 백신으로 통제가 가능하지만 20세기 초반까지는 미국처럼 부유한 나라에서조차 인류의 재앙으로 여겼다. 한창 때의 건강한 성인이 갑자기 아프고, 내려가지 않는 고열에 시달리고, 빠르고 심각한 호흡 곤란 증세를 일으키다가 며칠 만에 사망했다. 이 질병의 길고 긴 희생양 목록에는 대통령(윌리엄 헨리 해리슨), 작가(레오 톨스토이), 군 장성(스톤월 잭슨)들도 포함된다.

미생물학자들은 오래전부터 폐렴구균이 치명적인 질병을 일으키는 것은 그 피막 때문이라는 것을 알고 있었다. 침입자 세균 대부분을 집어삼키고 파괴하는 백혈구 식세포가 폐렴구균은 삼키지 못한다. 피막 때문에 삼키지 못하는 것이다.

하지만 폐렴구균성 질병이라고 해서 치료를 받지 않는다고 해서 반드시 죽음에 이르는 것은 아니다. 그중 절반은 회복할 수 있다. 6일에서 10일 정도 살아남으면 면역 시스템이 놀랍게도 구출에 나선다. 면역 시스템이 피막에 대항해서 식세포가 폐렴구균 세포를 집어삼키고 파괴할 수 있도록 항체(옵소닌opsonin)를 생성하는 데 그 정도의 시간이 걸린다. 그러면 환자는 흔히 소설이나 영화에서 끔찍한 '위기'라고 묘사되는 상태를 넘기게 된다. 침대 곁에서 깜박거리던 촛불이 다시 밝게 타오르는 것이다. 온몸을 적시는 땀과 갑자기 내려간 체온이 완전한 회복의 신호탄이다. 옆에 있던 의사는 이마를 닦고 미소를 짓는다.

피막이 없는 돌연변이 균주들은 어떤 질병도 일으키지 않는 무해한 박테리아이다. 우리의 삶과 죽음을 가를 만큼 폐렴구균이 피막에 크게 의존하는 특성은 특히 영국인 미생물학자 프레더릭 그리피스의 호기심을 자극하고, 1928년 그는 단순한 실험을 통해 20세기 생물학에서 가장 큰 발견을 하게 되었다. 그리피스는 유전자가 구성하는 분자이자 모든 생명체의 명령어와 진화적 지식이 저장되어 있는 디옥시리보핵산(DNA)을 찾아냈다.

그리피스는 피막 자체를 이루고 있는 다당이 폐렴구균의 병독성 virulence(질병을 감염시키고 일으키는 능력)을 만들어내는 것인지 혹은 사실 그저 치명적인 영향을 미치는 폐렴구균을 둘러싸고만 있는 건지 알고 싶었다. 달리 말해, 피막이 없어 병을 일으킬 수 없는 폐렴구균의 돌연변이 균주(플레이트 위의 군집 형태 때문에 거친집락rough colony이라고 한다)가 피막을 형성하는 유독성 균주인 '매끈집락smooth colony'(피막을 형성하는 유독성 균주) 균주와 섞여 있으면 유독해질까, 하는 의문인 것이다. 편의를 위해서 그는 실험에는 순수 피막 대신 매끈집락의 가열살균 세포를 사용하기로 했다.

그는 쥐에게 살아 있는 거친집락 균주와 가열살균한 매끈집락 균주의 혼합물을 주사했다. 실험군의 쥐들은 죽었지만 혼합물 중 하나만을 주사한 대조군의 쥐들은 건강하게 살아 있었다.

실험 결과 명확하고 확실한 답이 나온 것 같았다. 피막이 독성을 갖기 위해 세포를 둘러쌀 필요는 없다는 것이다. 피막 물질 자체만 있으면 된다는 것이다. 하지만 그리피스는 겉보기에 명확한 것 같은 이 결과에 의심을 품었다. 그는 거친집락 균주와 가열살균한 매끈집락 균주를 혼합하여 주사했던 균을 죽은 쥐의 폐에서 채취하여 이 문제를 더 파고들었다. 결과는 놀라웠다. 그가 폐에서 발견한 박테리아는 매끈집락이었고, 피막이 세포를 둘러싸고 있었다. 이것은 주사한 매끈집락 균주 중 일부가 열에 살아남았다는 뜻일까? 추가 실험을 통해서 그렇지 않다는 사실이 밝혀졌다. 그는 죽은 쥐의 폐에서 채취한 매끈집락 균주들을 상세하게 살펴보고, 이것들이 그가 쥐에게 주사했던 죽은 매끈집락 세포들과 공통점이 있는 동시에 살아 있던 거친집락 세포들과도 공통점이 있음을 발견했다. 살아남은 세포들은 그가 주사한 두 균주의 잡종이었다.

여기서 그리피스는 엄청난 지적 도약을 이루었다. 그는 죽은 매끈집락 세포에서 뭔가가 나와 거친집락의 세포 일부를 '변형'(유전적인 변화)시켜 피막을 만드는 능력을 부여하고 그 외에 매끈집락 세포가 가진 다른 특성들까지 전달한다는 사실을 발견했다. 증식해서 쥐를 죽인 것은 바로 이 유전적으로 변화한 세포들이었다. 그리피스는 죽은 세포에서 나오는 이 신비로운 물질을 '형질전환물질transforming principle'이라고 이름 붙였다.

이후 계속된 실험을 통해서 쥐가 이런 변형과는 아무 관계가 없다는 사실도 밝혀졌다. 테스트 튜브에서 폐렴구균의 균주 하나에서 추출한 것을 다른 균주에 넣어 여러 가지 방식으로 그 특성을 변형시킬 수 있었다. 그리고 이런 변화는 '동종 유전'이 되었다. 박테리아와 그 자손들은 원래의 상태로 되돌아가지 않았다. 추출물의 존재 때문에 일시적으로 변화한 것이 아니라 유전적인 변형을 일으켰던 것이다. '형질 전환 물질'은 폐렴구균의 한 균주가 다른 균주에 삽입되었을 때 그 안에서 합체되어 새로운 유전적 구조를 만드는 유전자 용액인 것처럼 행동했다. 세포가 주변에서 떠다니는 유전자를 흡수할 수 있다는 것은 기묘한 일이지만, 특정 박테리아 종은 실제로 그렇게 할 수 있다. 여러 종류의 미생물 사이에서 자연스럽게 일어나거나 배양된 각기 다른 종의 세포에서 인공적으로 일으킬 수 있는 이런 유전적 변형을 현재는 '형질전환transformation'이라고 한다.

록펠러 대학교의 미생물학자 팀의 오스월드 애버리와 콜린 맥리오드, 맥클린 맥카티는 그리피스가 발견한 사실의 중대함을 깨닫고 형질전환물질을 순수한 형태로 얻어 분석하기 위해서 노력했다. 그들은 형질전환물질이 무엇으로 만들어졌는지를 알면 유전자도 무엇으로 만들어졌는지를 알 수 있을 거라고 생각했다. 모든 사람이 놀라고 많은 과학자들이 마지못해 받아들이게 된 사실은 그 결과가 상당히 간단한 네 개의 단량체monomer로 이루어진 고분자, DNA였다는 것이다. 학계의 전통에 따르자면, 유전자는 굉장히 복잡해서 최소한 스무 개 이상의 단량체로 이루어진 고분자 단백질로 되어 있어야 했다. 하지만 지금은 우리 모두 잘 아는 것처럼 유전자는 DNA로 이루어져 있다. 그리피스의 실험과 미생물에 대한 예리한 관찰이 이런 역사적인 발견을 이루는 길을 열어주었다.

박테리아 세포의 피막은 별로 중요한 것이 아니었다. 이것은 몇몇 박테리아 세포를 둘러싸고 있는 끈적끈적한 껍질일 뿐이다. 하지만 이것이 식품업계와 탄광업계 양쪽에서 젤gel을 만드는 데에 대단히 유용하게 쓰이는 주요 상품이 되었다. 그리고 피막에 대한 연구를 통해 마침내 DNA에 모든 생명체의 유전 정보가 있다는, 생물학의 역사에서 가장 중요한 이정표를 발견하게 되었다.

04

미생물의 더부살이

**MARCH OF
THE MICROBES**

"

미생물들은 반추동물의 주요 단백질 공급원이다.
그래서 소는 풀을 먹지만 실제로는
미생물이 발효한 산물을 흡수하면서 살아가는 것이다.
유기산과 미생물 세포가 주요 영양분인 것이다.

"

Living Together

함께 산다는 것은 미생물의 독특한 삶의 형식이다. 자연계에서 고립되어 혼자 살아가는 미생물은 극히 드물다. 물론 실험실에서 연구할 때에는 대체로 이런 식으로 하긴 한다. 많은 군집형 미생물은 자신과 같은 다른 미생물 군집과 뒤섞여서 생물막biofilm이라는 집단을 형성하고 살아간다. 종종 이런 집단은 옐로스톤 국립공원의 온천처럼 현란하고 색이 다양하다. 여기서는 전혀 다른 형태의 미생물과 어울려 살며 서로에게 이득을 주는 다양한 미생물들을 살펴보기로 하겠다.

친밀하게 어울리다

스페인 이끼spanish moss는 미국 남동부에서 아르헨티나에 이르기까지 나무에 마치 꽃줄 장식처럼 매달려 있는 생물이다. 스페인에서 처음 발견된 것도 아니고 이끼도 아닌 이 생물체는 잘못된 이름과는 달리 대단히 아름답다. 스페인 이끼는 파인애플과 같은 과인 브로멜리애드에 속하는 현화식물이다. 비슷한 꽃줄 장식이 서부와 다른 지역의 나무에도 나타나며 이것들도 스페인 이끼라고 부르기는 하지만, 식물에는 속하지 않는다.

사실 이것은 두 종류의 미생물 세포들이 이루고 있는 군집의 형태이다. 광영양생물phototroph(녹조류나 남세균처럼 광합성을 할 수 있는 균)과 균류가 자신과 상대방의 이익을 위해 친밀하게 어울려 사는 것으로, 이런 관계를 상리공생mutualistic symbiosis이라고 한다. 이 한 쌍은 지의류Lichen(균류와 조류가 조합을 이루어 상리공생하는 식물군)라는 좀 더 친숙한 이름으로 알려져 있다. 이들은 굉장히 친밀하게 결합되어 있으며 함께 있는 모양도 대단히 독특해, 생물학자들은 이것이 한 쌍이 아니라 하나의 생물체라고 생각해 지의류라고 이름 붙였다. 우리가 오늘날까지 사용하는 생물의 명명법을 도입한 18세기의 위대한 식물학자 카를 폰 린네와 그의 마지막 학생이자 이 흥미로운 미생물 결합 연구를 전공으로 삼았던 에리크 아카리우스가 이것들을 지의류라고 이름 붙였다. 오늘날 이 공생관계를 공부하는 학생들은 이전보다 더더욱 이 생물체들이 하나의 종인 것처럼 분류하여 연구한다. 지의류는 균류에 속하는 문phylum으로, 속genera과 과family로 나뉜다. 각각의 결합은 여전히 린네 시스템에 따른 라틴어 이명법binomial에 따라 이름을 정한다. 예를 들어 스페인 이끼처럼 생긴 지의류의 이름은 라말리나 멘지에시*Ramalina menziesii*이다.

린네와 그의 제자들은 지의류를 각각의 종이라고 믿었지만 1867년에 시몬 슈벤데너Simon Schwendener가 그렇지 않다는 것을 밝혔다. 그는 각각의 지의류가 최소한 두 개 이상의 다른 생물체가 혼합된 것이라는 사실을 보여주었고, 그 이상의 증거가 필요하다면 두 개의 종을 나누어 각각 따로따로 배양할 수도 있었다. 혼자 자라면 이들은 평범한 균류나 조류, 남세균처럼 보인다. 하지만 적당한 조건에서 함께 섞이면 각각의 종이 가진 지의류 본래의 특징적 구조(엽상체)를 갖는 지의류를 형성한다.

각각의 지의류는 특정 종처럼 보일 뿐만 아니라 무성생식을 할 수도 있다. 지의류는 표면에서 작은 먼지 같은 분아soredia라는 입자를 생성하는데, 이것은 광합성균의 세포 한 개 혹은 여러 개가 균사를 이루는 균류의 가성균사로 둘러싸인 것이다. 이 초소형 지의류 덩어리는 바람이나 물에 실려 아주 멀리까지 이동할 수 있다. 이것들이 적절한 장소에 머물게 되면 각각이 새로운 지의류 엽상체를 생성한다.

지의류를 이루는 각각의 균류는 공생관계를 이룰 뿐만 아니라 상호간에 이득을 얻는다. 각각이 서로 결합하여 혜택을 얻는다. 그것이 상리공생의 의미이다. 공생이라는 말 자체는 중립적인 단어로, 어느 쪽이 이득을 얻거나 해를 입는다든지(기생의 경우처럼), 혹은 서로 전혀 영향을 미치지 않는다든지(편리공생처럼) 하는 의미가 아니다. 공생은 오로지 함께 산다는 의미뿐이다.

광영양생물은 지의류의 양분 공급자이다. 광합성을 통해서 이 균은 두 공생자를 만족시킬 만큼 많은 탄수화물을 생산한다. 균류는 거주공간뿐만 아니라 양분도 공급한다. 균류는 지의류가 달라붙어 있는 바위나 다른 물질의 표면을 공격하고 분해하여 광합성을 하는 상대방이 필요로 하는 몇 가지 미네랄을 공급한다.

몇 가지 지의류는 셋 이상이 모여 있기도 하다. 균류와 두 개의 광영양생물, 일반적으로 녹조류와 남세균이 이런 식으로 살아간다. 이들이 함께 살아야 하는 필요성이나 그에 따른 이득에 대해서는 알려진 바가 없다. 하지만 분명히 뭔가가 있는 모양이다. 이와 같은 특정한 미생물 셋이 함께 살 경우 하나의 종 같은 결합체를 형성하기 때문이다.

몇몇 지의류학자들(자신들만의 국제협회를 갖고 있고, 매년 국제회의를 열고, 위기 지의류 목록을 출간하는 특수한 미생물학자 집단)은 균류─광영양생물의 관계가 단순한 공생 이상의 사악한 관계라고 여긴다. 그들은 이것이 일종의 기생관계라고, 좀더 정확하게 말하자면 균류가 노예를 획득하는 것이라고 여긴다. 이런 관점에서 보면 균류는 광영양생물을 사로잡아 자신의 목적을 위해 이용하고, 자신이 이득을 얻기 위해 이 균을 건강하게 유지시키는 것이다. 이런 가설을 뒷받침하는 실질적인 증거도 있다. 지의류를 이루는 대부분의 균류는 광영양생물을 강하게 압박하고 아마도 때로는 내용물을 훔치기 위해서 그 안으로 침범하기까지 하는 특정 구조인 흡기를 이룬다. 다른 지의류학자들은 이것을 좀더 부드럽게, 광영양생물을 선량한 목동인 균류가 돌봐주는 무성의 가축으로 표현한다.

특별한 경우, 특히 바위에서 자라는 납작한 지의류의 경우 이 이중적인 본성을 쉽게 관찰할 수 있다. 대체로 하얀색이나 검은색으로 색깔이 달라서 잘 구분되는 엽상체의 바깥쪽 테두리는 균류가 웃자라 광영양생물을 향해 뻗어나가는 비광합성 지역이다. 이 지역에는 오로지 균류밖에 없다. 중앙부는 일반적인 지의류 특유의 균류－조류 혹은 균류－남세균 혼합체이다.

이 관계를 이루는 각각의 동기가 무엇이든 지의류는 진화적 실험의 대단한 성공 사례이다. 지의류는 광범위한 형태, 크기, 주거지를 갖고 있다. 알려진 것만 13,500종이 있으며 몇몇은 다른 생물체에는 살아남을 수 없을 건조 기후 지역의 화강암 표면 같은 곳에서도 번성한다. 지의류는 지구 육상 표면의 8퍼센트를 차지하는 식물이며 육지의 40퍼센트를 차지하는 초지에서는 대단히 강한 경쟁 상대이다.

지의류의 생활양식에 참여하는 생물체는 매우 다양하다. 완전균류의 2대 주요 집단(자낭균과 담자균)도 지의류가 될 수 있고, 실제로 그들 중 대단히 많은 수가 지의류가 된다. 약 42퍼센트의 자낭균류가 지의류를 형성할 수 있다. 담자균류는 훨씬 더 작은 숫자와 비율로 지의류가 되고, 남세균도 마찬가지이다. 사실 지의류 전체 중 95퍼센트 이상이 자낭균류와 녹조류의 결합으로 이루어져 있다. 녹조류 중 25속이 지의류를 형성하고, 남세균 15속이 지의류를 만들 수 있다. 하지만 지의류를 형성하는 미생물이 항상 지의류 상태로만 살아가는 것은 아니다. 대부분은 자연계에서 자유로운 형태로 살아가고 있다.

지의류가 번성하는 주된 이유 중 하나는 공기 중에서 영양분을 흡수할 수 있기 때문이다. 파트너인 균류가 그들이 사는 곳 표면에서 추출하는 미네랄을 제외하면, 지의류는 수분부터 다른 영양분에 이르기까지 필요한 모든 것을 대기에서 얻는다. 공기 중에서 영양분을 흡수하기 때문에 어떤 사람들은 지의류가 선호하는 광합성 균주가 남세균일 거라고 생각하기도 한다. 대부분의 남세균이 질소고정nitrogen fixation을 할 수 있기 때문이다. 그들은 공생 파트너에게 유용한 질소를 대기 중의 기체 질소(N_2)에서 뽑아내 공급할 수 있고, 이산화탄소에서 다른 유기 영양분도 뽑아낼 수 있다.

하지만 놀랍게도 우리가 이미 아는 것처럼 남세균은 균류가 선호하는 파트너는 아니다. 영양분으로 질소를 공급할 수 있는 파트너를 가질 때 얻을 수 있는 여러 가지 이점에 무심한 것이 지의류의 삶에 관한 근본적인 사실을 알려준다. 그들은 극단적으로 천천히 자란다. 굉장히 천천히 자라서 남세균이 공급할 수 있는 풍부한 질소가 지의류에게는 별로 이점이 되지 않는 것이다. 지의류는 번성하는 데 필요한 모든 질소를 대기 중에 항상 존재하는 소량의 암모니아(NH_3)를 이용하여 얻는다. 그리고 질소가 풍부한 토양처럼 다른 공급원으로부터 가끔씩 엽상체에 흡수되는 소량의 질소에서 도움을 얻는다. 사실 지의류에서 발견되는 남세균은 질소를 고정시키는 데 사용하는 특수 세포인 이형세포heterocyst를 아주 조금만 형성한다. 추측컨대 지의류에 필요한 고정 질소의 양이 굉장히 적어서 질소 공급원으로부터 아주 조금만 요구하고, 그렇기 때문에 더 많은 질소고정 세포를 만들라는 신호를 보내지 않는 것이리라.

세 미생물이 함께하는 지의류(균류, 녹조류, 남세균이 이루는 지의류)의 경우는 조금 다르다. 거기에 있는 남세균은 다량의 이형세포를 생성하고 활발하게 질소를 고정시킨다. 암모니아처럼 대기 중에 이미 존재하는 고정 질소 화합물은 질소를 훨씬 많이 필요로 하는 이런 지의류를 만족시키기에는 모자란 것 같다.

대부분의 지의류는 상당히 천천히 자란다. 고착형crustose 지의류(바위나 나무 같은 고체 표면에서 평평하게 자라는 것들)가 가장 느리다. 엽상형foliose 지의류(나뭇잎 같은 여러 개의 엽상으로 자라는 것)가 조금 더 빠르고, 수상형fructicose 지의류(고체 표면 한 점에 달라붙어 자라 복잡한 가지 형태를 이루는 것)는 그보다 좀더 빠르다. 느리다는 말은 비유적인 표현이 아니라 실제로 느리다는 뜻으로, 많은 고착형 지의류들이 1년에 지름 0.5밀리미터도 안 되는 속도로 자란다. 그래서 지름 2.5센티미터 정도의 작은 것이라도 나이가 쉰 살이 넘었을 수가 있다.

성장률은 같은 지의류를 매년 관찰하여 측정하거나, 이미 연대가 알려진 묘비나 광산 끝의 돌, 혹은 오래된 석조 건물 등에서 자라는 고착형 지의류의 크기를 측정하는 것으로 확인한다. 이런 정보가 있으면 다른 곳에 있는 특정 지의류 종의 나이도 판단할 수 있다. 예를 들어 북극에서 발견된 어떤 지의류들은 약 5,000년 정도로 굉장히 오래된 것으로 추정된다. 이런 나이는 지의류가 지구상에서 가장 오래된 생물체일 수도 있다는 사실을 드러낸다. 가장 오래된 것으로 알려진 나무 '프로메시우스Promesius'는 네바다 주 휠러 피크 근처의 그레이트 베이신 국립공원에 있는 브리슬콘 소나무*Pinus longaeva*이다. 이 나무는 비극적이게도 1964년에 베였는데, 당시 세어본 나이테의 수가 4,900개였다. 미국 남서부 소노란 사막에서 특이한 악취를 풍기는 크레오소트 부시*Larrea tridentate*도 가장 오래 산 생물로 경쟁할 만하고, 몇몇 커다란 균류도 마찬가지이다. 한때 가장 오래 산 것으로 알려졌던 시에라 세쿼이아Sierran sequioa는 한참 전에 수명 경쟁에서 밀려났다.

지의류의 대단히 느린 성장 속도와 실제로 얼마나 느리게 자라는지에 대한 정보는 사물의 연령을 추정하거나 오염도의 변화를 추산하는 등 여러 가지 목적으로 사용될 수 있는 이끼측정법lichenometry이라는 흥미롭고 새로운 분야를 열어주었다. 이끼측정법은 지의류의 성장률을 알아보기 위하여 연대가 알려진 사물에서 자라는 지의류의 크기를 측정하는 절차를 거꾸로 뒤집어 이 성장률에 관한 정보를 이용하여 특정 사물의 지의류 크기를 측정하고 그 사물의 연대를 추정하거나 좀더 정확하게는 그 사물의 표면에 지의류가 자랄 수 있게 된 시기를 알아내는 방법이다. 이 측정법은 추정 연령이 약 500년 정도인 것들에 특히 유용하다. 정확한 연대를 알기 위해 방사성 탄소 연대측정법을 사용하기가 어려운 최근의 것들을 다루기 때문이다. 이런 이끼측정법은 지나가던 빙하에서 빙퇴석이 언제 튕겨져 나왔으며 빙하가 얼마나 빠르게 물러가서 바위 표면에 지의류가 군집할 수 있게 만들었는지를 추정하는 데에 유용하다. 또한 지구온난화의 결과 눈사태가 얼마나 더 자주 일어나고 있는지를 파악하는 데에도 사용된다.

지의류는 또한 대기 오염의 역사를 기록하고 있다. 지의류의 성장에 대한 최근 관찰 결과를 보면, 특정 지역의 특정 종이 과거보다 현재 더 빠르게 자라고 있음을 알 수 있다. 이것은 아마도 대기 오염으로 공기 중에 지의류의 성장을 자극하는 영양분이 더 많아졌기 때문일 것으로 추정된다. 이런 데이터는 오염 패턴의 변화를 나타내는 데에 사용된다.

지의류는 또 다른 긍정적인 활약을 한다. 이들은 순록의 주요 먹이원이다. 실제로 지의류는 북극 순록이 겨울에 먹는 먹이의 90퍼센트를 차지한다. 눈으로 덮여 있어도 순록은 눈 속에서 지의류의 냄새를 맡고 파낼 수 있다. 종종 훌륭한 지의류 더미를 놓고 싸움이 벌어지기도 한다.

캐나다의 브리티시컬럼비아에는 두 종의 순록이 있는데, 이들 각각은 자신의 거주지에 존재하는 특정 지의류를 먹고 산다. 둘 다 카리부 포레스트 지역에 사는데, 그중 하나인 산악순록은 겨울에 눈이 4미터나 쌓이는 높은 산악지대에 산다. 그래서 나무에서 자라는 수목 지의류를 먹고 사는 방향으로 적응하게 되었다. 이런 조건에서는 수목 지의류가 이들에게 유일한 먹잇감이기 때문이다. 다른 종류인 북부순록은 대단히 질퍽질퍽한 지역에 산다. 그래서 육상 지의류를 먹는 방향으로 적응했다.

우리가 지의류에서 보는 미생물의 공생은 다른 많은 생물체의 양분이 된다. 어떤 사람들은 《탈출기Exodus》에서 이스라엘의 자녀들이 황야를 떠돌고 있을 때 하늘에서 내려준 만나가 이런 열악한 환경에서도 번성하는 지의류였을 거라고 말하기도 한다.

스페인 이끼는 수많은 지의류 중 하나일 뿐이다. 예를 들어 묘비 등에서 지의류를 찾아 묘비명에 적힌 날짜와 군집의 크기를 비교해보거나 지붕을 덮은 지의류를 그 집을 지은 때와 비교해보라. 심지어 집이 얼마나 잘 단열되었는지 확인하기 위해 비슷한 연대에 지어진 다른 집의 지의류 크기와 비교해볼 수도 있다.

트림하는 소

소가 만족스럽게 초원의 풀을 먹고, 되새김질을 하고, 대부분의 동물들이 먹고살기 힘든 음식에서 지방을 만들어내고, 가끔씩 트림을 하는 것은 모두 다 미생물 덕분이다. 소의 위에 있는 미생물이 트림을 하게 만들지만, 또한 이들 덕에 소는 풀을 먹을 수 있다. 곧 보겠지만 배 속에서 미생물이 사는 덕분에 몇몇 곤충을 포함한 여러 가지 동물들이 우리나 다른 동물들은 스스로 소화할 수 없는 식물 성분인 셀룰로오스가 가득한 형편없는 식사를 하면서도 잘 살아가는 것이다.

소가 대단히 자주 하는 트림은 미생물 대사활동의 직접적인 결과이다. 이것은 소의 복잡한 소화 체계 안에서 일어나는 미생물 신진대사의 부산물로 계속해서 만들어지는 메탄을 배출하는 필수적인 행위이다. 좀더 과학적으로 말하자면 일반적인 소는 하루에 약 28리터의 가스를 생산하고 방출한다. 만약 어떤 이유로든 소가 이 가스를 방출하지 못한다면 심각한 문제가 생길 것이다. 소는 풍선처럼 부풀어 확대증bloat이라고 부르는 상태가 된다. 이것을 치료하지 않으면 소에게 치명적이다. 긴 칼로 소의 옆구리를 뚫어 계속해서 쌓이는 가스를 방출시키는 것이 수의사가 확대증을 치료하는 과감한 방법이다. 놀랍게도 미생물로 가득한 소의 첫 번째 위(반추위)를 칼로 찌르거나 다른 방법으로 주변 환경에 직접 노출시켜도 소에게는 별다른 해가 되지 않는다. 사실 반추위를 연구하는 학자들은 계속해서 샘플을 채취하기 위해 반추위까지 완전히 구멍을 뚫어놓은 소들을 데리고 있다. 수의학계에서는 이것을 누공fistula(관찰반추위)이라고도 한다. 그렇게 해도 소들은 건강하고 대체로 만족스러운 것처럼 보인다.

되새김질rumination 역시 미생물과 관련이 있다. 이것은 만족했다는 것 이상의 의미로 소의 생존에 필수적이다. 제대로 양분을 섭취하기 위해서 소는 자신이 섭취한 풀과 다른 식물들을 반추위의 미생물들이 셀룰로오스를 효율적으로 공격할 수 있을 만큼 미세하게 갈아야 한다. 소는 음식물을 빠르게 섭취한다. 그런 다음 나중에 음식물을 한 덩어리 게워서 다시 씹어 더 작은 조각으로 만든다. 이 과정을 되새김질이라고 한다. 소들은 하루에 열 시간쯤 되새김질을 한다.

하지만 소는 풀이나 건초만 먹으면서 어떻게 그 몸을 유지하고 심지어는 살이 찌는 것일까? 물론 풀이나 건초에도 우리를 비롯한 모든 동물들이 식량으로 사용할 수 있는 약간의 단백질과 당분, 지방과 영양소가 들어 있다. 하지만 이 영양분은 동물의 영양학적 요구량을 채울 만큼 많지 않다. 풀, 건초, 다른 이파리 식물의 주요 구성 물질은 식물의 세포벽을 만드는 섬유질인 셀룰로오스와 헤미셀룰로오스이다. 이 고분자들은 당분의 결합으로 이루어져 있다. 당분은 모든 동물들이 소화시킬 수 있지만, 당분이 셀룰로오스나 헤미셀룰로오스의 형태로 결합되어 있으면 소를 포함하여 어떤 동물도 소화시키지 못한다. 동물들은 셀룰로오스와 헤미셀룰로오스를 그 구성성분인 당분으로 분해하는 데에 필요한 셀룰라아제cellulase(섬유소분해효소) 같은 효소를 생산할 수 없다. 하지만 많은 미생물들이 셀룰라아제를 생산한다. 셀룰라아제는 소가 풀만 먹고도 살아갈 수 있는 가장 중요한 이유이다. 소의 소화관에는 셀룰로오스를 사용 가능한 당분으로 분해시키는 미생물이 있다. 미생물은 셀룰로오스의 이런 분해 산물을 이용해서 살며, 소는 다른 분해 산물과 미생물 세포를 이용해서 산다.

물론 셀룰로오스에 의존해서 살기 위해 미생물을 보유하고 있는 동물이 소만은 아니다. 양, 염소, 사슴, 엘크, 들소, 버팔로, 영양, 뿔영양, 낙타, 라마 등을 포함한 150여 종의 반추동물들 모두 그러하다. 말, 당나귀, 토끼, 기니피그, 몇몇 원숭이들을 포함한 소위 대장 소화 동물cecal digesters이라 불리는 초식동물들도 그렇다. 이들은 다른 내장기관을 갖고 있지만 역시나 소화할 때 미생물의 도움을 받는다. 반추동물에 비해서 조금 덜 효율적이긴 하지만 말이다. 반추동물은 음식을 소화하는 데에 필요한 대량의 미생물들이 살 수 있도록 소화관을 정교하게 진화시켜왔다. 이들은 위장이 네 칸으로 이루어져 있다.

첫 번째 칸인 반추위는 미생물이 사는 곳이다. 소의 이 커다란 배양 용기는 약 83리터의 액체를 담을 수 있다. 덩치가 훨씬 더 작은 양의 경우에도 반추위의 용량은 22리터가 넘는다. 반추위에 있는 미생물의 수는 어마어마하다. 그 양은 동물이 섭취하는 음식에 따라 각기 다르지만(일반적으로 곡식보다 꼴을 먹을 때 미생물이 더 많다), 평균적으로 내용물 1그램당 100억 마리 이상으로 추정된다. 그래서 83리터쯤 되는 소의 반추위는 미생물 1,000조 마리의 거처라 할 수 있다. 이것은 지구상에 살아가고 있는 인류의 20만 배에 달하고, 미국 국가 채무를 페니로 환산한 금액에도 몇 배에 달한다. 이미 언급했듯이 이 미생물의 주요하고 핵심적인 역할은 셀룰로오스를 그 구성성분인 당분(주로 포도당)으로 분해하는 것이다. 이 과정은 셀룰로오스가 물에 거의 녹지 않기 때문에 대사적으로 꽤 힘들다. 우리를 비롯한 동물들이 영양분으로 쉽게 이용하는 녹말과 글리코겐 역시 각기 다른 방식으로 길게 이어진 포도당 분자들로 이루어진 고분자이다. 하지만 우리나 다른 동물, 식물, 미생물 모두가 물에 훨씬 잘 녹는 이 다당류의 결합을 분해하여 단당류로 만드는 효소(아밀라아제amylase)를 생산할 수 있다.

소가 되새김질을 해서 만드는 조그만 셀룰로오스 입자도 미생물 세포가 소화시키기에는 너무 크다. 그래서 이 셀룰로오스 덩어리를 공격하기 위해 미생물은 세포 바깥으로 셀룰라아제를 방출하여 셀룰로오스 입자 표면에 직접 부착해야 한다. 입자가 작을수록 미생물의 공격에 노출되는 표면적은 더 넓어진다. 그래서 소가 되새김질을 해서 음식 내의 셀룰로오스를 더 작게 만들어야 하는 것이다. 미생물을 소화하기 쉽게 만들려고 그러는 것이 아니라, 미생물의 셀룰라아제가 달라붙어 소의 영양분 요구량을 채워줄 수 있을 만큼 빠르게 소화시킬 수 있는 더 넓은 표면적을 만들기 위해서다.

반추동물의 다른 세 위장 역시 소가 셀룰로오스를 이용하는 데 중대한 역할을 한다. 둘째 위이자 좀더 작은 벌집위reticulum는 소의 경우 15리터 정도의 크기로, 사실은 반추위의 연장 구간이다. 이것은 음식을 섞고, 반추위라는 성능 좋은 미생물 배양 공간을 넓히는 역할을 한다.

이 두 위장은 미생물이 생산하는 셀룰라아제가 셀룰로오스를 수용성 당분 분자로, 주로 포도당으로 분해하는 회전 발효통이다. 하지만 소는 이 당분을 이용할 기회가 없다. 이 당분은 반추위 내의 미생물들이 빠르게 흡수해서 자신들의 이익을 위해 사용한다. 하지만 반추위가 혐기성 환경이고, 무기호흡에 사용할 만한 산소의 대체제도 제대로 공급되지 않기 때문에 이 미생물들은 셀룰로오스에서 나온 당분만 발효시킬 수 있다. (음식과 함께 반추위로 들어온 산소들은 거기 사는 수많은 미생물 때문에 빠르게 소모된다.) 발효 미생물들은 최종 산물로 아세트산, 프로피온산, 부티르산butyric acid 같은 다량의 유기산을 생산한다. 소는 반추위의 벽으로 이것을 흡수하여 양분으로 사용한다. 미생물들은 이런 유기산을 놓고 소와 경쟁하지 않는다. 미생물은 반추위 내의 혐기성 환경에서 이것을 이용할 수 없기 때문이다.

반추동물의 네 개의 소화기관 중 셋째 위장인 겹주름위에는 여러 개의 주름이 있다. 이 위장은 근육 운동 때문에 진공 상태를 형성하여 작게 분해된 반추위의 내용물들을 조그만 구멍을 통해 흡수하고 큰 입자들은 좀더 분해가 되도록 놔둔다. 게다가 겹주름위에서는 넷째 위장인 주름위를 통과하기 전에 반추위의 내용물에서 수분을 흡수한다.

여기서 우리는 좀더 친숙한 반응을 볼 수 있다. 주름위의 기능은 우리 자신의 위와 비슷하다. 주름위는 효소로 가득한 산성 환경으로, 반추위의 셀룰로오스에서 생성된 미생물들을 소화시킬 수 있다. 이 미생물들은 반추동물의 주요 단백질 공급원이다. 그래서 소는 풀을 먹지만 실제로는 미생물이 발효한 산물을 흡수하면서 살아가는 것이다. 유기산과 미생물 세포가 주요 영양분인 것이다. 소를 비롯한 다른 반추동물들은 기본적으로 이동식 공장이다. 공장의 발효 탱크에 계속해서 잘게 간 셀룰로오스를 공급해 그 산물을 양분으로 사용하는 것이다. 박테리아, 고세균, 원충, 심지어 균류에 이르는 모든 종의 미생물이 반추위에 존재하고 각각이 자신만의 방식으로 반추동물과 그들의 생활양식의 진화에 기여하여 독립적인 이동식 먹이사슬을 형성한다.

셀룰로오스를 공격하는 박테리아가 먹이사슬의 첫 번째 주요 고리

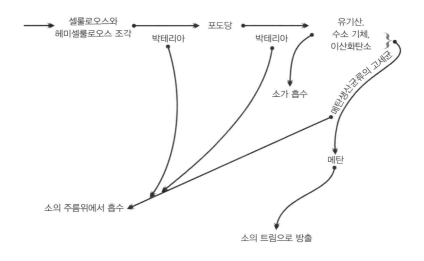

• 반추동물의 핵심 먹이사슬 •

이다. 메탄생성균 류의 고세균이 두 번째이다. 이들은 반추위의 미생물 폐기물에 포함되어 주름위에서 소의 양분으로 흡수된다. 이 고세균은 다른 미생물들이 최종 산물로 방출한 수소 기체와 이산화탄소를 이용해서 버틴다. 원충은 대체로 먹이사슬에서 한참 아래에 있다. 이들은 박테리아, 고세균, 그리고 가끔은 다른 것들을 흡수한다. 하지만 결국에는 원생동물도 소에 흡수된다. 어떤 원충은 셀룰라아제를 생산하기 때문에 먹이사슬의 꽤 위에 위치한다. 숫자는 적지만 균류도 식물 성분 중에서 미생물의 공격을 가장 잘 견디는 리그닌lignin(목재의 실질을 이루고 있는 성분으로, 목질소라고도 한다 — 옮긴이)을 공격하는데 특별한 기여를 한다. 혐기성인 반추위에서 균류는 독특한 종이다. 대부분의 균류들이 호기성 세균이라 산소가 없으면 복제를 할 수 없지만, 반추위에 사는 균들은 필요에 따라 혐기성이 되었다.

혐기성 반추위에 함께 사는 주요 미생물 종들이 이루는 군집에서는 굉장히 독특하고 절대로 잊을 수 없는 냄새가 난다. 대부분의 사람들에게(몇몇 헌신적인 반추위 미생물학자들을 제외하면) 이것은 코를 찌르는 악취의 혼합물이다.

하지만 갯과의 짐승에게는 그렇지 않다. 갯과의 육식동물은 초식동물을 잡으면 살을 먹기 전에 우선 배를 갈라 반추위의 내용물부터 먹는다. 반추위가 얼마나 많은 비타민의 공급원인지를 진화 과정에서 배운 것인지도 모른다. 예를 들어 메탄생성균류인 고세균은 비타민 $B12$의 풍부한 공급원이다. 개 사료 제조사에서는 이런 독특한 갯과 동물들의 음식 선호도를 잘 안다. 개가 먹을 수 있는 그 어떤 음식보다 영양분이 풍부한 건조 사료는 그 자체만으로는 개들에게 매력적이지 않기 때문에 실제보다는 훨씬 약하지만 반추위 같은 냄새를 풍기도록 여러 가지 방식으로 처리되었다. 냄새의 강도를 낮춘 것은 아마 개의 흥미를 자극하면서도 주인의 인내심을 유지할 수 있도록 만들기 위한 타협이었을 것이다. 반추위 내용물의 냄새가 궁금하다면 건조 사료의 냄새를 맡아보고 그보다 훨씬 강한 냄새를 상상해보면 된다. 몇몇 개 사료 제조업체에서는 반추위 박테리아를 배양하여 그 배양액을 자신들의 상품에 섞는 실험도 하고 있다.

냄새는 고약하지만 어떤 사람들은 영양분 보충제로 반추위의 내용물을 먹는다. 에스키모 일부 부족은 오로지 순록만을 먹고 사는데, 순록의 살만으로는 필수 비타민이 부족하다. 하지만 이들은 초기 탐험가들이 겪었던 것 같은 괴혈병을 겪지 않는다. 왜냐하면 비타민이 풍부한 순록의 반추위 내용물로 부족한 것을 보충하기 때문이다.

말, 설치류, 유인원 같은 대장 소화 동물들을 포함하여 반추동물이 아닌데도 음식 내의 셀룰로오스의 덕을 보는 동물들이 있다고 언급한 바 있다. 심지어 가끔은 우리도 그러하다. 반추동물처럼 대장 소화 동물들도 장내에 있는 셀룰라아제 생산 미생물들에 의존하고 있지만, 그들의 대장 내부는 반추동물의 것과 상당히 다르다. 대장 소화 동물에게는 미생물을 배양할 반추위가 없다. 대신에 소장과 대장 사이에 주머니 같은 커다란 맹장이 있다. 우리의 충수가 연결되어 있는 바로 그곳이다.

말의 대장 30퍼센트를 이루고 있거나 전체 장의 18퍼센트를 이루고 있는 맹장은 반추위와 비슷한 기능을 한다. 똑같은 일을 하는 비슷한 종류의 미생물이 여기 살고 있다. 반추동물의 장기보다 이런 맹장 시스템만이 가진 이점이 있다. 예를 들어 단백질과 비타민이 미생물이 가득한 맹장으로 들어가기 전에 소장에서 흡수되기 때문에 미생물에게 독점되지 않고 동물이 직접 사용할 수 있다. 하지만 뚜렷한 단점도 있다. 맹장이 위장을 지나 장에 위치하고 있기 때문에 맹장에서 생산된 미생물을 소화할 수 없는 것이다. 이들은 사용되지 못한 채 노폐물로 배출된다. 하지만 몇몇 설치류는 식분성(자신의 변을 먹는 성질)이다. 이런 행동은 이 미생물에서 얻는 영양분 일부를 회수하기 위해 나타났을 것이다. 이런 행동은 확실히 설치류에게는 이득이 된다. 이런 행동을 막는다면 자연계에서 쥐와 토끼의 숫자가 눈에 띄게 줄 것이다. 하지만 대부분의 대장 소화 동물들은 미생물의 발효 산물만을 이용한다. 맹장의 내용물이 대장으로 들어가서 소화는 되지 않고 흡수만 되기 때문이다. 그래서 말과 당나귀 같은 대부분의 대장 소화 동물들은 풀만 먹고는 살 수가 없다. 그들은 곡식이나 영양분이 풍부한 다른 사료를 먹어야만 한다.

배 속에 셀룰로오스 소화를 도와주는 미생물이 있는 것은 포유동물만이 아니다. 몇몇 곤충들도 미생물과 비슷한 상호 공생관계로 진화했다. 바퀴벌레는 섭취하는 셀룰로오스에서 영양분을 얻는다. 하지만 가장 대단한 것은 흰개미이다. 흰개미는 대체로 셀룰로오스와 리그닌만으로 이루어져 있는 살아 있는 나무와 죽은 나무 양쪽 모두에서 산다. 그리고 그것을 다량 섭취한다. 미국 남서부의 몇몇 작은 식물들은 서 있는 채 고스란히 흰개미에게 먹히기도 한다. 흰개미가 목조 건물에 일으키는 피해는 어마어마해서 미국에서만 그 피해액이 연간 20억~30억 달러로 추산된다.

흰개미는 사회조직을 이루고 있는 파괴적인 집단으로 다산하는 여왕과 왕, 그리고 생식이 불가능한 병정과 일꾼들로 이루어진 커다란 왕국을 이루고 산다. 왕흰개미는 여왕흰개미가 생식하는 것을 돕고 왕국의 형성을 감독하며 평생 여왕과 계속해서 교미한다. 제국은 땅속이나 나무속에 커다랗게 자리하고 있거나 건물 안에 있다. 하나의 제국이 잘 돌아가면 계속해서 늘어나게 된다. 자손들은 새로운 장소로 날아간 다음 날개를 잃고 거기 정착해서 새로운 집단을 형성하기 시작한다.

트림하는 소처럼 흰개미도 모습을 보는 것뿐만 아니라 소리로 구분할 수 있다. 예를 들어 하와이 같은 아열대 지역에 있는 집에 조용히 앉아 있으면 흰개미들이 나무를 씹어 먹는 소리를 들을 수 있다. 호놀룰루 위쪽의 비가 자주 오는 언덕에 있는 친구 집에서 저녁을 먹은 적이 있는데, 대화 도중의 침묵을 목조 구조물을 갉아먹는 흰개미의 바스락거리는 소리가 채워주었던 기억이 난다.

흰개미와 소는 기본적으로 똑같은 방식으로 영양분을 흡수하지만 당연히 엄청난 차이가 있다. 가장 눈에 띄는 것은 그 규모이다. 이미 알다시피 소의 미생물이 가득한 발효통 반추위의 용적은 83리터 정도이다. 흰개미의 발효통인 통통한 뒷창자는 그 4,000분의 1도 안 되는 대략 0.2밀리리터 정도이다. 그리고 거기서 일어나는 미생물 대사활동도 달라서 흰개미는 트림을 할 필요가 없다. 명확하지 않은 이유로, 아마도 흰개미의 뒷창자가 소의 반추위보다 더 산성이라 그런 것 같지만, 대부분의 흰개미는 상당량의 고세균을 갖고 있지도, 다량의 메탄을 생산하지도 않는다. 원시적인 흙을 먹는 흰개미는 메탄을 생산하지만 말이다.

소에서처럼 흰개미 안에 있는 셀룰라아제 생산 미생물은 처음에 배속의 셀룰로오스 조각을 공격하여 수소 기체와 이산화탄소를 최종 산물로 내놓는다. 소에서는 이미 이야기한 것처럼 이것이 메탄생성균류 고세균의 반응물질이 되어 메탄을 생산한다. 하지만 흰개미에서 이 셀룰로오스의 분해 산물은 아세트산생성 박테리아의 반응물질이 되어 아세테이트acetate(중화된 아세트산, 식초이다)를 만든다. 이것은 오로지 미생물만이 수행하는 대사 에너지 획득 공정인 아세트산 생성 반응acetogenesis이다.

메탄 대신 아세테이트를 생산하는 것은 흰개미의 생활양식에 잘 어울리는 핵심 차이이다. 소와 다른 반추동물들은 최종 산물을 트림으로 배출해야 한다고는 해도 그 공정의 최종 산물인 고세균을 소화시킬 수 있기 때문에 메탄 생성에서 이득을 본다. 하지만 흰개미는 배 속에서 생산된 미생물 세포를 소화시킬 수 없다. 흰개미는 자신들이 갖고 있는 미생물을 통해 생산되는 아세트산염에만 의지해서 산다.

모든 반추동물과 대장 소화 동물, 우리가 여기서 발견하는 곤충들을 포함하여 다양한 동물들이 자연계의 가장 풍부한 유기물 셀룰로오스를 공격하고 분해하는 미생물의 독특한 능력의 덕을 본다. 우리 인간은 우리도 그냥 있어서는 안 된다는 사실을 깨달아가고 있다. 우리의 생활방식과 심지어 우리의 존재 자체까지 미생물에 의존하고 있다. 다른 생명체와 달리 우리 인간은 우리 자신의 대사활동이 아니라 다른 곳에서 나오는 에너지에 더 의존하고 있다. 이런 다양한 에너지가 다른 생명체의 대사활동에서 나오는 것이고, 그 대부분은 오랜 과거에 일어난 대사활동의 산물이다. 우리가 소비하는 화석연료가 그러하다. 이것은 편리하고, 곧바로 사용할 수 있는 무기체이며 고대의 미생물과 지구과학적 활동에 의해 생성된 식물 혹은 조류이다. 인간은 한계점에 이를 정도의 소비 습관을 갖게 되었고, 조만간 이 대체 불가능한 자원을 전부 소진하게 될 것이다.

하지만 더 중요한 건 이런 자원을 사용함으로써 우리가 지구상의 탄소 배치를 대단히 불균형하게 만들었다는 사실이다. 탄소는 대체로 대기 중에 이산화탄소 형태로 존재하며, 이것이 지구를 감싸고 온난화하는 것은 잘 알려져 있다. 몇몇 사람들은 이것이 재앙 같은 기후변화라고 말한다. 이 지구에 존재하는 생명체들의 균형을 효율적으로 유지하는 미생물들조차 우리를 구해주지는 못할 것 같다.

미국 에너지관리국에서 적극적으로 연구를 후원하고 있는 한 가지 해결책은 미생물의 도움을 더욱 직접적으로 받는 것이다. 다시 말해 셀룰로오스 분해 미생물을 사용하는 것이다. 흰개미의 뒷창자에서 나오는 셀룰로오스를 에탄올로 분해하는 효소는 특히 매력적이다. 이 미생물은 우리가 탄소 순환의 균형을 되찾는 데 도움이 된다. 식물이 사용하는 이산화탄소가 셀룰로오스를 만들고, 이것은 미생물에 의해 에탄올로 바꾸고, 우리는 이것을 태워서 다시 이산화탄소를 생성한다. 인간은 오래전부터 소의 미생물의 이용에서 이득을 얻으며 살았다. 어쩌면 이 선례에서 교훈을 얻어 소와는 조금 다른 흰개미의 방법에서 도움을 받을지도 모르겠다.

뚱뚱한 사람과 마른 사람

뚱뚱한 사람과 마른 사람을 비교하는 것 역시 우리들의 흥미를 자극한다. 코미디(로렐과 하디), 문학(돈키호테와 산초), 잠자리에서 읽어주는 동화(잭 스프랏과 아내)까지도 끊임없이 가벼운 방식으로 이것을 이용한다.

하지만 오늘날 비만과 당뇨병의 관점에서 볼 때, 이런 차이가 생기는 근본적인 원인이 무엇인지 더욱 궁금해진다. 둘 중 한 사람이 더 많이 먹고 운동을 덜 하는 걸까, 아니면 그들에게 다른 차이점이 있는 걸까? 이 차이가 혹시 미생물로 인한 것일까? 최근 연구에 의하면 일부는 그렇기도 하다. 두 사람은 장내에 서로 다른 미생물이 있고, 그들의 미생물이 이런 대조적인 몸무게에 기여하는 것이다. 연구에 따르면 우리는 이전에 추측했던 것처럼 소를 비롯한 다른 반추동물과 상당히 비슷하다. 우리의 장에 있는 미생물들은 소의 반추위나 말의 맹장에 있는 미생물처럼 우리가 달리 얻지 못하는 영양분을 음식으로부터 흡수하고, 그래서 우리가 먹는 음식의 칼로리 수치가 증가한다.

아주 옛날 인류라는 종은 이 소량의 추가적인 에너지 덕에 굶어죽는 것과 살아남는 것 사이의 아슬아슬한 경계를 넘었을 것이다. 하지만 음식이 훨씬 더 풍부한 오늘날의 세계에서 우리들 대부분에게 이것은 비만과 당뇨병을 가르는 척도가 되고 있다. 서구에서는 5억 명 이상이 과체중이고, 그중 2억 5,000만 명이 비만이다. 미국인은 64퍼센트가 과체중이고, 그중 절반가량이 비만이다. 이런 수치는 한때 목숨을 구해주던 미생물들을 전혀 다른 관점으로, 즉 우리에게서 건강과 아름다움, 활동성을 빼앗아가는 사악한 범죄자로 보게 한다. 미국에서 비만으로 허비되는 돈은 대단히 크다. 미국 보건위생국은 예방 가능한 사망 원인 순위에 흡연 바로 다음으로 비만을 꼽았다. 연간 30만 명이 비만으로 인해 사망하는 것으로 추정된다. 그렇다면 이 미생물을 우리 몸에서 없애야 할까? 물론 비만의 핵심 원인은 우리가 소모하는 칼로리보다 흡수하는 칼로리가 훨씬 많다는 데에 있지만, 미생물이 우리가 먹는 음식의 칼로리를 라벨에 쓰여 있는 것보다 더 증가시키기도 한다.

　인간이란 우리 자신의 세포와 미생물 세포가 함께 살아가는 혼합체이다. 어떤 부분에서는 미생물이 꽤 큰 몫을 차지하고 있다. 우리 몸 위에, 그리고 몸 안에 있는 미생물의 총 수는 우리 자신의 세포보다 열 배나 많다. 우리 장에만 10조에서 100조의 미생물이 살고 있다. 그리고 우리 미생물 손님들의 유전자에 기록된 대사 정보의 양은 우리 자신의 유전자에 있는 것보다 훨씬 더 많다. 미생물의 잠재적 대사활동이 우리 자신의 것보다 훨씬 뛰어난 것이다.

미생물학자들은 우리 장내 미생물이 일으키는 득과 실을 오랫동안 관찰해왔다. 19세기 말과 20세기 초에 활약한 위대한 미생물학자이자 1908년 노벨 생리·의학상 수상자인 일리야 메치니코프는 우리의 장내 미생물이 전혀 득이 되지 않으며, 우리의 대장은 "해로운 미생물들의 은신처 …… 소화 과정에서 생기는 노폐물 저장고이고, 이 노폐물은 전부 다 썩어서 부패하고 있다. 이 부패물들은 해롭다."라고 생각했다. 실제로 그는 대장이 생리학적으로 불필요한 장기이며 포유동물만이 '극단적으로 활동적인 육상생활'을 하기 때문에 독특하게 발달한 저장기관이라고 생각했다. 그래서 '대장을 비우기 위해 멈춰야 한다는 것은 심각한 불이익'이 될 수 있다고 여겼다. 메치니코프는 장수하는 불가리아 사람들이 그러듯이, 대장의 '부패물'을 제거하려면 다량의 요구르트를 먹으라고 주장했다. 메치니코프의 영향력은 오늘날에까지 남아 있다. 요구르트와 그 비슷한 유산발효 유제품들은 여전히 '대장을 청소해서' 건강하고 오래 살게 만들어준다고 광고한다. 이런 주장을 뒷받침하는 과학적 증거는 별로 없다.

하지만 영유아의 장에 많이 있는 젖산 생성 박테리아인 비피도박테리움*Bifidobacterium*이 설사 유발 박테리아와 그 치명적인 결과로부터 아이를 보호한다는 증거는 많이 있다.

우리의 장내 미생물로 인한 득과 실에 관한 논쟁은 '무균' 포유동물을 키울 수 있게 되면서 사라졌다. 예를 들어 성숙한 쥐의 태아를 모체로부터 무균 상태로 추출하여 살균된 음식을 먹이고 격리실에서 키우면 이 무균 동물도 모든 면에서 건강하고 정상적인 수명을 보이며 정상적으로 살아간다.

몸무게 증가와 장내 미생물의 상관관계는 미생물학자 제프 고든이 수행한 실험 덕에 논쟁의 여지가 사라졌다. 그는 정상적으로 자란 쥐의 장에서 미생물 혼합물을 추출하여 무균 쥐에게 투여했다. 음식물을 계속해서 무한정 공급했을 때 '본능에 따르는' 쥐는 더 적은 양의 음식을 먹으면서도 몸무게가 늘었다. 그는 또한 비만 쥐와 정상 체중 쥐의 장내 미생물 양과 몸무게 증가의 상관관계를 비교해보았다. 역시나 그 결과는 놀랄 만큼 명확했다. 비만 쥐의 미생물들이 정상 체중 쥐의 미생물에 비해 더 많은 몸무게 증가를 불러온 것이다. 이 실험에서 사용된 비만 쥐는 유전적으로 조작된 것이었다. 비만 쥐에는 포만감을 느끼게 만드는 호르몬인 렙틴을 생산하는 능력이 결여되어 있고, 그래서 비만해질 때까지 음식을 먹었다.

소를 보고 세웠던 몇 가지 가설과 분석에 더하여 이 실험 결과가 확실한 미생물학적 판단을 내리게 만들어주었다. 우리는 수많은 탄수화물(다당류)을 섭취하지만, 유전적으로 이것을 몸에서 이용 가능한 당분으로 분해하는 능력이 없다. 하지만 우리의 대장에 있는 미생물(주로 박테리아)이 이것을 분리하고 혐기성 환경에서 당분을 발효하여 우리가 흡수하고 영양소로 이용할 수 있는 최종 산물(작은 유기산과 알코올)을 생산한다. 그래서 우리 대장의 미생물들은 우리가 다른 영양소처럼 사용하지 못하는 음식 내의 영양분을 사용 가능한 것으로 전환한다.

뚱뚱한 사람과 마른 사람의 장내 미생물 수를 비교해본 결과도 이 개념을 뒷받침한다. 전통적인 미생물 배양 방식으로 이 어마어마한 미생물의 숫자를 세는 것은 엄청난 모험이지만, 장내 미생물의 DNA 염기 서열을 정하는 현대적 접근법(가끔 메타제네틱스라고도 불린다) 덕분에 장내에 존재하는 미생물 종에 대해 명확하게 알 수 있게 되었다. 이런 연구를 통해서 뚱뚱한 사람들이 마른 사람들보다 특정한 종류의 박테리아(피르미쿠트Firmicute 종의 박테리아)를 훨씬 많이 갖고 있다는 사실이 밝혀졌다.

그리고 이 종의 박테리아들은 원래 다당류를 분해하고 발효하는 박테리아(박테로이데트Bacteroidetes 종)에 비해 분해 및 발효 능력이 훨씬 뛰어나다. 이 모든 것들이 확실한 논리를 세워주었다. 뚱뚱한 사람들은 같은 음식을 먹어도 마른 사람들보다 더 많은 칼로리를 흡수한다. 왜냐하면 그들의 장내 미생물이 특정 다당류를 이용하는 능력이 훨씬 더 뛰어나기 때문이다. 하지만 이 연구에는 중대한 단서가 있다. 만약 뚱뚱한 사람이 음식 제한을 통해서 몸무게를 줄이면 그 사람의 장내 미생물 수도 변한다는 것이다. 이런 미생물 수의 변화는 몸무게 변화의 원인이 아니라 그 결과이다. 설명을 바꿔보자면, 장내 미생물 수의 변화는 우리의 선조를 굶주림으로부터 보호한 선택적 적응 능력 변화의 진화적 패턴에 맞지 않는다.

메탄생성균 역시 체중이 감소할 때 장내 미생물 수의 변화에 흥미로운 역할을 한다. 몇 년 전 '장내 가스의 왕'이라고도 불리는 소화기 학자 마이클 D. 레빗은 사람이 수소, 이산화탄소와 더불어 장내 가스로 얼마만큼의 메탄을 생성하는지를 알아보는 빠르고 확실한 방법을 개발했다. 그는 인구의 3분의 1만이 메탄을 생성한다는 사실을 발견

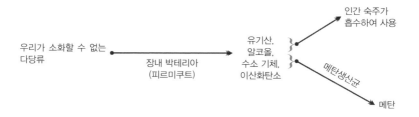

• 뚱뚱한 사람의 장내 먹이사슬 •

했다. 그의 방법은 장내 메탄이 혈액으로 운반되었다가 폐로 가서 날숨으로 나온다는 점에서 착안해 날숨에 있는 메탄의 양을 측정하는 것이었기 때문에 소량의 장내 메탄을 검출하지는 못했다. 나중에 여러 번의 연구를 통해 마이어 울린이 메탄을 만드는 사람과 만들지 않는 사람 사이의 차이는 절대적인 것이 아니라 양적인 것일 뿐임을 밝혀냈다. 인간의 장에는 모두 메탄 생성 고세균이 있기 때문에 최소한 어느 정도는 메탄을 만든다. 하지만 우리들 대부분이 아주 적은 양만을 만들기 때문에 호흡 테스트에서는 음성을 보이는 것이다.

하지만 한 사람이 가진 메탄 생성 고세균의 양이 우리가 먹는 음식에서 더 많은 칼로리를 흡수하게 만드는 것일까? 이 모든 고세균이 장내에서 하는 일은 수소와 이산화탄소라는 두 개의 기체를 이용하는 것이고, 그 와중에 세 번째 기체 메탄을 생성한다. 이 기체들은 칼로리를 생성하는 데 이용되지 않는다. 하지만 고세균은 우리의 음식에서 더 많은 칼로리를 흡수하게 만들 수 있다. 발효균이 다당류에서 분해한 당분에서 만들어낸 에너지 산출 유기산과 알코올의 양을 증가시키기 때문이다. 이 발효의 산물 중 하나인 수소를 이용하여 고세균은 발효균들이 우리가 사용할 수 있는 유기산과 알코올을 더 많이 만들도록 종용할 수 있다. 화학자들은 이 현상을 반응의 평형 이동이라고 부른다.

고세균은 근본적으로 인간 및 다른 미생물과 다르기 때문에 약으로 제거하는 것도 가능하다. 그렇게 하면 칼로리 흡수율이 낮아질 것이고 뚱뚱한 사람도 몸무게를 줄일 수 있을 것이다.

포도 덩굴의 혹

포도 덩굴에서는 미생물을 발견할 수 있을 것 같지 않지만, 실은 가능하다. 숲이나 정원 혹은 포도밭을 거닐며 나무나 관목, 덩굴의 가지나 몸체를 보면 부푼 혹 같은 것을 자주 볼 수 있을 것이다. 이런 혹 중 특히 거의 구형에 가까운 것들은 곤충들이 만든 것이다. 이런 혹들은 아미노산 트립토판에서 식물의 성장 호르몬인 인돌아세트산 indoleacetic acid을 만드는 미생물 활동과 관련이 있기 때문에 여기서도 미생물을 찾아볼 수 있지만, 이것은 다른 이야기이다. 또 다른 혹은 그냥 옹이인데, 이것이 발생하는 이유는 알려져 있지 않다. 하지만 종종 어떤 상처가 났을 때 그 대응으로 생기곤 한다. 이런 마디혹은 섬세하고 아름다운 모양을 만들 수 있기 때문에 목수들은 이것을 높이 평가한다. 그 외에 어떤 혹은 상당히 표면이 거칠고, 어떤 것은 부드럽다. 이것은 뿌리혹crown gall으로, 특정한 미생물 아그로박테리움 투메파키엔스 *Agrobacterium tumefaciens*로 인해 생긴다.

　뿌리혹은 우리에게 미생물과 더 상위 생물종, 이 경우에는 식물과의 친밀한 유전적 관계에 대한 중대한 정보를 준다. 우리는 다윈이 처음 생각했던 것처럼 진화가 본질적으로 선형 과정이라고 생각하곤 한다. 시간이 흐름에 따라 어떤 종의 표본에 자연스럽게 선택적 유전 변형이 조금씩 축적되어 새로운 종으로 분화한다고 생각한다. 그런 다음 그 종에 또 다른 변화가 축적되는 것이다. 현대적으로 설명하자면 이 생각은 우리가 현존 생물체에서 볼 수 있는 유전자들이 수직으로 거슬러 올라가 만날 수 있는 선조의 유전자와 관계가 있고 거기에서 유래되었다는 의미이다.

　물론 다윈은 이런 식으로 설명하지는 못했다. 그는 멘델의 콩 실험에 대해서 알지 못했고, 그렇기 때문에 우리는 그가 유전자의 개념을 비롯하여 현대의 유전학 원리를 알지 못했다는 사실을 기억해야 한다. 뿌리혹에 대한 연구는 새로운 사실을 밝혀주었다. 미생물이 자신의 유전자를 현대의 생물체에 직접 전달할 수 있다는 사실이다. 그래서 예를 들어 식물의 어떤 유전자는 뚜렷하지 않은 진화사에서 미생물에게 하나하나 받은 것이 아니라 최근에 미생물에게 받은 것일 수도 있다. 뿌리혹은 식물에 달린 혹으로밖에는 보이지 않지만, 진화가 어떻게 이루어지는지를 보여주는 큰 증거이다. 그리고 현대의 생물학 기술에도 중대한 영향을 미쳤다.

　뿌리혹의 종양 같은 혹은 식물의 암으로 알려져 있기도 하다. 이 중

몇 개가 자라서 끔찍할 정도로 커지기 때문이다. 하지만 동물의 암과는 달리 이것은 숙주를 거의 죽이지 않고, 대부분의 경우 별로 큰 해를 입히지도 않는다. 하지만 작은 식물의 줄기를 부러지게 만들 수는 있다. 그리고 보기에 좋지 않기 때문에 장식용 식물에서 특히 환영받지 못한다. 그래서 상당한 노력을 들여 뿌리혹을 방지하기 위한 처리를 하는데, 대체로 성공을 거둔다. 큰 나무에서도 뿌리혹을 제거하곤 한다. 곧 보겠지만 뿌리혹은 종묘원처럼 통제된 환경에서는 쉽게 예방할 수 있다.

이런 특수한 식물의 종양을 뿌리혹이라고 부르는 이유는 이것이 대체로 줄기와 뿌리가 만나는 부분이나 그 근처에서 자라기 때문이다. (고대인들은 그 부분에 식물의 영혼이 있다고 믿었다.) 하지만 뿌리혹은 사실 어디서나 자랄 수 있다. 뿌리에도, 그리고 흔히 볼 수 있는 것처럼 나무의 몸통 위쪽에도 생긴다. 뿌리혹이 이런 부위를 선호하는 것은 아그로박테리움 투메파시엔스가 흔히 흙에 살고 있으며 특히 식물 주변의 흙에 살고 있기 때문이다. 사실 이 박테리아는 식물의 뿌리를 둘러싸고 있는 흙, 근권rhizosphere이라는 영역을 특히 선호한다. 아그로박테리움 투메파시엔스는 예를 들어 식물을 심을 때 뿌리 근처에 종종 생기는 미세한 상처를 통해서 식물 안으로 들어간다.

아그로박테리움 투메파시엔스는 희생양을 고를 때 딱히 무언가를 선호하지 않는다. 거의 모든 활엽식물과 침엽수 일부, 심지어는 초본식물에도 생긴다. 이렇게 편애성이 없다는 것은 박테리아와 그 희생양이 DNA를 뒤섞는 대단히 친밀한 관계를 맺는다는 점을 생각하면 놀라운 일이다. 박테리아는 식물에 자신의 DNA를 주입하고, 식물은 이것을 받아들여 자신의 염색체에 융합해 기증 받은 박테리아 유전자를 자신의 유전 정보에 영구적으로 편입한다. 놀라운 일은 아니지만 식물이 새롭게 얻은 유전자는 박테리아의 명령에 따라 계속해서 움직인다. 박테리아는 식물에 아그로박테리움 투메파시엔스가 복제할 수 있는 안락한 환경을 만들고, 박테리아를 위한 특별한 식량을 만들라고 명령한다. 이것은 오로지 아그로박테리움 투메파시엔스만 이용할 수 있는 아주 특별한 식량이다.

아마도 이쯤 되면 아그로박테리움 투메파시엔스가 숙주를 조종하는 방법이, 유전적 명령을 통해서 숙주에게 공격자를 위해 활동하도록 유전적 명령을 내리는 바이러스의 행동 방식과 놀랍도록 닮아 있다는 것을 알 수 있을 것이다.

아그로박테리움 투메파시엔스는 대단히 미생물다운 방식으로 식물에 내릴 명령어 뭉치를 갖고 다닌다. DNA의 원형 부분인 플라스미드에 인코딩해둔 것이다. 많은 박테리아들 거의 대부분이 플라스미드를 갖고 있다. 이 조그만 유전 정보 덩어리는 미생물의 생태, 특히 박테리아의 생태에서 중요한 역할을 한다. 플라스미드가 뭐고, 염색체나 박테리아를 포함한 모든 생물체들이 갖고 있는 우리가 잘 아는 DNA와는 무엇이 다른지 물어볼 수도 있을 것이다. 우리에겐 46개의 염색체가 있고, 대부분의 박테리아에는 딱 1개만 있다.

가장 눈에 띄는 것이라면 박테리아 세포의 플라스미드가 염색체보다 훨씬 더 작다는 것이다. 원형이라는 것은 특징이 아니다. 아그로

박테리움 투메파시엔스를 비롯한 대부분의 박테리아 염색체들 역시 원형이기 때문이다. 하지만 아그로박테리움 투메파시엔스는 원형 염색체뿐만 아니라 선형 염색체도 갖고 있는 독특한 특징이 있다. 이런 대단히 드문 특징이 왜 있는지는 밝혀지지 않았다. 하지만 일반적으로 선형 염색체를 갖고 있는 박테리아는 선형 플라스미드도 갖고 있다. 어느 쪽이든 모양은 플라스미드와 염색체를 구분하는 기준이 되지 못한다.

플라스미드의 특징은 그 불필요성에 있다. 플라스미드는 없어져도 세포에 별다른 해를 끼치지 않는다. 반대로 염색체가 없으면 박테리아는 살 수 없다. 염색체에는 대사활동 및 성장, 복제를 하는 핵심 명령어가 들어 있기 때문이다. 플라스미드는 유용하지만 핵심 활동이라고 할 수 없는 대단히 특수한 명령들을 갖고 있다. 박테리아가 플라스미드를 잃으면 활동 목록과 아마도 자연계에서 경쟁력을 조금 잃겠지만, 대부분의 상황에서 살아남을 수는 있다. 예를 들어 많은 박테리아 플라스미드가 항생제에 저항할 수 있게 만드는 특별한 명령을 갖고 있다. 박테리아가 이런 플라스미드를 잃으면 항생제의 위험하고 치명적인 공격에 노출되고 항생 물질이 있는 환경에서 살아남을 수 없게 되지만, 다른 환경에서는 완벽하게 멀쩡하다. 비슷하게 질병을 일으키는 독소들, 예컨대 탄저병anthrax 독소 같은 것에서의 색소 형성은 대체로 박테리아의 수많은 활동 특성들과 마찬가지로 플라스미드에 인코딩된 것이다. 예를 들어 다음 장에서 보게 될 리조비움*Rhizobium*이 식물과 상호 공생을 이루는 능력 같은 것이 그러하다.

많은 플라스미드들이 미생물계에 중대한 영향을 미치는 또 다른 특이한 능력을 갖고 있다. 이들은 이 세포에서 저 세포로 옮겨갈 수 있다. 이런 자가 이동 플라스미드self-transferring plasmid 중 몇몇은 자신이 머무르고 있는 세포와 아주 비슷한 종류의 박테리아 세포로만 이동할 수 있다. 하지만 전달성 플라스미드promiscuous plasmid라는 다른 종류는 어디로든 이동을 할 수 있다. 예를 들어 몇몇은 모든 종류의 그람 음성 박테리아로 전이할 수 있다. 이런 놀랍고 거의 무시무시한 능력은 박테리아에 항생제 내성이 빠르게 퍼지는 이유 중 하나이다. 이런 내성이 생겨 전달성 플라스미드 안에 인코딩되면 이것은 다른 그람 음성 박테리아에 빠르게 퍼진다. 예를 들어 항생제를 먹인 돼지의 대장 박테리아에 항생제 내성이 생기면 이것은 빠르게 증식하고, 플라스미드 안에 내성이 인코딩되어 사람에게 질병을 일으키는 박테리아를 포함해 돼지의 외부에 있는 다른 박테리아에게까지 퍼진다. 그래서 사람을 치료할 때 이 항생제가 잘 듣지 않게 된다. 어떤 목적으로든 불필요한 항생제 사용은 이 항생제가 꼭 필요할 때 그 유용성을 감소시킬 위험을 낳게 된다.

아그로박테리움 투메파시엔스에서 종양을 일으키는 Ti 플라스미드tumor-inducing plasmid('종양을 일으킨다Tumor-inducing'는 의미로 Ti를 붙인다)는 더 뛰어나다. 자신의 유전자 일부를 이동시켜 전혀 다른 계에 있는 생물체, 말하자면 식물에 접합시킬 수 있는 것이다.

하지만 우선은 아그로박테리움 투메파시엔스가 식물에 들어가야만 한다. 그 세포 일부가 식물의 상처 근처에 있을 때 두 개의 거의 관련

없는 생물체 사이에서 복잡한 상호작용이 시작된다.

식물이 상처를 입은 후에 방출하는 화학물질, 주로 페놀phenol(방향족 알코올)과 몇 개의 당분, 그리고 산은 이런 식물-미생물의 친밀한 활동을 시작하도록 신호를 보낸다. 아그로박테리움 투메파시엔스의 세포가 마치 물에서 피 냄새를 맡고 그 출처를 향해 달려드는 상어처럼, 이 화학물질로 인해 상처 쪽으로 강하게 끌려온다. 아그로박테리움 투메파시엔스는 1밀리리터당 0.00002밀리그램 정도로 낮은 농도의 페놀(아세토시린곤acetosyringone)도 탐지하고 반응할 수 있다. 미생물의 바다에서 이런 '피 냄새'는 아주 조금이면 된다. 이 화학물질들은 또한 박테리아의 Ti 플라스미드에 있는 특정 유전자(병독성virulence 유전자)를 활성화시킨다. 이 유전자는 박테리아가 혼자 있을 때에는 활동하지 않지만, 병독성 유전자는 활동을 시작하면 Ti 플라스미드를 통해서 식물에 일부 유전자를 전이시키는 몇 종류의 단백질(병독성 단백질)을 생산하기 시작한다. 하지만 우선 박테리아 세포가 식물의 세포벽에 단단히 접합하고서 박테리아와 식물 세포 사이에 유전자를 전이시킬 수 있는 특수한 다리를 만들어야만 한다.

그다음에 또 다른 병독성 단백질이 원형 Ti 플라스미드에서 선형 조각(T-DNA)을 잘라낸다. 아무 조각이나 자르는 것이 아니라 경계지점 염기서열border sequence(시작과 끝부분의 염기서열)이라고 하는 DNA 조각이어야 한다. 그리고 유전자 전이가 시작된다. 경계지점 염기서열은 어디서 절단을 하는지를 결정한다. 그 사이에 있는 DNA는 중요하지 않다. 나중에 보겠지만 이렇게 별것 아닌 듯한 사실이 아그로박테리움 투메파시엔스를 생물공학적으로 사용할 때는 무척 중요해진다. 다른 병독성 단백질은 T-DNA를 둘러싸서 모든 세포들이 갖고 있는 DNA 분해효소('DNase')로부터 보호해주고 다리를 건너 식물 세포까지 가는 것을 지켜준다. 거기서 T-DNA는 세포의 핵으로 들어가서 식물 세포의 염색체 중 하나에 무작위로 접합한다. 그렇게 되면 미생물 유전자였던 이 DNA는 이제 식물 유전자의 일부가 된다.

어떤 면에서 이것은 유전자의 침입이자 유전적 쿠데타로 볼 수도 있다. 전前 미생물 유전자가 식물에 침입하여 상처로 몰래 들어온 아그로박테리움 투메파시엔스의 세포가 자리 잡고 번성하게 만든다. 이들은 식물 세포에 식물 성장 자극 호르몬을 만들도록 지시하고, 증식

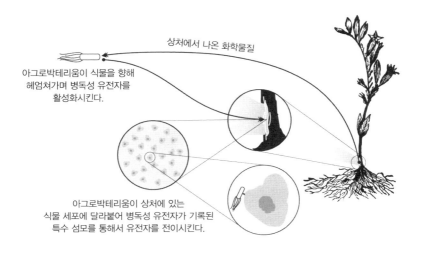

상처에서 나온 화학물질

아그로박테리움이 식물을 향해
헤엄쳐가며 병독성 유전자를
활성화시킨다.

아그로박테리움이 상처에 있는
식물 세포에 달라붙어 병독성 유전자가 기록된
특수 섬모를 통해서 유전자를 전이시킨다.

• 아그로박테리움이 식물에 유전자 일부를 전이시키는 과정 •

결과 뿌리혹을 만들어 아그로박테리움 투메파시엔스가 살 수 있는 널찍한 거처를 제공한다. 그러고 나면 침입한 박테리아 세포의 육성 문제가 생긴다. 식물 세포가 새로 획득한 유전자는 독특한 아미노산(오핀opine)과 당분(아그로시노핀agrocinopine)이라는 두 가지 화합물을 만들도록 지시한다. 이것은 마키아벨리적인 수법이다. 아그로박테리움 투메파시엔스와 다른 몇 가지 미생물만이 이 화합물을 영양소로 사용한다. 식물 세포는 자신들이 만든 것에서 어떤 이득도 볼 수가 없다.

오핀은 아그로박테리움 투메파시엔스와 식물 숙주 사이의 복잡한 관계에서 또 다른 흥미로운 역할을 한다. 뿌리혹을 만들며 아그로박테리움 투메파시엔스에게 양분으로 사용되지 않은 다량의 오핀은 식물의 관다발 조직으로 들어가고 이 혼합물 일부는 식물의 뿌리 주변의 토양, 말하자면 식물의 근권으로 배출된다. 그러면 그 근처에서 독립생활을 하던 아그로박테리움 투메파시엔스 세포들이 자신과 몇몇 미생물만이 사용할 수 있는 양분을 직접적으로 얻을 수 있게 된다. 덕택에 이들은 흙 속에서도 번성하게 된다.

하지만 식물의 상처를 통해 침입하는 Ti 플라스미드와 아그로박테리움 투메파시엔스의 능력은 이보다 더 복잡하고 교활하다. 독립생활을 하는 아그로박테리움 투메파시엔스 세포의 거의 대다수(대부분의 토양에 있는 90퍼센트가량)는 Ti 플라스미드가 없기 때문에 기회가 생겨도 식물의 상처로 침입하여 뿌리혹을 만들 능력이 없다. 하지만 Ti 플라스미드는 하나의 박테리아 세포에서 플라스미드가 없는 다른 박테리아 세포로 전이할 수 있다. 이런 전이가 일어나려면 두 개의 세포가 친밀하게 접촉하고 있어야 한다. 그래서 이런 전이를 접합conjugative 이라고 한다. 일반적인 상황에서 Ti 플라스미드의 접합 전이는 꿩장히 드물지만, 오핀이 가득하면 상황이 달라진다. 접합성 전이의 난리법석이 시작되며 다량의 침입 준비가 끝난 아그로박테리움 투메파시엔스 세포들이 형성된다. 이런 오핀 활동의 선택적 이점은 아직 명확하지 않다. 하지만 분명 뭔가가 있을 것이다. 이런 일이 일어난다는 자체가 그 증거이다.

뿌리혹은 식물 숙주를 죽이지도 않고 식물에 별다른 심각한 해를 입히지도 않지만, 보기에는 상당히 좋지 않다. 게다가 뿌리혹은 종묘원에서 전염될 수 있다. 종묘원의 조건이 딱 적합하기 때문이다. 식물을 번식시키다보면 필연적으로 작은 상처가 생긴다. 종묘원에서 자주 쓰는 방법인 접붙이기를 하기 위해서는 큰 상처를 내야 한다. 또한 우리가 이미 봤듯이 뿌리혹은 병원성 아그로박테리움 투메파시엔스의 숫자를 눈에 띄게 증가시킨다. 어떤 식물에서는, 특히 포도 덩굴의 경우에는 접수(접목용으로 잘라낸 가지)를 통해서 감염 준비가 된 아그로박테리움 투메파시엔스가 전 세계로 퍼져 나간다. 이런 확산이 실제로 일어난다는 사실이 세계 곳곳의 포도 덩굴에 생기는 뿌리혹에서 아그로박테리움 투메파시엔스(생물변이형biovar 3)의 동종균주가 발견되는 이유를 설명해준다.

하지만 운 좋게도 현재는 효율적이고 싸고 환경친화적으로 뿌리혹을 방지하는 방법이 종묘원에서 사용되고 있다. 이 방법은 치료용이 아니라 예방용이지만 꿩장히 효과적이다. 식물을 심을 때 종묘나 씨앗들을 Ti 플라스미드가 결여된 아그로박테리움 투메파시엔스 균주를 섞어놓은 물에 한 번 담가주기만 하면 된다. 이런 아그로박테리움 투메파시엔스 균주는 종종 아그로박테리움 라디오박터*Agrobacterium radiobacter*라는 다른 종명을 갖고 있을 때도 있다. Ti를 비롯한 플라스미드는 접합을 통해 쉽게 전이될 수 있으므로 다른 종명을 가질 이유는 없지만 말이다. 그리고 플라스미드는 고온에서 배양하는 방법으로 제거할 수도 있다. 어떤 면에서 이런 방어법은 '유익균probiotics 처리법'이라고 볼 수도 있다. Ti 플라스미드가 결여된 균주 K84(갤트롤이라는 상표로 판매된다)는 대체로 Ti 플라스미드 생산 균주에만 유독한 화합물(아그로신 84)을 생산하는 이점을 부여한다. 비슷한 종류의 박테리아 균주에만 유독한 이런 박테리아성 마법의 탄환을 박테리오신bacteriocin이라고 부른다. 많은 박테리아들이 이 물질을 생산하는데, 이것은 자연계의 잔인한 경쟁을 보여주는 것이라 할 수 있다.

생물공학자들은 아그로박테리움 투메파시엔스와 Ti 플라스미드를 식물 번식의 도구로 사용할 수 있다는 엄청난 잠재력을 금세 알아챘다. 이것들은 식물의 유전자에 외부 유전자를 삽입하는 능력을 갖고 있다. Ti 플라스미드의 T 영역에 있는 박테리아 유전자뿐만 아니라 어떤 출처에서 나온 유전자든 삽입할 수 있는 것이다. Ti 플라스미드의 T-DNA 영역에 외부 유전자를 삽입하는 데에만 그저 기본적인 DNA 재조합 기술을 사용하면 된다. 그러면 아그로박테리움 투메파시엔스와 Ti 플라스미드가 나머지를 알아서 할 것이다.

하지만 물론 종묘업자들은 새로운 뿌리혹이 아니라 새로운 식물을 키우고 싶어 할 것이다. 그러기 위해서 종묘업자들은 뿌리혹이 아니라 식물을 개선시키는 유전자를 세포에 넣어야 한다. 원형질체protoplast라고 불리는 배양된 식물 세포가 그 비결이라 할 수 있다. 대부분의 식물에서 추출한 원형질은 새로운 식물에 주입하여 식물을 개선시킬 수 있기 때문이다. 논쟁의 여지가 있기는 하지만, 전 세계적으로 사용되는 수많은 유전자 조작 식물을 개발하는 데에 이 방법이 사용된다.

우리가 본 것처럼 아그로박테리움 투메파시엔스는 수많은 종류의 식물에 뿌리혹을 일으킬 수 있다. 이 박테리아는 식물, 균류, 심지어 사람에 이르기까지 거의 모든 종류의 생물체의 세포에 유전자를 전이시킬 수 있다. 유전자 전이 방법으로 아그로박테리움 투메파시엔스를 이용하여 이미 새롭고 유용한 옥수수, 콩, 목화, 카놀라, 감자, 토마토 종들이 개발되었다.

포도 덩굴의 뿌리혹은 여러 가지가 뒤섞인 미생물 관찰지라 할 수 있다. 또한 미생물과 식물 간의 유전자 차원에서 친밀한 협력 관계를 보여주는 본보기이기도 하다.

죽은 생선에서 나는 빛

이번 미생물을 관찰하기 위해서는 특별한 준비가 필요하지만, 그럴 만한 가치가 있다. 어두운 방에서 며칠 동안 냉장고에 넣어놓았던 바다 생선을 관찰해보라. 처음에는 아무것도 볼 수 없겠지만, 눈이 어둠에 익숙해지면서 생선 표면에서 밝은 빛이 나는 부분이 보이기 시작할 것이다.

이것은 대체로 박테리아로 이루어진 빛 방출 미생물 집락이다. 미생물학자들이 '집락colony'이라 부르는 다른 조그만 세포 집단처럼 이것도 하나나 몇 개의 미생물 세포가 만들어낸 결과이다. 많은 세포들이 모여서 어느 정도의 크기가 되기 전까지는 생선 위의 이 박테리아 군집이 빛을 내는 모습을 볼 수가 없다. 이유는 명확하다.

광원이라는 것은 눈에 잘 보인다. 하지만 설령 우리가 아주 미세한 광원을 볼 수 있다고 해도, 하나나 몇 개 정도의 세포는 빛을 내지 않는다. 서로에게 빛을 방출시키려면 세포가 많이 필요하다. 이렇게 세포들이 적을 때에는 하지 못하던 것을 집단을 이루어 서로를 자극해 할 수 있게 되는 것을 정족수 인식quorum sensing이라고 한다. 그 이름이 말해주듯이 어떤 박테리아는 자신들의 수가 한계를 넘어섰는지 어떤지를 판단하고, 그 수를 넘어섰을 경우 소수일 때에는 쓸데없지만 많을 때에는 이득이 되는 일을 하도록 만드는 능력을 갖고 있다. 우선 잠시 동안 박테리아가 많아질 때까지 빛을 내지 않는 것이 왜 이득이 되는지에 대해서는 생각하지 않도록 하겠다. 미생물은 여러 가지 이유로 숫자를 인지하기 때문이다.

우리가 이 빛을 내는 군집을 이루고 있는 박테리아를 분리하여 분석하면 아마도 이것이 우리가 잘 아는 대장균과 꽤 가까운 관계인 알리비브리오 피스케리*Alivibrio fischeri*라는 것을 알게 될 것이다. 알리비브리오 피스케리 역시 바다에 개개의 세포로 (플랑크톤화되어) 큰 무리를 지어 자유롭게 떠다니고 있다. 이것들이 많이 몰려 있을 때에만 발광한다는 것은 기묘한 일이다. 어쩌면 플랑크톤화되는 것은 이들의 생활양식에서 별것 아닌 단계일 수도 있다. 그들의 진짜 거처는 동물과 관련이 있는지도 모른다. 이들은 생선이나 오징어처럼 발광성 해양 생물의 체내에 있는 특별한 조직인 발광기관light organ에 축적되기 때문이다. 만약 그렇다면 발광기관이 이들의 진짜 집이고, 이들이 바다에서 플랑크톤화되어 있는 것은 이 기관에서 떨어져 나왔기 때문일 것이다.

동물의 발광기관에 사는 발광성 박테리아들은 놀라운 방식의 상호 공생을 한다. 동물이 양분을 공급하고, 밀집된 박테리아 세포들은 빛을 공급한다. 다양한 생물들이 여러 가지 목적으로 미생물이 만들어 낸 이 빛을 이용하지만, 우리가 예상하는 것처럼 어두운 바다 속에서 길을 찾기 위한 불빛으로 사용하는 것은 아니다. 자신을 위장하거나 먹이를 유혹하거나 포식자를 피하거나 격퇴하거나 의사소통을 하는 등 굉장히 다양하고 가끔은 창조적이고 신기한 목적으로 사용한다.

아귀는 특히 훌륭한 혁신가다. 이 심연의 거주자는 머리 위에 솟아 있는 부속기관 끝에 발광기관이 달려 있다. 다른 조그만 동물들은 아귀와 아주 멀리 떨어져 있어도 이 빛에 끌려 죽음을 자초한다. 상어도 비슷한 수법을 쓴다. 상어는 배에 발광기관이 달려 있어서 마찬가지로 포식자인 먹이를 유혹한다. 이 불운한 작은 포식자들은 작은 발광기관이 자신들이 먹을 만한 먹잇감이라고 착각하고 다가오다가 뒤늦게 자신이 먹잇감이 되었음을 깨닫는다.

하와이에 사는 겨우 4센티미터 정도밖에 안 되는 오징어인 짧은꼬리오징어*Euprymna scolopes*는 발광기관을 정반대의 이유로 사용한다. 공격이 아니라 방어를 위해 쓰는 것이다. 굉장히 작고 연약한 이 생물은 낮 동안에는 산호초 집을 따라 깔려 있는 모래톱 속에 몸을 파묻고 숨어 있지만, 밤에는 음식을 구하기 위해서 나와야만 한다. 그때 외투강mantle cavity 안에 위치한 이 발광기관으로 몸을 보호한다. 오징어는 기관에서 방출되는 빛의 양을 조절하여 수면의 아래쪽에서 자신의 몸이 안 보이게 만드는 반조명counter-illumination 방법을 쓴다. 하늘에서 비치는 빛과 균형이 맞을 만큼의 빛을 방출하여 그림자를 없애고 그렇다고 몸이 빛나지도 않도록 만드는 것이다. 어느 쪽이든 과하면 포식자를 끌어들이기 때문이다. 빛의 양은 발광기관 안에서 박테리아들이 생성하는 것이라 조절할 수 없기 때문에 오징어가 직접 이것을 조절해야 한다. 오징어의 빛 조절 도구는 두 가지가 있는데, 아래쪽 표면의 반사면과 먹물 주머니이다. 방출량을 증가시키기 위해서 오징어는 발광기관을 반사면 위쪽으로 움직인다. 방출량을 줄이기 위해서는 발광기관 일부를 불투명한 먹물주머니 뒤로 숨긴다. 놀랍게도 오징어는 반조명 강도의 이상적인 타이밍을 안다.

발광기관이 적절한 수준으로 빛을 내는 것은 비교적 단순한 이 동물의 생활에서 굉장히 중요하고 복잡한 부분이다. 오징어가 처음 부화했을 때에는 발광기관 안에 박테리아가 없다. 하지만 플랑크톤 상태의 알리비브리오 피스케리 세포들이 아직까지 알려지지 않은 기제를 통해서 곧 오징어에게 접근한다. 이 박테리아는 여러 개의 기공을 통해서 기관 안으로 들어가 기관의 주름진 표면에 달라붙는다. 오징어는 이들을 잘 먹이고, 박테리아는 30분마다 두 배씩 빠르게 증식해 기관 안에서 1억 개로 늘어난다. 그 후에 알리비브리오 피스케리의 정족수 인식 기제가 불빛을 내라는 신호를 보낸다. 박테리아 세포는 계속해서 증가하지만 이제는 천천히, 계속해서 빠져나가 다시 플랑크톤화되는 세포들을 대체할 정도의 속도로만 복제된다.

동부 지중해 토종 어류인 발광눈금돔*Photobletheron* 역시 자신을 보호하기 위해 미생물로 가득 찬 발광기관을 사용하지만 그 방식은 다르다. 발광눈금돔은 머리 양쪽에 감출 수 있는 두 개의 발광기관이 있다. 혹자는 발광눈금돔이 이 불빛을 켜고 끄는 방식 때문에 포식자를 끌어들여 위험할 거라고 생각할 수도 있지만 그렇지 않다. 발광눈금돔은 계속해서 지그재그로 헤엄을 친다. 방향을 바꾸기 전에 이 생선은 발광기관을 가려 불빛을 끈다. 주변을 돌아다니던 포식자는 발광눈금돔이 방향을 틀지 않았다면 있었을 자리를 공격한다. 그리고 나면 발광눈금돔은 다시 불을 켜고 안전하게 멀리 헤엄쳐 가는 것이다.

우리는 바다에 있는 발광성 박테리아가 홀로 플랑크톤 상태로 떠도는 동안에는 대사 에너지를 낭비하지 않다가 동물의 발광기관에서 영양분을 공급받았을 때에만 그 대가로 이것을 사용하도록 진화되었음을 보았다. 하지만 거의 전설적이면서도 약간은 낭만적인 예외가 있다.

가끔씩 선원들은 듣는 사람들이 의심스러워하는 우윳빛 바다milk sea라는 현상에 대해서 종종 이야기하곤 한다. 이것은 바다 전체가 빛을 내는 현상이다.

쥘 베른의 《해저 이만 리》에서 선원 둘이 이야기하는 장면을 보자.

1월 27일, 널따란 벵갈 만 초입에서 저녁 일곱 시경 노틸러스 호는 우윳빛 바다를 지나갔다. 이건 달빛이 낸 효과일까? 아니다. 달은 여전히 수평선 아래 숨어 있으니까 별빛이 있기는 해도 바다의 새하얀 빛에 비하면 하늘은 새카매 보인다.

"이건 우윳빛 바다라는 거지." 내가 말했다.

"하지만 선생님, 무엇 때문에 이런 현상이 벌어지는 거죠? 바다가 정말로 우유로 변했을 리는 없잖아요."

"물론이지. 그리고 자네를 놀라게 만든 이 하얀 빛은 수많은 적충류들이 만들어낸 거라네. 적충류는 일종의 발광성 벌레들로 흐물흐물하고 색깔이 없는 데다가 머리카락 정도의 굵기에 그 길이가 7,000분의 1인치밖에 되지 않는다네. 이 벌레들은 가끔 몇 리에 이르도록 서로 달라붙어 있지."

"그리고 이 적충류의 숫자를 계산하려고 할 필요는 없다네. 가능하지도 않을 테니까. 왜냐하면 배가 이 우윳빛 바다를 60킬로미터나 지나왔거든."

우윳빛 바다는 비교적 최근까지 거의 전설의 영역에 가까웠다. 하지만 믿을 만한 출처에서 해양 샘플을 얻게 되었다. 확실한 증거는 2005년에 《국립과학원회보Proceedings of the National Academy of Sciences》에 실린 과학자들의 논문에서 나왔다. 이들은 리마 호가 우윳빛 바다를 발견했던 시간과 장소를 우주에서 본 인공위성 사진의 밝은 부분과 맞추는 데 성공했다. 이 사진은 소말리아 해안 바깥쪽에서 우윳빛 바다라는 생물발광 현상이 사흘 밤 동안 잇따라 일어났다는 사실을 증명해주었다. 거의 코네티컷 주 정도의 크기(약 14,357제곱킬로미터이다)였다.

그리고 바닷물 샘플에서 발광 박테리아도 찾아냈다. 하지만 이들이 어떻게 빛을 방출할 만큼의 정족수를 채운 것일까? 일차적인 원인은 아마도 대규모 녹조 현상, 특히 미세조류인 파에오시스티스*Phaeocystis* 때문으로 보인다. 이 발광 박테리아들이 조류 덩어리 형태로 군집을 형성하거나 혹은 녹조가 공급하는 다량의 영양분으로 인해 조밀하게 증식해서 정족수에 이른 것이다.

하지만 많은 사람이 보곤 하는 발광현상, 즉 배가 지나간 자취나 돌고래의 선수파船首波, 열대 지역 바다의 흩어지는 파도에서 빛이 나는 것은 무엇일까? 나는 제2차 세계대전 때 전혀 다른 위치에서 이런 현상을 목격한 적이 있다. 당시 남태평양에 있던 미국 함선 카우펜 호의 선수에 있는 화장실에서다. 당시 대부분의 해군 선박이 그랬던 것처럼 화장실은 갑판에서 몇 층 아래에 있었고, 긴 금속 홈통 위에 나무판 좌석을 나란히 놔둔 형태의 변기들이 배의 움직임에 따라 올라오는 바닷물로 계속해서 씻겨 내려갔다. 내가 미생물 관찰을 하기 위해서 불을 껐을 때 성난 동료 선원들의 고함소리와 함께 변기 홈통이 새카만 어둠 속에서 커다란 네온 튜브처럼 빛나는 장관을 볼 수 있었다. 대단히 멋진 경험이었다.

이런 바닷물 발광은 박테리아가 아니라 원생생물인 와편모충dinoflagellate이 일으키는 것이다. 와편모충의 몇몇 종은 강력한 빛을 낸다. 와편모충류는 흥미로운 단세포 진핵 미생물(원핵생물)로 두 개의 편모를 이용하여 독특한 나선형으로 헤엄을 친다. 대부분은 산소

155

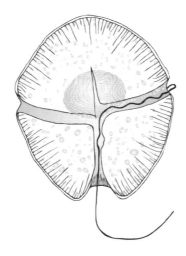

• 와편모충류 •

를 생산하는 광합성으로 대사 에너지를 얻는다. 이들은 에너지를 더
많이 충전시켜주는 밝고 맑은 날 밤에 더 강하게 빛을 발한다.

　하지만 정족수가 되었는지는 어떻게 인지하고, 왜 이들은 거센 물
속에서만 빛을 낼까? 정족수 인식은 쉬운 문제이다. 이들에게는 그런
것이 없다. 단일 세포 혼자만 있어도 빛을 낼 수 있다. 거센 물살이 필
요한 이유는 훨씬 더 복잡하다. 물에 산소를 공급하기 위해서 거센 물
살이 필요한 것은 아니다. 물론 물살이 거칠 때 산소가 더 많이 녹는
것은 사실이다. 하지만 와편모충의 불빛 스위치를 켜는 것은 전단력
shear force이다. 정확한 작동기제는 밝혀지지 않았지만 이 일이 일어나
는 순서는 잘 알려져 있다. 전단력이 세포를 역학적으로 변형시키고,
세포 내 세포소기관을 재배열하여 빛을 방출할 수 있게 만든다. 몇몇

생물학자들이 발견한 것처럼 이것은 일종의 자기 방어법이다. 다가오는 포식자로 인해 일어난 거센 물살로 와편모충이 갑자기 빛을 내고, 그렇게 포식자를 쫓아내는 것이다.

몇몇 균류도 생물발광을 한다. 가장 유명하고 무시무시한 도깨비불foxfire은 대체로 가을에 숲속에서 축축한 통나무가 빛을 내는 것이다. 이 희미하고 기괴하고 창백한 초록색 불빛을 보기란 쉽지 않다. 눈이 어둠에 완전히 적응해야 하고, 심지어 밝은 달이나 도시의 불빛까지도 불빛을 가릴 수 있다. 하지만 도깨비불은 고대부터 발견되고 사람들의 감탄을 받아왔다. 아리스토텔레스는 숲에서 '차가운 불'을 발견했다고 기록했고, 로마의 자연학자 플리니우스는 썩어가는 올리브 나무 둥치에서 발견했다고 적었다. 몇몇 사람들은 이것을 실용적인 용도로, 예를 들어 숲에서 길을 찾는 지침으로 사용하기도 했다. 마크 트웨인의 소설 캐릭터 톰 소여와 허클베리 핀은 터널을 팔 때 빛이 나는 통나무를 조명으로 사용했다. 여러 종류의 담자균들도 생물발광을 한다. 이들 대부분은 하얀 포자를 만드는 주름버섯군에 속한다. 꿀버섯이라고도 하는 아르밀라리아 멜레아*Armillaria mellea*가 가장 유명하다. 버섯 자체는 발광성이 없지만, 여기서 빠르게 자라는 균사가 빛을 낸다.

미생물이 발광 능력을 개발한 것은 분명하지만, 이들에게만 발광성이 있는 것은 아니다. 공생하는 미생물 없이 혼자서 빛을 낼 수 있는 다른 생물들도 있다. 여기에는 반딧불이와 여러 종류의 벌레, 지네, 노래기 등이 포함된다.

생선의 발광성과 거센 물살의 관계도 유명하지만 이것은 미생물의 삶에 있어서 알 수 없는 부분으로 남아 있다. 정족수 인식과 이종공생이라는 두 가지 측면에서 이것은 함께 사는 것이 변화를 일으킬 수 있다는 사실을 보여준다.

부드러운 장미 잎을 갉아먹는 진딧물

곤충은 단백질이 많은 음식을 먹는 쪽으로 진화했다. 이들은 살아남고 번성하기 위해서 영양학자들이 우리에게 필요하다고 말하는 필수 아미노산과 동일한 열 개의 아미노산을 음식으로 섭취해야 한다. 하지만 이런 아미노산은 진딧물이 먹는 음식에는 풍부하게 들어 있지 않다. 진딧물과 다른 수액을 먹는 곤충들은 오로지 식물의 수액만을 섭취하는데, 이 수액은 기본적으로 순수한 설탕물에 소량의 질소(대부분은 단일 아미노산 글루타민의 형태)로 이루어져 있고, 열 개의 필수 아미노산은 전혀 없다시피 하다. 하지만 성실하게 정원 일을 해본 사람이라면, 특히 장미를 가꾸는 사람들이라면 진딧물이 그래도 번성한다는 사실을 알 것이다. 매년 봄, 여린 장미 잎이 새로 올라오자마자 이파리는 평생 수액을 빨아먹으며 사는 진딧물로 뒤덮인다. 진딧물은 어떻게 이런 음식물로 연명할 수 있는 것일까? 공생하는 미생물이 그 답이다. 진딧물의 세포 안에 사는 박테리아가 진딧물에게 꼭 필요한 필수 아미노산을 공급해준다.

• 잎을 먹고 알을 낳는 진딧물 •

진딧물은 수액을 흡수하는 기계이다. 이파리에 안착하면 이들은 길게 튀어나온 급식기관(주둥이)의 바늘 같은 끝부분(탐침)을 세포 사이나 안쪽으로 식물의 수액이 든 용기(체관부)에 곧장 찔러 넣는다. 체관부 안쪽은 압력이 낮기 때문에 진딧물이 액체를 빨 필요도 없이 수액이 저절로 흘러들어온다. 이것은 수동적이지만 대단히 효율적이다. 이렇게 할 수밖에 없는 이유는 진딧물이 충분한 양의 질소를 섭취하려면 엄청난 양의 수액을 먹어야 하기 때문이다. (왜 진딧물에게 아미노산을 만드는 박테리아와 마찬가지로 질소를 고정시키는 박테리아가 없는지 궁금할 수도 있겠다.) 진딧물은 질소를 분리하여 다량의 당분을 진득진득한 액체, 꿀물로 변화시킨다. 물론 이것도 그냥 버리지 않는다. 꿀물을 감염된 이파리 표면에 바르고 일부는 아래쪽 이파리에 떨어뜨린다. 종종 이 꿀물에 포함되어 있는 당분에서 흑효모가 자라 이파리를 검게 물들인다. 이것은 진딧물 감염의 특징이기도 하다. 개미들 역시 이 꿀물을 좋아한다. 그래서 일부 개미들은 자신들이 좋아하는 음식물을 공급받기 위해서 진딧물을 키우기도 한다. 진딧물을 키우는 것은 시간을 들여야 하는 일이다. 봄이면 농부 개미들은 새로 부화한 진딧물들을 이들이 잘 자랄 수 있을 만한 적당한 장소의 적당한 식물에 옮겨놓는다. (대부분의 진딧물 종은 특정 식물만을 고집한다.) 개미는 무당벌레 유충을 비롯한 다른 진딧물 포식자들을 죽여서 자신의 가축을 지킨다. 그리고 솜씨 좋은 농부처럼 자신들의 유충을 잡아먹지 못하도록 지나치게 많은 진딧물(개미의 입장에서 보기에) 역시 죽여 없앤다.

진딧물은 놀랍도록 효율적으로 새끼들을 생산한다. 진딧물 한 마리가 한 철 동안 수천 마리의 새끼를 낳을 수 있다. 암컷 진딧물, 즉 간모stem mother(월동한 진딧물 알이 봄에 부화하여 생긴 성충 — 옮긴이)들은 겨울 동안 보호하고 있던 알들을 봄에 낳는다(암컷 진딧물만이 알을 낳을 수 있다). 이들은 즉시 더 많은 진딧물을 낳을 수 있다. 이미 몸 안에 암컷 새끼를 갖고 있기 때문에 짝을 찾기 위해 기다리지도 않는다. 그리고 이 새끼들 역시 몸 안에 암컷 새끼를 갖고 있다. 그래서 간모는 봄에 나올 때 이미 할머니인 셈이다. 새끼가 성숙하면 이들은 살아 있는 상태로 태어난다(모체 발아). 그리고 이들 역시 처녀생식으로 더 많은 암컷 진드기들을 계속해서 생산한다(여기까지는 수컷이 필요치 않다). 곧 간모의 새끼들이 수두룩하게 많아져서 장미덤불에서 이파리 여러 개를 뒤덮을 정도가 된다. 늦봄이 되어서야 수컷이 일부 태어난다. 이들은 암컷과 짝을 짓고, 그렇게 되면 암컷들은 살아 있는 새끼를 낳던 것을 멈추고 겨울을 버텨 내년에 수천 마리의 진딧물을 생산할 간모가 될 알을 낳기 시작한다.

암컷을 낳다가 수컷을 낳는 이런 변화는 인간의 성별이 두 종의 염색체(X와 Y)로 결정되는 것과는 다르게 진딧물의 성별은 한 개의 염색체(X)로 결정되기 때문이다. 암컷 진딧물은 X 염색체가 두 개이고, 수컷은 하나뿐이다. 그래서 늦봄에 수컷을 낳도록 바뀌는 것은 그저 X 염색체 한 개가 처녀생식 과정에서 떨어져나가면 된다.

진딧물의 놀라운 다산 능력은 열 개의 필수 아미노산을 충분히 공급받느냐에 달려 있고, 이는 모든 진딧물(그리고 다른 수액을 먹는 곤충들이)이 가진 세포 내 공생 미생물에게 달려 있다. 진딧물 안에 있는 박테리오사이트bacteriocyte라는 특별한 세포가 세포 내 미생물이나 최소한 박테리아처럼 보이는 구조를 갖고 있다는 사실은 이미 잘 알려져 있다. 이 박테리아 같은 형태의 역할은 밝혀지지 않았고, 이들은 실험실에서 배양할 수도 없다. 하지만 진딧물의 음식에 박테리아를 죽이는 항생제를 섞으면 이들이 사라지는 걸로 봐서 거의 확실하게 박테리아일 것이다. 항생제가 진딧물의 박테리아성 감염을 치료해주기는 하지만, 이로 인해 진딧물에게 도움이 되는 것 같지는 않다. 오히려 점차 약해지다가 결국에는 죽기 때문이다.

하지만 항생제를 처방한 진딧물에게 열 개의 필수 아미노산이 든 가공식을 먹이면 계속 살 수 있다. 이 사실은 진딧물에게 필요한 아미노산을 생산하는 것이 박테리아의 핵심 역할이라는 강력한 증거가 된다. 박테리아의 유전자를 분석하자 이 조그만 세포 내 공생자들이 진딧물에게 어떻게 양분을 공급하는지가 명확해졌다. 박테리아는 아미노산만을 공급하고 그 외에는 거의 아무것도 하지 않는 놀라운 능력을 갖도록 진화했다. 예를 들어 열 개의 필수 아미노산 중 하나가 트립토판tryptophan이다. 박테리아의 DNA에는 트립토판의 생합성을 인코딩한 유전자 열여섯 세트가 있지만, 독립생활을 하는 생명체에서는 한 세트만 있으면 충분하다. 나머지 유전자들은 박테리아가 진딧물에게 양분을 공급하게 해준다. 그래서 박테리아와 진딧물은 흥미로운 영양학적 상호 공생관계를 이룬다. 진딧물은 박테리아에게 거처와 식물 수액이라는 음식을 공급하고, 박테리아는 진딧물에게 필수 아미노산을 공급한다. 이 박테리아는 진딧물의 세포 안에서 살기 때문에 세포 내 공생자endosymbiont라고도 불리는데, 이들은 새끼나 알을 통해 다음 세대로 전달되는 진딧물의 중요한 일부분이다.

박테리아의 DNA 염기 서열 역시 그 혈통을 보여준다. 이것은 정말로 박테리아이다. 진딧물에서 발견되는 스키자피스 그라미넘 *Schizaphis graminum*, 지금은 부크네라 아피디콜라*Buchnera aphidicola*라고 불리는 특정 박테리아는 대장균과 대단히 가까운 친족관계이다. 부크네라 아피디콜라는 몸을 지키기 좋은 환경에 사는 바람에 필요치 않은 많은 기능을 상실했다. 이들의 유전자 크기는 염기쌍 400만 개에서 현재의 6만 5,000개로 감소했고, 그러면서 독립생활을 하는 능력을 잃었다. 예를 들어 이들은 진딧물이 스스로 만들 수 있는 종류의 아미노산을 더 이상 만들지 못한다. 대신에 진딧물이 만들지 못하기에 꼭 흡수해야만 하는 열 개의 아미노산을 만드는 데 자신의 합성 능력을 모두 쏟아붓는다.

부크네라와 진딧물 간의 친밀한 세포 내 공생관계는 선조 부크네라가 선조 진딧물에 감염되어 진딧물이 수액만 먹고 살 수 있도록 만들었던 1억 5,000만 년에서 2억 5,000만 년 전부터 시작되었을 것이다. 그 뒤로 박테리아와 곤충은 상호 진화해왔다. 지금은 4,000종이 넘는 진딧물이 있으며 이들 모두가 세포 내 공생을 한다. 이런 상호 의존성 진화의 확실한 증거는 진딧물의 계보도와 이들의 세포 내 공생 박테리아를 비교하면 알 수 있다. (이들의 RNA 서열은 대단히 유사하다.) 이것은 선조 진딧물이 선조 공생자를 처음 사로잡았던 순간부터 박테리아와 진딧물이 함께 진화해왔음을 보여주는 확고한 증거이다. 진딧물도 그 공생자도 혼자서는 살 수가 없다.

포도 농가가 두려워하는 4,000종의 진딧물 중 하나인 필록세라 *Phylloxera*, '식물 기생충 plant louse'은 와인 포도(비티스 비니페라 *Vitis vinifera*)의 뿌리를 공격하여 죽인다. 20세기 초 (북아메리카에서 전해진) 필록세라는 유럽산 뿌리에서 자라는 유럽과 북아메리카의 와인 포도(유럽산)를 전멸시켰다. 이제 거의 모든 와인 포도는 천성적으로 필록세라에 내성을 가진 미국산 포도 뿌리에서 자라난다.

물론 농부들과 원예가들이 잘 아는 것처럼 진딧물만이 자연계에 존재하는 유일한 수액 섭취 곤충은 아니다. 식물에게 환영받지 못하는 손님인 담배가루이, 벚나무깍지벌레, 나무이 같은 다른 벌레들도 있다. 이런 곤충들의 선조는 진딧물의 선조와 똑같은 영양학적 문제에 맞닥뜨렸다. 먹이로는 영양을 충분히 공급받지 못하기 때문에 세포 내에 박테리아를 살게 해야 했던 것이다. 그래서 수액을 먹는 곤충들은 모두 미생물을 관찰하기에 적합하다.

특정한 대사활동을 하는 내부 공생 박테리아를 얻는 방법은 진핵세포 생물에게는 별로 새로운 방법도 아니다. 이들 모두의 최초 선조는 자신과 인간을 포함한 그 후손들의 유기호흡을 위해 박테리아를 획득했다. 이런 내부 공생은 모든 진핵세포의 호흡을 담당하는 세포 내 소기관인 미토콘드리아mitochondria로 진화했다. 모든 광합성 진핵생물(식물, 조류, 광합성 원생생물)의 최초 선조들은 광합성으로 식량을 생산할 수 있는 박테리아(남세균)를 습득했다. 이처럼 대단히 진화된 내부 공생까지 고려하면, 모든 진핵생물이나 식물, 동물, 원생생물은 미생물을 관찰할 대상이 된다.

우리가 아는 한 진핵세포 생물이 스스로 할 수 없는 대사활동을 수행하기 위해서 미생물 내부 공생을 이용하는 분야는 유기호흡, 산소 생산 광합성, 그리고 필수 아미노산 합성으로만 제한된다. 어떤 사람들은 아직까지 발견하지 못한 대사활동이 더 있지 않을까 생각하기도 한다. 질소고정이나 여러 가지 무기호흡의 형태를 포함해 그럴듯한 후보들은 많이 있다. 내가 말한 것처럼 진딧물이 내부 공생하는 질소고정 박테리아를 획득했다면 이렇게 많은 꿀물을 생산할 필요가 없었을 것이다. 물론 개미와 식물에 붙어 사는 흑효모에게는 안 좋은 일이었으리라. 하지만 미생물의 잠재력은 아직도 한참 많이 남아 있다.

05

질소를 순환시키는 미생물

**MARCH OF
THE MICROBES**

"

탄소, 산소, 황, 인 등의 다른 생체원소들도
자연계에서 비슷한 순환 과정을 거친다.
이들도 생명체에 필수적이다.
이 모든 '물질의 순환'은 지구의 생태계를 공고하게 지키는
미생물의 수많은 중대한 역할을 보여주는 본보기이다.

"

우리는 생명이 살아갈 수 있도록 지구의 화학물질을 유지해주는 미생물의 다양한 역할에 대해 이야기하고 있다. 그중 하나가 지구상에서 복잡하게 어울려 사는 다양한 생명체들에게 반드시 필요한, 질소가 든 영양분을 공급하는 것이다. 앞으로 몇 개의 사례에서 우리는 이 화학물질의 공급 네트워크를 추적하고, 이것이 대기 중에 기체 질소 형태로 존재하는 지구상의 광대한 질소 자원을 빼냈다 되돌리는 순환 작용임을 확인해볼 것이다. 이 화학물질 네트워크를 우리는 질소 순환이라 하고, 순환 과정의 대부분은 미생물이 작동시킨다. 이 광대하고 복잡하게 얽혀 있는 질소의 전 세계적인 흐름을 스위트피 뿌리에서부터 가볍게 관찰해보겠다.

스위트피 뿌리를 뚫고 들어가는 방문자

땅에서 스위트피sweet pea(혹은 다른 콩과 식물)를 뽑아 뿌리에 붙어 있는 흙을 신중하게 털어내면 뿌리에 수십 개의 작고(지름 0.3센티미터 정도) 동그란 혹이 돋아 있는 것을 볼 수 있다. 하나를 칼로 자르거나 짜면 그 안에서 붉은 즙이 나오는데, 이것이 미생물이 있다는 증거다. 이 즙은 인간을 비롯한 포유동물의 적혈구 세포에 들어 있는 빨간색 물질과 밀접한 헤모글로빈hemoglobin이 들어 있기 때문에 실제로 피 같은 빨간색을 띤다. 가끔 우리와 미생물의 친족관계를 부인하기가 어려울 정도다. 스위트피 식물들은 적절한 박테리아가 없는 흙에서 자라는 것들을 제외하면 거의 모든 뿌리에 이런 혹이 있다. 사실 스위트피만큼 작은 것부터 나무처럼 큰 것에 이르기까지 콩과 식물leguminous plant의 대부분에 이런 혹이 있다. 콩과 식물은 테 없는 모자(보닛bonnet) 모양의 꽃 때문에 알아보기가 쉽다. 텍사스 사람들은 콩과 식물을 '파란 모자blue bonnet'라고 부른다. 뿌리의 결절은 '뿌리혹root nodule'이라고 알려져 있고, 여기에는 박테리아 세포가 빼곡하게 들어 있다.

콩과 식물은 아주 잘 자라고 그 양도 많다. 지금까지 알려진 종도 1만 3,000여 개쯤 된다. 콩과 더불어 강낭콩, 대두, 알팔파, 토끼풀, 살갈퀴, 땅콩, 아카시아, 심지어 칡 등 많은 표본들이 있다. 이들 대부분 뿌리에 비슷한 혹이 있기 때문이다. 뿌리의 크기도, 모양도 다양하다. 어떤 종의 뿌리혹은 원형이고, 다른 종에서는 원통형일 수도 있다.

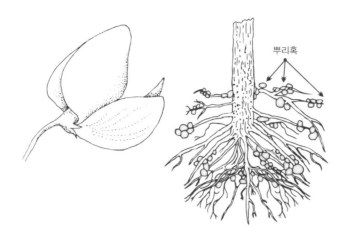

• 콩과 식물의 뿌리혹과 꽃 •

이 구조는 대단히 흉측하게 보이지만, 이들의 영향력은 이들을 달고 있는 콩과 식물을 넘어선다. 뿌리혹은 지구의 생태에 큰 영향을 미친다. 그 안에 있는 박테리아 세포들이 기체 질소(N_2)를 고정형(비기체)인 암모니아 이온(NH_4^+)으로 바꾸는 질소고정을 하기 때문이다. 고정된 질소는 이 혹에서 빠져나와 생명체의 복잡하게 연결된 화학물질 통로를 타고 다른 모든 형태의 고정 질소가 된다. 단백질, 세포막 구성 물질, DNA, RNA 같은 모든 생명체의 필수 요소 대부분에 질소가 들어 있기 때문에, 생명체에는 고정 질소 공급원이 있어야 한다. 이런 유기체 안에 있는 여러 형태의 질소들은 한때 대기 중의 기체 질소였다.

지구상에는 동물이 식물이나 동물 사체의 미생물 덩어리를 먹을 때 얻는 것처럼 한 생명체에서 다른 생명체로 끊임없이 고정 질소가 전달되는 안정적인 자원이 존재하지 않는다. 왜냐하면 일부 고정 질소는 (특정 미생물에 의해 독점적으로) 계속해서 기체 질소로 바뀌어 다시 대기 중으로 돌아가기 때문이다. 후에 이야기할 폐수 처리 공장의 생성물에서 이런 생성자들을 보게 될 것이다. 그러니까 기체 질소를 고정 형태로 끊임없이 보내주지 않으면 모든 생명체는 조만간 종말을 맞이할 것이다. 뿌리혹만이 질소를 고정시키는 것은 아니지만, 이들은 질소를 기체에서 고정형으로 만드는 자연계의 구성요소 중 큰 몫을 차지하고 있다. 나머지 거의 모든 자연계 질소의 흐름은 독립 미생물과 식물이나 흰개미 같은 동물과 공생하는 다른 미생물들의 역할이다. 미생물 중 대표적인 원핵생물, 주로 박테리아와 몇몇 고세균들은 질소를 고정시킬 수 있는 유일한 생명체이다.

벼락이나 자외선 복사, 화재 같은 천재지변 때문에 일어나는 자발적 화학반응으로 생기는 아주 적은 양의 고정 질소를 제외하면, 20세기까지 지구상에서 모든 고정 질소를 공급하는 것은 자연계에서 미생물의 역할이었다. 내연기관을 비롯한 고온의 공정 같은 인간의 행위 역시 질소를 일부 고정시키는 데 기여한다. 하지만 1908년 독일의 화학자 프리츠 하버Fritz Haber가 질소와 수소 기체를 암모니아 형태로 고정시키는 화학 공정을 개발하면서 엄청난 변화가 일어났다. 제1차 세계대전 동안 산업적으로 질소를 생산하기 시작한 것이다. 이제 하버법Haber process 및 그와 관련된 산업적 방법을 통한 고정 질소의 생산이 세계 질소 공급의 절반을 도맡고 있다.

의심의 여지없이 하버법은 인류의 복지에 큰 공헌을 세웠다. 하버법으로 다량의 질소 비료를 공급할 수 있게 되었고, 이 비료 덕분에 작물 생산량이 증가하지 않았다면 녹색혁명과 이로 인한 기아 예방은 불가능했을 것이다. 물론 단점도 있다. 하버법은 많은 에너지를 사용하기 때문에 (주로 천연가스 형태로) 부수적인 이산화탄소의 생산과 땅의 지나친 비옥화라는 생태학적 문제를 야기했다. 예를 들어 체서피크 만에서 후자의 영향을 볼 수 있다. 비료에 든 과량의 질소와 인이 주로 농경지에서 만으로 흘러나와서 조류를 과잉 번식시켰고('녹조현상'), 이로 인해 바닷속의 해초들이 햇빛을 받지 못하게 되었다. 그 결과 산소가 부족해져 물고기와 식물을 포함한 해양생물들이 죽어갔다. 만은 빠르게 해양 사막이 됨으로써 하버법의 큰 희생자가 되었다.

뿌리혹을 형성하는 박테리아는 모두 굉장히 가까운 친족관계 중 하나이다(리조비움*Rhizobium*, 브라디리조비움*Bradyrhizobium*, 아조리조비움 *Azorhizobium*, 시노리조비움*Sinorhizobium*). 겉보기에 평범한 막대 모양인 이 박테리아들은 토양에서 살며 실험실에서도 쉽게 배양할 수 있다. 이들은 공생할 상대를 정할 때 대단히 신중하다. 특정 종만이, 실제로는 특정 종의 특정 균주만이 특정 식물에 혹을 만들 수 있다. 그리고 혹을 형성하는 것뿐만 아니라 적합성의 문제도 아주 까다롭다. 하나의 콩과 식물에서 굉장히 생산적인 혹을 형성하는 어떤 균주가 다른 식물에서는 별로 생산성이 좋지 않은 혹을 형성할 때도 있다. 이런 이유 때문에 현대 농경학에서는 식물에 미생물을 주입할 때 최적의 상태로 만들기 위해서 노력한다. 상업용으로 다량 배양한 리조비아rhizobia에서 선택된 순수배양 균주를 적합한 식물 파트너의 씨앗에 묻히거나 혹은 삽목시 토양에 액체 배양액을 주입하는 방식으로 감염 시킨다.

그리고 나면 박테리아 세포와 식물은 뿌리혹을 형성하고 질소를 고 정시키기 위해 아주 복잡하고 진화적으로 구성된 의식에 따라 서로 를 자극한다. 이 춤은 자라나는 콩과 식물의 뿌리가 박테리아 유인물 질(플라보노이드flavonoid)을 토양에 방출하는 것으로 시작된다. 가까이 에 있는 뿌리혹 박테리아 세포들은 이 화학적 신호가 아무리 적더라 도 알아채고 그 출처인 뿌리 쪽으로 다가간다. 뿌리에 도착하면 그들 은 뿌리털(뿌리에서 나온 영양분을 끌어들이기 위한 단일세포체)에 달라붙 는다. 뿌리털은 박테리아가 도착한 것에 반응하여 끝부분을 오므리고 박테리아 세포를 뿌리털에서 안쪽의 식물 조직까지 이끌어주는 '감염 사infection thread'라는 환영 경로를 열어주라는 화학 신호를 보낸다. 식물 조직에 도착하면 박테리아는 증식하면서 식물에 뿌리혹을 만들 라는 자극을 보낸다.

혹 안에서 박테리아 세포는 완전히 변화해서 박테로이드bacteroid라 는 질소고정 기계가 된다. 박테로이드는 뿌리로 들어온 박테리아 세포 와 형태적으로나 대사적으로도 여러 가지가 다르다. 이들은 훨씬 두껍 고 가지가 있고 분리 증식하는 능력을 포함하여 일반적인 박테리아의 여러 기능이 없다. 이들은 오로지 질소를 고정시키는 데에만 전념한다.

식물 역시 그들의 공통 임무에 핵심적인 기여를 한다. 식물은 훨씬 많은 에너지를 집어먹는 질소고정에 필요한 대사 에너지를 생성하기

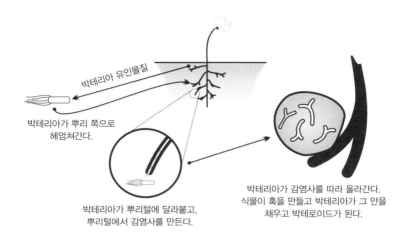

박테리아 유인물질

박테리아가 뿌리 쪽으로
헤엄쳐간다.

박테리아가 뿌리털에 달라붙고,
뿌리털에서 감염사를 만든다.

박테리아가 감염사를 따라 올라간다.
식물이 혹을 만들고 박테리아가 그 안을
채우고 박테로이드가 된다.

• 혹을 만들고 질소를 고정시키는 반응 경로 •

위해 박테로이드가 대사할 탄수화물을 공급한다. 그리고 이 과정에
는 사실상 놀랄 만큼 많은 에너지가 투입된다. 기체 질소 분자 하나를
암모니아로 환원시키는 데에는 에너지 단위인 ATP 분자가 20개에서
30개 필요하다. 이 에너지 중 아주 소량만이 반응 자체를 수행하는 데
필요하고, 대부분의 에너지는 활성이 굉장히 떨어지는 기체 질소를
반응 가능한 것으로 활성화시키는 데 사용된다.

식물은 또한 혹 안에 있는 까다로운 리조비아 박테로이드rhizobial
bacteroids에 산소를 공급하는 섬세한 일 역시 담당한다. 이들은 알맞
은 농도의 산소만을 요구한다. 리조비아는 호기성 균이라 호기성 세
포호흡으로 살아가기 때문에 질소를 고정시키는 데 필요한 다량의
대사 에너지를 생성하려면 산소가 풍부해야 한다. 하지만 산소가 너

무 많으면 오히려 문제가 된다. 질소고정 반응을 담당하는 효소 니트로게나아제nitrogenase가 산소에 굉장히 예민하기 때문이다. 이 효소는 기체의 농도가 낮을 때에는 빠르게 비활성화된다. 그래서 산소 농도가 너무 높거나 낮으면 질소고정이 중단된다. 식물이 만들어내고 혹에 특징적인 빨간색을 띠게 만드는 헤모글로빈(레그헤모글로빈 *leghemoglobin*)은 박테로이드가 ATP를 생산할 수 있을 정도로 산소 농도가 높으면서도 니트로게나아제가 파괴되지 않을 만큼 낮은 농도로 그 범위를 한정하여 혹 안의 산소 농도를 유지하는 이 까다로운 임무를 성공적으로 수행한다. 식물은 레그헤모글로빈을 박테로이드에 필요한 양만큼만 만든다. 농부들은 오래전부터 혹 안의 내용물이 붉을수록 작물이 더 잘 자란다는 사실을 알고 있었다.

대체로 성장철이 끝날 즈음이 되면 혹이 분해되어 그 내용물이 토양으로 쏟아진다. 박테로이드는 식물의 지속적인 관심이 없으면 살 수 없다. 이들은 혹과 함께 죽지만, 모든 혹에는 언젠가 박테로이드로 자랄 수 있는 막대형의 영양세포가 동면하고 있다. 이들은 땅에 쏟아지면 거기서 증식하여 아마도 내년쯤 적당한 식물 숙주가 소환 신호를 보내면 응답할 수 있는 군집을 형성한다.

리조비아의 '토양-식물-토양'이라는 생애 주기는 확실하게 밝혀져 있지만, 인간의 도움으로 더 번성할 수도 있다. 원래 콩과 식물이 자라는 토양에는 박테리아가 한 종만 있는 것이 아니고, 우리가 앞에서 봤듯이 박테리아와 식물의 공생관계는 대단히 진화되어서 지극히 한정된 숫자의 리조비아 균주만이 특정 식물에서 효과적인 질소고정

장치로 사용될 수 있다. 그래서 씨앗에 묻히거나 삽목시 배양액을 토양에 주입하는 방식으로 특정 작물에 선택된 리조비아 균주를 도입하는 농경법이 널리 퍼진 것이다.

콩과 식물이 더 많은 작물을 생산하게 만드는 방법은 최근에 개발된 것이 아니다. 로마인들은 양분을 빨아먹는 곡물과 토양을 비옥하게 만드는 콩과 식물을 번갈아 심는 것이 좋다는 사실을 알고 있었다. 물론 오늘날까지 많은 곳에서 이루어지고 있는 이런 현명한 농사법에 깔려 있는 과학적인 이론에 대해서는 19세기 후반까지는 밝혀지지 않았다. 1886년에 두 명의 독일인 농경화학자 헤르만 헬리겔Hermann Hellriegel과 헤르만 빌파스Hermann Wilfarth가 콩과 식물을 기르는 것이 토양에 질소를 더해준다는 확실한 증거를 제시했다.

콩과 식물의 뿌리혹에 있는 리조비아는 지구상의 주요한 고정 질소 공급자이지만, 이들만이 식물과 질소를 고정시키는 동반관계를 형성하는 미생물은 아니다. 브라디리조비움 속의 몇몇 리조비아도 습한 열대 숲에 있는 파라스포니아Parasponia 속屬의 나무 같은 다른 식물들과 질소고정에 있어 공생관계를 형성한다. 리조비아를 제외하고 다른 박테리아 중에도 식물과 공생하여 질소를 고정시키는 것이 있다. 프란키아Frankia 속의 박테리아도 오리나무 속과 아름다운 파란색 관목류인 케아노투스Ceanothus 속을 포함한 200여 종의 식물들과 질소고정 공생관계를 맺는다. 프란키아가 오리나무에 만드는 뿌리혹은 여러 개의 돌출부가 있으며 사람 주먹만큼 크고 대단히 정교하다. 케아노투스에 생기는 혹은 콩과 식물에 있는 것보다 훨씬 작고 잘 보이지 않는다. 이 혹은 0.6센티미터 정도의 길이에 너비는 0.8센티미터 정도이다.

또 다른 박테리아인 아세토박터 디아조트로피쿠스*Acetobacter dia-zotrhphicus*는 사탕수수 줄기에 달라붙어 4,000제곱미터당 약 70킬로그램가량의 질소를 고정시키는 생산적인 관계를 이룬다. 뒤에서 이야기하겠지만 산소를 생성하는 광영양생물인 특정 남세균도 질소를 고정시키는 공생관계를 맺는다.

독립생활 상태에서 완벽하게 혼자서 질소를 고정시킬 수 있는 박테리아들도 있다. 그중 하나인 클로스트리디움 파스토리아눔*Clostridium pastorianum*은 혐기성이기 때문에 니트로게나아제가 산소에 미치는 파괴적인 힘에 영향을 받지 않는다. 하지만 다른 박테리아종인 아조토박터*Azotobacter*는 확실한 호기성 균들로 이루어져 있다. 이들은 유기호흡을 통해서 대사 에너지를 생성하기 때문에 산소 공급량에 크게 의존하고 있다. 이들은 자신들의 니트로게나아제를 흥미롭고 예상할 수 없는 방식으로 보호한다. 세포 표면에서 산소를 빠르게 소모해서 니트로게나아제가 위치한 세포 안쪽을 무산소 상태로 유지하는 것이다. 그리고 산소가 없는 흰개미의 장腸에 사는 고세균은 질소를 필요로 하는 흰개미의 욕구를 채워준다.

산업적 질소고정법이 농경과 환경에 엄청난 영향을 미쳤지만, 지구의 생태학적 건강 상태와 다양성은 여러 가지 이유로 완전히 생물학적 방법에 의존하고 있다. 그리고 생물학적 질소고정은 미생물의 독점 영역이며 좀더 정확하게는 원핵생물(박테리아와 고세균)만의 영역이다. 그 이유가 궁금한 사람도 있을 것이다. 정확한 답은 모른다. 그저 그들만이 할 수 있다는 것만 알 뿐이다.

대기에서 식물과 동물로 들어갔다가 다시 대기로 나오는 질소의 흐름이 순환 과정이라는 이야기는 앞서 했다. 사실 이 흐름은 좀더 복잡해서 여러 개의 사이클로 이루어져 있다. 전체적으로 보자면 이런 순환은 질소 순환계를 이룬다. 질소고정뿐만 아니라 사이클의 세 가지 주요 과정인 암모니아에서 아질산염으로, 아질산염에서 질산염으로, 그리고 기체 상태의 질소로 고정되는 과정 모두 원핵 미생물에 의존하고 있다. 이 사이클은 중간 어딘가에 구멍이 생기면 멈추게 된다. 이 책 전체에서 이 과정과 계속해서 마주칠 것이다.

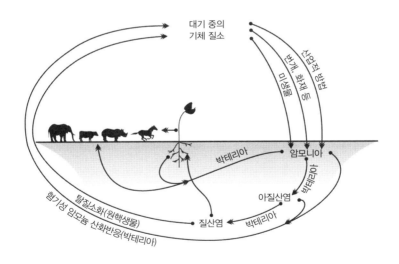

• 질소의 순환 •

질소를 순환시키는 미생물

탄소, 산소, 황, 인 등의 다른 생체원소들도 자연계에서 비슷한 순환 과정을 거친다. 이들도 생명체에 필수적이다. 이 모든 '물질의 순환'은 지구의 생태계를 공고하게 지키는 미생물의 수많은 중대한 역할을 보여주는 본보기이다.

스위트피 뿌리의 눈에 띄지 않는 혹은 모든 생명체가 의존하고 있는 미생물의 물질 전환을 보여주는 작지만 중대한 표본이다. 다음으로는 미생물과 식물이 질소를 고정시키는 완전히 다른 공생관계를 살펴보겠다.

검푸른 우산이끼 군집

자연에서 물이 뚝뚝 떨어지는 길가의 제방이나 개울가의 나무둥치처럼 축축한 장소를 잘 관찰하면 우산이끼나 붕어마름 등을 발견할 수 있을 것이다. 그리고 이들을 자세히 관찰하면 작고(지름 1밀리미터 정도) 검푸른 부분을 발견할 수 있다. 이 부분은 식물을 위해 질소를 고정시키는 공생관계에 있는 남세균('남조류'라고 불리던) 덩어리이다. 이제 이들이 어떻게 여기에 왔으며, 어떻게 식물에 도움이 되는 질소 고정을 하는지에 관한 흥미진진한 이야기를 들려줄 것이다.

우선 뿔이끼hornwort와 우산이끼liverwort의 이름 유래에 관한 식물학 공부를 약간 하는 것이 도움이 될 것이다. 'wort'라는 단어는 고대 영어에서 '식물plant'라는 뜻을 가진 단어이다. 'liver(간)'이라는 단어

의 의미는 이 식물의 모양을 이야기하는 것이고 간의 통증을 완화시
켜준다는 의미도 담겨 있다. 'horn(뿔)'은 우산이끼와 비슷하게 이 식
물의 몸통에서 튀어나온 연장 부분을 묘사하는 것이다. 축축한 곳에
사는 이 작은 생명체는 선태류bryophytes로 '이끼 식물'을 뜻한다. 이
들은 비관다발 식물로 몸통 이쪽에서 저쪽으로 물과 영양분을 운반할
체관과 수관이 없으며 뿌리, 줄기, 잎, 꽃을 구분할 수 없다. 이들은
이파리 표면에 흔히 있는 증발 방지층(각피cuticle)이 없어 축축한 장소
에서만 살 수 있다. 몇몇은 완전히 수상식물이다. 생애 주기를 보면,
뿔이끼는 서로 거의 닮지 않은 두 개의 형태로 번갈아 살아간다. 하나
는 염색체가 한 세트이고(반수체haploid) 다른 하나는 두 세트(두배수체
diploid)이다. 뿔이끼의 반수체(배우체gametophyte라고 한다) 형태는 간처
럼 생긴 갈라진 돌출부가 있는 1인치 정도 크기의 평평한 초록색 식

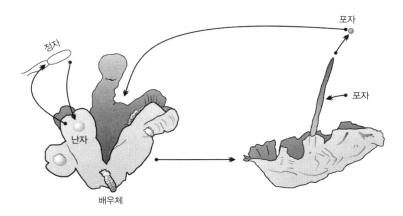

• 뿔이끼의 생애주기 •

물이다. 이 식물은 생식체(우리의 정자와 난자에 해당하는 것)를 생성하고 결합시켜 배우체에서 수직으로 튀어나온 뿔 모양 돌기인 두배수체(포자체*sporophyte*)로 발달시킨다. 여기에서 뿔이끼라는 이름을 얻게 된 것이다.

배우체 아래쪽 끄트머리의 작은 초록색 부분, 남세균 세포가 가득한 식물의 조그만 주머니 부분은 맨눈으로도 볼 수 있지만 돋보기가 있으면 도움이 될 것이다. 이 남세균은 대체로 노스토크 푼크티포르메*Nostoc punctiforme*이다.

대부분의 경우 원핵생물은 대부분의 진핵생물처럼 여러 가지 형태를 취하지 않는다. 하지만 노스토크 푼크티포르메는 유명한 예외이다. 이 박테리아는 여러 가지 다양한 형태를 취하는 놀라운 능력을 쌓아왔다. 이 부분에 있어서는 아마 원핵생물계에서 최고일 것이다. 노스토크 푼크티포르메는 자연계에서 독립적으로 살고 있지만, 특정 식물을 찾아 밀접한 공생관계를 맺을 수도 있다.

풍부한 고정 질소가 있는 환경에서 혼자 자라면 노스토크 푼크티포르메는 긴 실 같은 사상체 세포들의 꼴로 존재하지만, 고정 질소 공급량이 제한되면 질소를 고정시킬 수 있는 상태로 분화된다. 물론 그 의미는 필수 효소인 니트로게나아제를 생산한다는 뜻이다. 하지만 또한 산소가 적은 곳에서는 산소에 예민한 효소를 사용할 수 있게 만들기 위해서 특정 부분의 형태와 모양을 바꾼다. 그리고 이것은 산소를 생성하는 광영양생물 남세균에게는 특별한 문제이다. 이들은 대기 중의 산소를 배제해야 할 뿐만 아니라 자신들이 생산하는 산소로부터도 니트로게나아제를 보호해야 한다. 노스토크 푼크티포르메는 다른 종의 남세균들이 겪는 문제에도 맞닥뜨린다. 세포 사슬에 주기적으로 나타나는 틈새에서 각각의 세포는 이질세포heterocyst라는 대단히 특수한 세포로 분화된다. 이 질소고정 공장에서 자신들이 만들어낸 것을 길쭉한 모양의 이웃 세포에 공급한다. 이질세포들만이 니트로게나아제를 만들 수 있고, 이들을 산소로부터 손상되지 않게 보호한다. 이 보호법은 바로 산소를 생성하는 광합성 도구의 일부(제2 광시스템photo system II)를 망가뜨리는 것이다. 그래서 이질세포에 있는 니트로게나아제는 내부에서 생성되는 산소로부터 보호된다. 하지만 노스토크 푼크티포르메는 일반적으로 대기 중의 산소에 노출되어 있다. 이들이 분화되면서 자신의 주위에 형성한 두꺼운 벽이 이 문제를 해결하는데, 외부 산소가 세포 안으로 들어오는 것을 막는 것이다. 그래서 이질세포 안에 있는 니트로게나아제가 무산소막 안에서 보호를 받으며 기능할 수 있는 것이다.

가끔 환경적 조건이 그저 질소가 모자란 것 이상으로 냉혹할 때도 있다. 노스토크 푼크티포르메는 이런 가혹한 환경을 또 다른 형태의 분화로 맞선다. 세포 일부가 더욱 커져서 더 두꺼운 벽을 형성하여 벙커 같은 상태가 되는 것이다. 이들은 부동포자akinete라는 대단히 내성이 강한 구조를 띤다. 일방적인 분화라서 다시 영양세포로 돌아갈 수 없는 이질세포와는 달리 부동포자는 알맞은 조건으로 돌아오면 다시 영양세포로 발달한다.

하지만 노스토크 푼크티포르메는 예컨대 뿌리끼 같은 식물의 화학

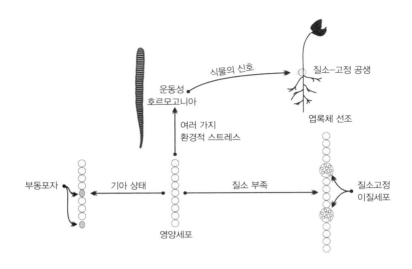

• 남세균 노스토크 푼크티포르메의 발달 과정 •

적 초청을 받았을 때 가장 복잡하고 세밀하게 분화하여 질소고정 상
호 공생관계를 이룬다. 질소가 부족한 환경은 식물이 공생을 통해 가
장 큰 이득을 얻을 수 있는 조건이다. 이런 환경에서 독립생활을 하는
노스토크 푼크티포르메의 사상체는 질소고정 이질세포들에게 고정된
다. 식물의 초대 신호는 사상체에서 이질세포와 영양세포의 결합을
깨뜨려 사상체에서 이질세포가 없는 조각을 다량으로 형성시킨다. 앞
으로의 할 일을 지시하듯이 이 조각들은 끝이 뾰족해지고 활주운동을
하게 된다(편모의 도움 없이 고체 표면을 움직이는 이 기능에 대해서는 아
직까지 별로 밝혀진 것이 없다). 이런 움직이는 조각들을 호르모고니아
*hormogonia*라 하고, 이들은 뿔이끼 안토케루스 푼크타투스*Anthocerus*

punctatus 같은 경우 작은 주머니에서 방출된 식물의 유인 신호를 향해 움직인다. 호르모고니아가 뿔이끼에 도착하면 주머니로 들어가서 계속 분화하여 질소고정 이질세포 덩어리가 된다. 어떤 면에서 노스토크 푼크티포르메와 안토케루스의 공생은 리조비아와 스위트피 같은 콩과 식물의 관계와 비슷하다. 식물이 탄수화물 양분을 공급하고 미생물이 고정 질소를 공급하는 것이다. 하지만 그 외의 면에서는 크게 다르다. 노스토크 푼크티포르메는 공생 상태에서 특별한 형태로 분화하지 않는다. 혼자 살 때와 공생할 때 똑같은 질소고정 형태를 보인다.

선태류만이 남세균과 질소고정 공생을 이루는 유일한 식물은 아니다. 소철류(원예가들이 대단히 높게 평가하는 '사고야자Sago palms'라고 불리는 야자수 같은 겉씨식물)와 군네라Gunnera 속에 속하는 초화류 식물, 그리고 물에 떠 있는 양치류 아졸라Azolla 등도 공생을 한다. 이런 남세균 결합 관계는 식물의 세계에서는 흔한 일이다. 이들 대부분은 굉장히 평범해 보인다. 식물 안에서 남세균 세포가 자라는 작은 주머니가 있을 뿐이다.

하지만 이들은 사실 굉장히 독특하다. 특정 식물들만이 남세균에게 공생할 거처를 제공한다. 이런 독특함은 공생을 형성하는 복잡한 과정을 고려하면 별로 놀라운 일이 아닐 수도 있다. 식물이 남세균을 유인하여 질소고정 기계로 만들기 위해 특수한 화학물질을 방출해야 하고, 남세균이 질소로 식물에게 양분을 공급하는 동안 탄수화물의 형태로 박테리아에 양분을 공급해야 하기 때문이다.

아졸라와 공생관계를 맺는 또 다른 남세균 아나바에나 아졸라

*Anabaena azolla*는 인간에게 가장 큰 영향력을 미치는 박테리아일 것이다. 아졸라는 위대한 초기 진화학자 장−밥티스트 라마르크가 이름을 붙인 것이다. 'azo'는 '건조하다'라는 뜻이고 'ollyo'는 '죽인다'라는 뜻이다. 이런 이름이 붙은 이유도 흥미롭다. 동남아시아, 특히 베트남에서는 아졸라를 연못에서 배양하여 벼를 심을 무렵 논에 뿌린다. 수확할 때가 되면 아졸라는 논 전체를 완전히 뒤덮어 잡초가 자라지 못하게 만든다. 그리고 토양에 4,000제곱미터당 약 10킬로그램의 질소를 넣는다. 벼농사를 짓는 농부들에게 나누어주기 위해 아졸라를 키우는 것은 11세기부터 베트남 일부 지역에서 누구나 쉽게 할 수 있는 일이었다. 1950년대에 이 기법이 전국으로 퍼지며 1960년대와 1970년대에 쌀 생산량을 증가시키는 데 큰 공헌을 했다. 아졸라 기법이 서구 세계까지 크게 퍼지지는 않았지만, 캘리포니아에서는 유기농 쌀을 생산하는 데 이용된다. 캘리포니아에서는 이것이 완전히 기계화되어 벼를 심기 전에 비행기로 아졸라를 살포한다.

미생물이 질소를 어떻게 고정시키든 그 후에 이것은 식물이 쉽게 이용할 수 있는 형태로 전환된다. 고정 질소는 곧 식물을 섭취한 동물에게로 옮겨간다. 그리고 식물과 동물이 죽어서 부패하면 질소는 마침내 다시 대기로 돌아간다. 우리는 이제 질소가 특정 원생동물에 의해 고정되고 나면 미생물을 통해 어떤 식으로 여행하게 되는지를 살펴볼 것이다. 제일 먼저 볼 것은 바로 퇴비이다.

퇴비

　퇴비는 수많은 미생물들에게 거처를 제공한다. 우리는 이미 퇴비에 사는 수많은 거주자들을 보았다. 소의 반추위에 있는 것 같은 섬유소 분해 박테리아들은 퇴비 내의 밀짚을 공격하고, 발효 미생물은 섬유소 분해 박테리아가 방출한 당분 일부를 이용한다. 그리고 고세균들은 이웃이 남긴 것들로부터 메탄을 생성한다. 하지만 다른 냄새도 맡을 수 있다. 퇴비에 소변이 더해지면 암모니아의 독특한 냄새가 훨씬 강렬해지며 우리가 아직까지 맞닥뜨리지 못한 질소 순환의 접점이 있음을 알려준다.

　우리가 냄새를 맡을 수 있는 암모니아는 여러 종류의 미생물이 질소를 함유한 유기 화합물을 양분으로 사용할 때 방출된 것이다. 이 과정을 암모니아 생성ammonification이라고 한다. 퇴비에서 나온 암모니아에는 미생물에겐 필요없는 과량의 질소가 함유되어 있다. 퇴비에 더해진 소변에는 암모니아를 다량 함유한 요소urea가 상당량 들어 있기 때문에 암모니아 방출을 증가시킨다. 우레아제urease(요소분해효소)를 생산하는 미생물은 헬리코박터 파이로리Helicobacter pylori가 우리 위에서 하는 것처럼 이 악취 나는 기체를 방출시킨다. 사실 요소($(NH_2)_2-C=O$)는 단지 암모니아와 이산화탄소의 화학적 접합체일 뿐이며, 우레아제가 물을 조금만 가하면 분해된다.

　퇴비 더미에 정기적으로 공기를 주입하면 퇴비에서 암모니아는 적게 방출된다. 대부분의 암모니아가 질화되기 때문이다. 두 번의 미생물 매개 변화를 통해서 암모니아는 아질산염(NO_2^-)을 거쳐 질산염(NO_3^-)이 된다. 이 2단계 변화를 수행하는 두 미생물 집단은 비슷하다. 둘 다 무기 화합물에서 유기호흡을 통해 대사 에너지를 얻는 가까운 친족관계이다. 하지만 이들은 퇴비 내의 각기 다른 화합물을 공격한다. 니트로스피라*Nitrospira*로 대표할 수 있는 한쪽 집단인 암모니아 산화 박테리아ammonia-oxidizing bacteria(AOB)는 우리가 퇴비에서 냄새를 맡을 수 있는 암모니아를 산화시켜 아질산염으로 만든다. 다른 집단인 아질산염 산화 박테리아nitrite-oxidizing bacteria(NOB)는 니트로박터*Nitrobacter*로 대표되며 암모니아 산화제가 생성한 아질산염을 호흡을 통해 다시 산화시켜 질산염으로 만든다. 두 미생물은 힘을 합쳐 질산염화nitrification라고 부르는 공정을 통해 암모니아를 질산염으로 전환시킨다. 그래서 이들은 암모니아를 소비하여 퇴비와 지구상의 다른 곳에서 질소 순환의 과정 절반을 완료시킨다. 다른 유기체들은 이런 변화를 일으킬 수가 없다. 그래서 이 질화 박테리아 둘 중 하나만 없어도 지구상의 질소 순환은 일어나지 않을 것이고, 다른 모든 유기체들도 존재할 수 없을 것이다.

독특하고 대단히 특별한 이 암모니아 산화 박테리아와 아질산염 산화 박테리아는 자연계에서도 친밀하게 협력한다. 이들은 수천 개의 세포 군집을 이루고 함께 산다. 이 군집은 각각의 박테리아 세포가 거의 같은 숫자만큼 존재한다. 니트로스피라 세포들이 군집의 중앙부를 이루고, 표면은 니트로박터가 둘러싸고 있다. 아마도 암모니아는 군집 중앙부로 투입되고 질산염이 방출될 것이다. 이 두 집단의 세포들이 서로 달라붙어 있는 이유는 명확하지 않지만, 이렇게 친밀하게 모여 대사 과정을 협력하는 것은 자연계에 아질산염이 대단히 적게 존재하는 반면 질산염은 꽤 많기 때문으로 보인다.

두 집단이 극단적으로 대사 작용에 특화되어 있는 이유 역시 분명치 않다. 어느 쪽의 대사 과정도 더 많은 에너지를 만들어내지 않는다. 이산화탄소 분자 하나를 대사산물 전구체로 전환시키기 위한 대사 에너지를 얻으려면 암모니아 산화 박테리아가 암모니아 분자 25개를 산화시켜야 한다. 아질산염 산화 박테리아는 이 임무를 수행하기 위해 아질산염 분자 80개를 산화시켜야 한다. 게다가 암모니아 산화 박테리아는 자신의 대사 최종 산물인 아질산염에 의해 억제된다. 그래서 이들은 자연계에서 가까이 있는 아질산염 산화 박테리아가 이것을 사용해주기만을 기다려야 한다. 왜 암모니아를 산화시킬 수 있는 유기체가 아예 질산염까지 만들 수 있도록 진화되지 않은 것인지 궁금할지도 모르겠다. 그러면 에너지도 훨씬 더 절약할 수 있고 독립생활을 할 수도 있었을 텐데 말이다. 하지만 이것은 미생물을 관찰하며 생기는 더 큰 질문 중 하나일 뿐이다.

질화 박테리아 중 전부는 아니지만 일부는 실험실에서 쉽게 배양할 수 있다. 이들의 배양에 필요한 것들은 흥미롭고 놀라우며 심지어는 어리둥절할 정도이다. 물론 이들이 유기 화합물을 대사하지 않기 때문에, 즉 대사전구체를 모두 이산화탄소에서 만들어내기 때문에, 질화 박테리아는 성장하는 데 유기 영양소가 필요치 않다. 퇴비처럼 유기 영양분이 풍부한 환경에서 번성한다고 해도 이들이 실험실에서 혼자 자랄 때에는 소량의 유기 영양분조차 용납하지 못한다. 이런 기묘함은 이 두 집단의 대표들이 자연계에서 함께 발견되는 이유와 관계가 있을 것이다. 실험실에서 혼자 자라는 것은 이들의 진화 방식이 아니다. 이들이 이런 특이한 조건에서 기묘하게 반응하는 것에 대해 놀라지 말아야 하는지도 모른다.

자연계에서 질화 과정의 최종 산물인 대부분의 질산염은 식물에 양분으로 사용되거나 다른 미생물에 의해 기체 질소로 전환된다. 하지만 지금 우리가 보고 있는 퇴비 속의 반응처럼 특히 질소가 풍부한 환경에서는 질산염이 질산나트륨($NaNO_3$)이나 질산칼륨(KNO_3) 형태로 축적된다. 이들 중 하나나 혹은 두 개의 혼합물은 초석saltpeter라는 이름으로 불린다. 물론 가끔 이 이름은 질산칼륨에만 쓰이기도 한다.

미생물의 생산물인 초석은 고대부터 중요하게 여겨졌다. 강력한 산화제인 초석은 물질에 불을 붙이거나 심지어 폭발시킬 수도 있기 때문이다. 초석은 제일 처음에 향의 재료로 사용되기도 했다. 그리스와 로마인들은 악마를 쫓기 위해 향을 피웠다. 고대 이스라엘인들은 성찬식의 과정으로 향을 태웠다. 후에 중국인들은 초석을 사용해서 폭죽을 만들었다. 이것은 화약에 핵심적이고 가장 많이 들어가는 재료이기도 하다. 화약은 75퍼센트가 초석이고 15퍼센트는 황, 10퍼센트는 목탄으로 이루어져 있다.

약 13세기경 처음 사용되면서 화약("검은 가루"라고도 불리는)은 빠르게 전쟁의 핵심인사가 되었고, 19세기 후반 무연 화약(질산 섬유소)이 그 자리를 대체할 때까지 자리를 지켰다. 19세기 중반에 칠레 북부의 안타카마, 타라파카, 안토파가스타 사막의 동부 해안 경사지가 처음 개발되면서 구아노guano(조류·박쥐류·물범류 등의 잔해와 배설물이 퇴적된 것으로 조분석이라고도 한다— 옮긴이)에서 만들어진 초석이 대량으로 발견되며 미생물 생산 초석을 풍부하게 사용할 수 있게 되었다. 이 초석은 오랜 기간에 걸쳐 그 지역에 모여드는 수많은 새들이 싼 새똥의 질소를 질화 박테리아가 전환시켜 만들어진 것이다.

그래서 약 600년 동안은 미생물이 생산하는 소량의 초석이 화약의 핵심 구성 성분을 공급하는 유일한 원천이었다. 초석을 생산하고 수집하는 방법은 여러 가지가 있다. 세심하게 통제한 퇴비에서 주로 초석을 얻을 수 있다. 소변을 첨가하면 생산량을 증가시킬 수 있다. 질화 과정에 필요한 호기성 상태를 유지하는 것이 가장 큰 과제이다. 한 가지 방법은 주로 소변을 첨가한 느슨하게 뭉친 밀짚 덩어리로 퇴비를 만드는 것이다. 이런 퇴비 안에서 공기는 쉽게 순환되고, 우레아제의 활동을 통해서 소변은 암모니아를 풍부하게 공급한다. 곧 보겠지만 퇴비에 공기를 통하게 만드는 것은 초석을 만드는 데에 꼭 필요한 일일 뿐 아니라 이미 만들어진 초석을 보존하는 데에도 필수적이다. 통기를 무시하면 퇴비가 혐기성으로 변한다. 그러면 다른 미생물들이 축적된 초석을 파괴한다.

초석은 인간의 능동적인 개입 없이 그냥 생길 수도 있다. 사람들이 동물과 더 친밀하게 살던 과거에 초석은 눈처럼 하얀 수정이나 비늘처럼 풍화되어 축축한 집 안의 석벽이나 가축 우리에 형성되곤 했다. 사람들은 이것을 긁어모았다. 이런 식으로 초석이 형성되는 것은 불가사의한 일로 여겨졌다. 어떤 사람들은 이것이 부패의 원인이나 결과라고 여겼다. 하지만 사실 아주 청결하게 유지되지 않는 건물에서 암모니아화 박테리아는 축적된 질소 폐기물에서 암모니아를 생산할 수 있고, 휘발성 암모니아는 건물 벽에서 사는 암모니아 산화 박테리아와 아질산염 산화 박테리아의 협업에 의해 초석으로 전환될 수 있다.

외양간, 집, 헛간의 흙바닥에도 초석이 축적된다. 여기서는 암모니아 생성, 암모니아 산화, 아질산염 산화가 동시에 일어나서 질소 폐기물을 초석으로 전환시킨다. 초석을 이런 토양에서 채집하려면 일단 흙을 물통에 넣어 녹이면 된다. 초석은 물에 굉장히 잘 녹기 때문에 이 물을 증발시키고 나면 고체 형태의 초석을 얻을 수 있다.

물론 각국 정부에서는 군사 목적으로 초석을 풍부하게 얻는 것에 굉장히 관심이 많으며 초석을 얻기 위해 여러 가지 방법을 시행했다. 영국 의회에서는 땅 주인으로부터 질소화 토양을 모아 초석을 추출하는 '초석병'들을 임명한 바 있다. 땅 주인들은 법적으로 협조해야만 했다. 프랑스 정부 각료들은 마구간과 헛간의 흙을 압류할 권한을 갖고 있었다. 스웨덴에서는 1835년까지 토지 소유주들이 나라에 일정량의 초석을 바쳐야만 했다.

질산염 역시 화약과 마찬가지로 폭발물의 재료이다. 암모니아와 질산염으로 만드는 비료인 질산암모늄(NH_4NO_3)의 위력은 알프레드 P. 머레이가 연방 건물을 폭발시킨 1995년 오클라호마 시티 폭탄 테러 덕에 우리 모두 뼈아프게 알고 있다. 오클라호마 시티 테러리스트들은 2.5톤 트럭 분량의 질산암모늄에 디젤을 첨가해서 더 강력하고 쉽게 폭발하는 혼합물을 제조했다. 질산암모늄은 또한 집속탄의 재료이기도 하다. 기폭이 어렵지만 비료 자체만으로도 폭발력이 굉장하다. 질산암모늄을 부주의하게 취급하여 일어난 끔찍한 폭발 사고가 여러 차례 있었다. 고체화된 질산암모늄 덩어리를 별 생각 없이 흩어놓다가 폭발한 사건도 여러 번 있다. 불이나 심지어 충돌로 인한 큰 폭발 사고는 현재까지 이어지고 있다. 비료를 실은 선박이나 트럭, 열차의 화재는 끔찍한 폭발을 일으켰다.

물론 질화 박테리아는 단순히 화약용 초석을 공급하는 것 이상으로 지구에 중대한 기여를 한다. 이들은 자연계에서 질산염을 만드는 유일한 수단이고 대기 중에 질소를 다시 채우기 위한 주요 출발점 중 하나이다. 질소를 다시 채우는 것은 생태학적으로 중요하다. 대기 중의 질소가 질소고정 과정에 계속적으로 사용되기 때문이다.

질화 박테리아는 대부분의 토양에 풍부하고 대단히 활동적이다. 암모니아 기체(무수 암모니아)가 비료로 농사에 널리 사용된다는 것이 그 증거이다. 농부들은 암모니아를 토양에 주입하고 위에 뿌린다. 이것은 질화 박테리아에 의해 식물이 쉽게 사용할 수 있는 질소 형태인 질산염으로 빠르게 전환된다. 볼품없고 냄새 나는 퇴비는 놀라운 미생물 활동의 소우주이다. 이제 좀더 크고 좀더 산업화된 형태를 취하는 질소 순환의 나머지 부분을 설명하겠다.

폐수 처리 공장

폐수나 하수를 효율적으로 처리하는 것은 20세기 후반에야 널리 퍼진 상당히 최근의 기술이다. 그 이전 대부분의 도시에서는 하수를 처리하지 않았다. 그저 가장 가까운 큰물(강, 만, 바다 등)에 버리고 잘되기만을 바랐을 뿐이다. 그 결과는 당연히 끔찍하고 가끔은 재앙과 같았다. 다량의 하수가 유입되면 새로 들어오는 물이 오염되고, 호기성 미생물이 용존산소를 전부 다 사용한다. 이들은 가득한 유기 영양분을 대사시키며 물을 혐기성으로 바꾸어 물고기를 비롯해 산소를 필요로 하는 모든 해양 생물체들을 죽인다. 그런 다음 혐기성 미생물이 그 자리를 차지하고 발효와 무기호흡을 통해 악취 나는 최종 산물을 생산한다. 황산염 환원균이 바다의 쓰레기장을 검게 만들고, 갑자기 무산소 상태로 변화된다.

이런 변화 중에서 가장 끔찍하고 가장 악명 높은 것은 아마도 1855년 여름 런던의 템스 강에서 일어난 '대악취big stink' 사건일 것이다. 우리 시대에 일어나지 않은 것이 다행스러울 정도로 끔찍한 악취로 가득한 미생물의 천국이었다. 여러 가지 요소들이 이 일을 촉발시키는 데 협력했다. 새로 개발된 수세식 변기 덕에 하수의 총 용량이 어마어마하게 증가해 변기를 비우는 런던의 20만여 개의 분뇨통이 넘쳤다. 기본적으로 공장과 도살장에서 흘러나오는 물을 모으기 위해 만든 길거리의 배수구로 분뇨가 흘러들어가면서 합쳐진 폐수는 템스 강으로 들어갔다. 더운 여름이라 하수에서 호기성 박테리아의 대사활동이 더 빨라져 용존산소가 빠르게 소모되었다.

　템스 강은 갑자기 산소 부족 상태가 되어 소위 끔찍한 '대악취'를 일으켰다. 냄새를 누그러뜨리기 위해 영국 하원에서는 커튼을 라임 즙에 적셨고, 시외로 이전하는 것을 고려했다. 법원들은 옥스퍼드로 이주할 계획을 세웠다. 그러다 늦여름에 폭우가 쏟아져 런던을 식히고 템스 강의 물을 쓸어내려 잠시 냄새에서 해방될 수 있었다.

　현대 폐수 처리의 1차 목표는 하수의 유기물과 생물학적 산소 요구량biochemical oxygen demand(앞으로 BOD로 표기)을 감소시킬 미생물을 투입하여 이 폐수가 강이나 바다의 산소량을 소모시키지 않게 만드는 것이다. 우선은 유입되는 하수에서 큰 물체들을 기계적으로 분리해야 한다. 이것을 '1차 처리'라고 한다.

　폐수 처리 공장에서 미생물이 하수의 BOD를 감소시키는 방법은 여러 가지가 있다. 앞 장에서 본 것처럼, 가끔은 혐기성 미생물이 전환 공정을 통해 유기물 일부를 메탄으로 바꾸는 커다란 폐쇄 용기인 혐기성 소화조를 이용한다. 방출되는 메탄은 태워버리거나 공장 혹은 도시의 연료로 사용한다. 탱크 바닥에 쌓이는 연소되지 않은 슬러지는 건조시켜 처리한다. 또한 혐기성 소화조는 가끔씩 1차 처리라고 언급되기도 한다. 하수 처리에서 아주 중요한 호기성 요소들을 잠깐 살펴본 다음에 다시 혐기성 소화조로 돌아가자. 네덜란드에서 이런 혐기성 소화조는 전반적인 질소 순환에서 비교적 최근에 발견한 새롭고 주요한 미생물 요소의 거처로 여겨진다.

　혐기성 소화조를 거쳤든 아니든 하수는 호기성으로 처리된다. 하수를 공기에 접촉시키며 호기성 미생물 밀집지에 통과시키는 방법으로 BOD를 감소시키는 것이다. 어떤 종류의 설비든 가능하다. 가장 흔히 사용되는 것은 살수여상trickling filter 기법으로, 공기가 통할 수 있을 정도의 너비에 몇 미터 깊이로 돌들을 깔아놓은 것이다. 위에서 회전식 분배기로 하수를 뿌리고 소량의 하수를 바닥까지 내려가는 동안 처리한다. 곧 필터 안의 돌들이 유기호흡을 하는 박테리아들이 밀집된 균막인 점액질로 덮여 살수여상 필터를 대단히 효율적이고 빠른 유기물 산화장치로 만들어준다.

살수여상법을 거친 배출물은 2차 하수처리 장치로 들어간다. 2차 처리가 잘 진행되면 이 배출물에는 유기물이 거의 남지 않게 되고 BOD도 상당히 낮아진다. 그래서 배출물을 받아들이는 환경에 사는 호기성 미생물이 산소를 모두 소모해 냄새 나게 만들지 않는다. 하지만 이런 2차 처리 하수는 환경에 다른 문제를, 가끔은 심각한 문제를 일으킨다.

대부분의 자연계 수상 환경에서 광합성 미생물, 조류, 남세균의 증식은 질소나 인의 양에 의해 제한되는데, 질소(대부분 질산염nitrate)와 인(인산염)이 무기물 형태로 가득한 2차 처리 하수에 더해지면 깨끗했던 물에서 생태학자들이 '부영양화eutrophication'라고 하는 광합성 미생물의 다량 증식이 일어난다. 부영양화는 어떤 면에서 하수 처리를 통해 얻은 이득을 뒤엎는다. 미생물 세포의 형태로 유기물을 부가시켜 결국 BOD를 증가시키는 것이다. 광합성 미생물이 다량 증식('녹조'의 원인)하면 처리되지 않은 하수에서 그러듯이 호기성 미생물이 죽어가는 광영양생물들의 시체를 대사하여 하수를 받아들인 물이 혐기성이 된다.

부영양화라는 결과를 피하기 위해서 하수 처리 과정에 질소와 인을 제거하는 3차 처리가 삽입되었다. 질소와 인을 제거하는 것은 화학적으로도 가능하지만, 미생물로 제거하는 것이 좀더 이득이 된다.

인산염phosphate(PO_4^{3-})의 형태로 존재하는 인은 아시네토박터 *Acinetobacter* 종 같은 특정 박테리아에 의해 소모된다. 이 박테리아는 기체 양분과 인산염이 존재하고 있을 때 인산염을 중합시켜 고분자인 다인산염polyphosphate을 세포 안에서 과립 형태로 저장하는 데 특히 능하다. 이상적인 조건에서 아시네토박터 종은 자신의 무게의 80퍼센트만큼 다인산염을 저장할 수 있다. 신중하게 통제된 이 박테리아는 인산염 수집 펌프로 작동해서 하수에서 인산염을 제거하고 산업용으로 사용할 수 있는 상당히 순수한 형태로 방출할 수 있다. 실제 하수 공장의 조건 아래서 부피가 많을 때는 이런 인산염 축적 박테리아가 하수에서 인산염을 제거하는 데에 이용될 수 있고, 또 이용되고 있다. 환경공학자들은 이 과정을 '생물학적 인 제거 공법enhanced biological phosphate removal(EBPR)'이라고 부른다. 이 과정은 BOD가 낮아진 하수를 첫 번째는 혐기성, 두 번째는 호기성 탱크에 통과시키고, 박테리아를 가진 슬러지 일부를 두 번째 탱크에서 다시 첫 번째 탱크로 옮겨 재활용한다. 남은 슬러지는 고체 인산염을 포함한 상태 그대로 제거한다. 인산염을 찾고 제거하는 과정은 두 번째 탱크에서 일어난다. 적당한 박테리아 균주를 더 넣어줄 필요는 없다. 효율적인 인산염 제거

박테리아는 혐기성과 호기성 탱크를 순환시키는 동안 저절로 증가한다. 탱크에서 번성하는 이 박테리아들은 아직 인공 배양이 가능하지 않기 때문에 칸디다투스 아쿠물리박터*Candidatus accumulibacter*라고 불린다(칸디다투스는 아직 배양이 불가능한 미생물에게 붙이는 접두어이다).

질산염 역시 3차 하수 처리 과정에서 박테리아의 탈질작용denitrification을 조장하여 제거할 수 있다. 탈질작용은 질산염을 기체 질소로 전환시키는 무기호흡의 연속 과정이다. 질산염은 아질산염으로 전환되고, 다시 아산화질소가 된 후에 산화질소가 되고, 마지막으로 기체 질소로 바뀐다. 이 연속 과정에 있는 각각의 화학물질은 다음 순서의 무기호흡을 일으키는 산소 대체제가 된다. 예를 들어 유기물과 질산염은 이산화탄소와 아질산염을 생성하고 대사 에너지를 방출한다.

탈질작용의 시작점인 질산염은 2차 처리 과정을 거치는 하수의 질소 함유물들이 퇴비에서 그러듯이 암모니아 생성 과정과 질화 과정을 차례로 거치는 과정에서 형성된다.

이 질산염을 제거하는 3차 처리를 위해서는 탈질작용을 일으켜야 한다. 이것은 상당히 쉽다. 혐기성 조건을 만들어주고 유기 영양물 공급원으로 처리되지 않은 하수 일부만 넣어주면 된다. 그래서 초석 제조자들이 계속해서 퇴비에 통풍을 해주는 것이 그렇게 중요한 것이다. 퇴비가 혐기성이 되자마자 탈질작용이 시작되어 소중한 초석을 소모하기 때문이다.

탈질작용은 여러분도 기억하듯이 콩과 식물의 뿌리혹 속이나 뿔이끼의 검푸른 부분에 있는 리조비아가 수행하는 미생물의 질소고정에서 시작된 질소 순환을 마무리한다. 농부들은 종종 탈질작용에 불만을 표시한다. 그들이 퇴비로 사서 주입한 토양 속의 고정 질소를 제거하여 토양의 비옥도를 떨어뜨리기 때문이다.

하지만 대기 중에 질소를 돌려보내는 것은 지구상의 생명체가 지속적으로 살아남는 데 대단히 중요하다. 질소가 대기 중으로 돌아가지 않으면 지구상에서 질소는 물에 잘 녹고 이동 가능한 질산염 형태로만 축적될 것이다. 질산염은 암모니아처럼 질소의 다른 형태로 토양에 고착시킬 수 없다. 결국 전부 다 바다로 흘러가 땅을 질소가 결여된 사막으로 바꾸어놓을 것이다. 질소를 대기 중으로 되돌리는 것은 연속적 과정이어야 한다. 대기 중의 질소 공급량은 사용되는 양에 비해 별로 많지 않기 때문이다. 대기 중에서 평형을 이루고 있는 질소와 질소 사용 비율(혹은 재공급되는 비율)을 근거로 계산한 대기 중의 질소 반감기는 겨우 1,500만 년이다. 35억년이라는 지구 생물의 역사에 비교하면 순식간이다.

박테리아의 탈질작용(질소를 제거하는 고세균도 하나 알려져 있다)은 1886년에 발견되었고 이후 100년 동안 대기 중의 질소를 재공급하는 유일한 방법으로 여겨졌다. 그러다가 1990년대에 네덜란드의 하수 처리 공장의 혐기성 소화조에서 암모니아가 불가사의하게 사라지는 것을 연구하던 J. G. 쿠넨J. G. Kuenen과 M. S. M. 제텐M. S. M. Jetten은 특정 박테리아가 고정 질소를 대기 중의 기체 형태로 전환시키는 전혀 다른 과정을 발견했다. 암모니아를 사용하는 주된 경로가 질화 박테리아에 의해 산화되는 것임을 떠올려보라. 퇴비에서 일어나는 일이 바로 그것이다. 산소가 없으면 탈질작용도 없다. 네덜란드의 미생물학자들은 아질산염이 암모니아와 함께 반응조에서 사라지는 것을 발견했다. 이들은 두 형태의 질소가 없어지는 것이 관련되어 있을 거라고 추측했다. 두 개가 서로 반응해서 기체 질소를 만들 거라는 것이다.

그들은 자신들이 세운 가설을 시험하기 위해 소화조에 드물게 무거운 질소동위원소nitrogen isotope(^{15}N)로 이루어진 암모니아를 첨가시켰다. 결과는 그들이 옳았음을 증명했다. 소화조 안에서 한 원자는 무거운 동위원소(^{15}N)로 이루어지고, 다른 하나는 가벼운 것(^{14}N)으로 이루어진 기체 질소가 나왔던 것이다. 무거운 원자는 첨가된 ^{15}N–암모니아에서 나온 것이고 평범한 원자는 소화조에서 형성된 아질산염에서 나온 것이 분명했다. 이 반응을 일으킨 박테리아는 지금까지 순수 배양으로는 배양되지 않기 때문에 칸디다투스 브로카디아 아나목시단스 *Candidatus Brocadia anammoxidans*라는 임시 명칭으로 불렸었다.

칸디다투스 브로카디아 아나목시단스는 다량의 아질산염이 있을 때 이런 식으로 암모늄을 산화하여 대사 에너지를 얻는다. 그래서 아나목스anammox(혐기성anaerobic 암모늄ammomia 산화반응oxidation)라는 이름이 붙은 것이다. 무기 화합물만이 브로카디아 아나목시단스가 대사 에너지를 얻기 위해서 일으키는 아나목스 반응에 참여하기 때문에 대사전구체를 만들기 위한 탄소의 공급원으로 이산화탄소를 사용한다. 그래서 브로카디아 아나목시단스는 아나목스에 의해 살아가는 비슷한 박테리아들과 함께 화학독립영양세균chemoautotroph이라는 미생물 종에 속한다. '화학'이라는 말은 무기 화합물만을 이용해 대사 에너지를 생성한다는 의미이고, '독립영양'이라는 것은 외부의 영양분 투여가 필요치 않다는 것, 즉 대사전구체의 공급원으로 이산화탄소를 사용하는 것을 의미한다.

이후에 아나목스 박테리아가 하수 처리 공장의 혐기성 소화조에만 있는 특이한 균이 아니라는 사실이 밝혀졌다. 이들은 자연계에 만연하며 지구상의 질소 순환에서 주된 역할을 하고 있다. 해양 침전물 같은 특수한 환경에서 이 박테리아들은 대기 중으로 돌려보내는 고정 질소량의 3분의 2를 도맡아 처리한다.

혐기성 균이 암모니아 산화 박테리아에 의해 호기성으로 생성되는 아질산염에 의존하고 있다는 사실이 기묘할지도 모른다. 하지만 아나목스와 암모니아 산화 박테리아는 대부분 바다와 민물 바닥의 침적토 표층 근처에서 친밀하게 협조하며 살아간다. 암모니아는 침적토의 질소 함유 유기 화합물의 암모니아 생성 과정을 통해 만들어지고, 암모니아 산화 박테리아에 의해 침적토 표면이나 그 바로 위의 호기성 환경에서 산화된다. 조금 아래쪽의 혐기성 지역에서는 아나목스 박테리아가 암모니아와 아질산염을 기체 질소로 전환시킨다.

암모니아 산화 박테리아와 아나목스 박테리아 사이의 이런 호기성-혐기성 상호작용은 우리가 퇴비에서 본 암모니아 산화 박테리아와 아질산염 산화 박테리아 사이의 친밀한 상호 협조와 아마도 생태학적으로 유사할 것이다. 이것은 암모니아 산화제에 놔두면 그들에게 유독할 수 있는 자가 생성 아질산염을 제거한다는 점에서 같은 이점을 제공한다.

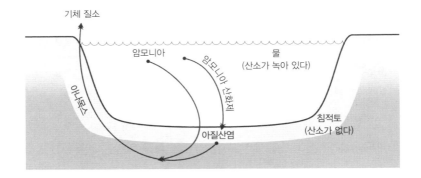

기체 질소

암모니아

암모니아 산화제

물
(산소가 녹아 있다)

아나목스

침적토
(산소가 없다)

아질산염

• 아나목스의 발달사 •

폐수 처리 공장은 결코 주요 관광 코스는 될 수 없겠지만, 인간으로 가득한 세상을 유지하는 데 엄청난 공헌을 하고 있고, 미생물 관찰자들에게는 특히 흥미로운 곳이다. 살수여상을 거친 돌에 코팅된 점액 같은 미생물들은 지구상 탄소와 질소의 순환을 대략적으로 축약해서 보여준다. 3차 처리와 탈질과정은 지구의 핵심적인 질소 순환을 완성한다.

질소고정 부분만 제외하면 질소 순환 전체를 폐수 처리 공장에서 볼 수 있다. 그리고 혐기성 소화조의 뛰어난 공헌도 잊어서는 안 된다. 소화조는 지구에 대한 우리의 지식에 있어서 100년의 틈새를 메워주는 중대한 발견을 제공한 장소이다. 즉 대기에서 가장 많은(80퍼센트) 구성성분이 어떻게 형성되고 유지되는지를 보여준 것이다. 이런 발견은 지구 생태계에 대한 미생물의 대단한 공헌에 우리가 얼마나 무심했는지 보여준다.

06
황을 순환시키는 미생물

—

—

MARCH OF
THE MICROBES

"

텍사스와 루이지애나 만 연안에는
한때 밝은 노란색의 커다란 황 더미가 있었다.
크기는 수백 미터에 달했다. 이 안에 있는 거의 순수한(99.5퍼센트) 황은
미생물이 만들어낸 것이며 아주 오래전,
그러니까 2억 5000만 년 전 페름기 때 형성된 것이다.

"

Cycling Sufur

생명에 없어서는 안 되는 생체원소bioelement인 황sulfur은 질소의 순환과 비슷하게, 다양한 화학적 형태로 우리의 환경에서 순환한다. 황의 이와 같은 순환은 질소 순환과 마찬가지로 지구상에서 생명체가 살아남기 위해 반드시 필요한 것이지만, 이 순환들은 근본적으로 두 가지 면에서 다르다. 황은 거대한 대기의 저장고를 통과하지 않으며 세포의 구성에도 별로 큰 도움을 주지 않는다. 그래도 황은 단백질과 RNA에 존재하는, 모든 세포에서 꼭 필요한 요소이다. 예를 들어 우리의 핵심 아미노산 중 하나는 황을 포함하고 있는 메티오닌 methionine이다. 우리는 미생물이나 식물을 먹어서 메티오닌을 얻는다. 물론 중간에 동물의 조직을 거쳐오긴 한다.

황을 순환시키는 미생물

버려진 금광의 하류

　다양한 색상에 묘하게 아름답고 대단히 눈에 잘 띄는 미생물을 볼 수 있는 이곳은 다행히 점점 더 찾아보기 힘들어지고 있다. 하천 바닥이 불그스름한 오렌지색을 띠어서 황색소년yellow boy이라고도 불리는 이 현상은 광산에서 흘러나오는 물이 미생물에 심각하게 오염되었기 때문에 일어난다. 문제의 미생물은 아나목스 박테리아처럼 무기화합물을 산화시킴으로써 살아가는데, 이 화합물은 환원된 황 화합물이고 대사전구체의 공급원으로는 이산화탄소를 사용한다. 환원된 황을 산화시킬 때 이들은 광산에서 황철석(FeS_2)을 용해시킨다. 이 미생물은 산성을 좋아한다는 의미의 호산세균acidophile이라는 종에 속하는데, 그 이유는 이들이 강한 산성 환경에서 번성하기 때문이다. 이때 그 산성 환경은 자신들이 만든 것이다. 광산의 물이 개울로 흘러갈 때 그 산도가 일부 중화되어 그 물에 녹은 철은 불그스름한 오렌지색을 띠는데, 이 수산화철이 '황색소년'을 형성한다.

　이 오염된 세상의 가장 끔찍한 본보기는 리오 틴토Rio Tinto 강(스페인어로 "물든 강"이라는 뜻이며 "붉은 강"이라는 뜻도 있다)이다. 새로 들어오는 물에 중화 능력이 충분치 않기 때문에 강 전체가 산성이 되어 붉어졌다. 스페인 남서부에 위치한 리오 틴토와 하류에 있는 우엘바Huelva(콜럼버스가 신세계를 향한 첫 항해 때 도착한 곳)가 그러하다. 강은 광물로 가득한 커다란 이베리아 황철석 지대의 광산을 씻어내리며 흐른다. 이 지대는 길이가 240킬로미터에 이르고, 28킬로미터에서 38킬로미터 정도의 너비에 수백 미터 깊이로 두껍다. 광산은 이베리아인, 페니키아인, 로마인, 서고트인, 무어인들이 연이어 약 5,000년 동안 사용하였다. 그런 다음 몇 백 년 정도 쉬었다가 19세기에서부터 20세기 말까지 영국인들이 다시 사용하였다. 1986년에 구리 생산이 중단되었고, 금과 은 생산은 1998년에 중단되었다.

이베리아 황철석 지대의 광산들은 길고 낭만적인 역사를 갖고 있다. 어떤 사람들은 이것이 솔로몬 왕의 전설에 나오는 광산이라고 한다. 사실 이 지대의 일부 지역은 여전히 '솔로몬의 언덕Cerro Salomon'이라고 불린다. 이 광산에서 나는 광물들은 인류 역사에 큰 영향을 미쳤다. 로마인들은 여기서 캔 금속으로 금화와 은화를 만들었고, 광산의 생산물들이 동기 시대와 청동기 시대를 불러왔다. 광산은 트여 있는 구덩이였다. 각각의 광산이 커지면 서로 합쳐져서 몇 킬로미터 너비의 커다란 구멍을 이루었다. 몇 세기 동안 여기서 채굴한 광물의 양은 모두 1.6조 톤에 이를 것으로 추정된다. 구덩이가 지하수면 아래까지 이어지기 때문에 물이 넘쳤다가 빠지곤 했다. 황산화 박테리아의 대사활동이 물을 산성화시키고 이 산성수가 중금속을 용해시켰다. 그 결과 오늘날까지도 끔찍하게 유독한 화합물이 남아 있다. 리오 틴토 강 유역은 아마도 세계에서 가장 오염된 강어귀일 것이다.

광산과 미생물이 힘을 합쳐 물을 대량으로 오염시킨 지역들은 영국, 프랑스, 캐나다, 미국을 비롯하여 세계 여러 곳에 많이 있다. 캘리포니아의 버려진 광산 아이언 마운틴은 가장 악명 높은 곳 중 하나이다. 내가 어린 시절, 내 삼촌은 빨리 낡을 것이 아까워 자신의 페도라

황을 순환시키는 미생물

모자를 한 번도 구긴 적 없는 보수적인 사람이었는데, 그가 그 광산 엔지니어로 일할 때 나도 그곳에 가곤 했다. 그때도 이미 엉망이었다. 미국에서 가장 유독한 지역 중 하나로 오래전부터 알려져온 아이언 마운틴 광산은 1983년부터 연방 슈퍼펀드super fund(포괄적 환경처리 및 보상 책임법— 옮긴이) 적용 지역으로 올라 있었다. 1899년부터 새 크라멘토 강에서 오수로 인해 치누크 연어가 죽었다고 보고되곤 했다. 아이언 마운틴 광산의 물은 지구상에서 가장 산도가 높은 것으로 기록 에 올라 있다. 1990년과 1991년에 채취한 샘플에서는 pH가 −3.6으로 나왔다. 이것은 배터리 산Battery Acid(배터리에 쓰이는 전해질로 물과 황산 의 혼합물이다)보다 산도가 1,000배 이상 높은 것이다. 물의 이런 극단 적인 산도는 박테리아와 증발의 효과가 혼합된 결과이다.

아이언 마운틴 광산은 1860년부터 채굴되기 시작하였으며 철, 은, 금, 구리, 아연, 황철석을 생산했다. 황철석pyrite, 즉 황화철iron sulfide 은 그 반짝거리는 금속성 모양 때문에 '바보의 금fool's gold'이라고 불 리기도 한다. 이것은 산업적으로 황의 공급원으로 사용된다. 황철석 이라는 이름은 그리스어 푸라pura(불)에서 나온 것이다. 강철을 내리 치면 불꽃이 튀기 때문이다. 황철석은 초기 총기에서 화약에 불을 붙 일 때 사용되었다. 아이언 마운틴은 1963년에 채굴이 중단되었지만 광업이 산을 어마어마하게 망가뜨렸기 때문에 오염은 계속 이어졌다. 마운틴 코퍼 사는 여러 가지 방법으로 탄광의 안팎에서 채굴을 했다. 무지지채굴법으로 지하를 뚫고, 노천채광법으로 표면을, 측면채광법 으로 옆쪽을 공격했다. 산을 이런 식으로 집단적으로 공격하는 바람에 산이 갈라지며 황철석이 비와 산소에 노출되었다. 미생물이 공격을 시작하기에는 이 정도면 충분했다.

노출된 황철석을 공격하는 주된 미생물은 아시디티오바실루스 페로옥시단스*Acidithiobacillus ferrooxidans*라는 이전에 이야기한 황산화 호산성 박테리아이다. 아시디티오바실루스 페로옥시단스는 대사 에너지를 얻기 위해서 황철석의 두 가지 요소인 환원된 철(제1철 이온, Fe^{2+})과 환원된 황(황 이온, S^{2-})을 유기호흡을 통해서 산화시킨다. 무기 화합물을 호흡하여 살아가는 모든 미생물과 똑같이 아시디티오바실루스 페로옥시단스는 이산화탄소에서 전구체를 만들기 때문에 산이 공급하는 완벽한 미네랄 음식만으로도 충분히 버틸 수 있다. 이들은 제1철 이온을 흡수해서 제2철 이온과 물, 대사 에너지를 생성하고, 황 이온을 들이켜 황산과 대사 에너지를 생성한다.

황 이온의 산화는 강력한 산을 생산한다. 여기서 생성되는 황산은 배출수의 pH를 낮추어 구리, 카드뮴, 아연 및 기타 중금속 같은 유독한 광물을 용해시킨다. 슈퍼펀드의 개선 노력으로 지금은 아이언 마운틴의 배출수에서 구리와 아연이 90퍼센트가량 줄었고, pH도 한참 올라갔다.

아이언 마운틴의 버려진 구리와 아연 광산 안쪽은 여전히 50도가 넘는 온도에, 중금속이 녹아 있는 극도의 산성수를 떨어뜨리는 밝은 색의 종유석이 천장을 장식하고 있는 무시무시한 환경을 유지하고 있다.

이런 종류의 미생물로 인한 오염수를 산성 광산 폐수acid mine drainage라고 부른다. 황철석이 가득한 지역에서 금속을 채굴하는 것만이 산성 광산 폐수가 만들어지는 유일한 경로는 아니다. 수많은 석탄 광산에도 근본적으로 같은 공정을 통해 산성 폐수를 만드는 환원 황이 많이 있다. 이들은 철을 적게 갖고 있기 때문에 '황색소년'을 만들지는 않지만, 그 산도 때문에 광범위한 생태학적 피해를 입힌다.

전체적으로 산성 광산 폐수가 미치는 환경에 대한 위협은 어마어마하다. 미국 환경보호국(EPA)에서는 미국에 20만~55만 개의 버려진 광산이 있으며, 이 중 일부는 극심한 오지에 있다고 추정했다. 이들 중 가장 심각한 것들을 처리하는 데 드는 비용은 70억~720억 달러에 이를 것으로 추산된다.

미생물이 유발한 산성 광산 폐수를 해독하는 방법 역시 기본적으로 미생물을 기반으로 하고 있으며, 상당히 성공적이다. 물론 몇 가지는 화학적으로 산성을 중화시키는 방법을 사용하고 있다. 이것을 처리하는 박테리아는 산에 내성을 가진, 앞에서 이야기한 바 있는 황산염 환원균이다. 이들은 흑해와 바다의 갯벌에 산다. 이 박테리아들이 황산염을 환원시켜 황화수소로 만들면서 유기 영양분을 무기호흡으로 분해하여 대사 에너지를 얻던 것을 떠올려보라. 산성 광산 폐수의 경우에 황산염은 황산의 형태로 존재한다. 황산(H_2SO_4)과 유기 영양분을 호흡하여 황화수소와 이산화탄소, 대사 에너지를 생성할 수 있다.

황산염 환원 미생물은 황산을 환원시켜 폐수 개선에서 첫 번째 임무를 처리한다. 산성 광산 폐수의 산도를 감소시키는 것이다. 황화수소의 생성은 두 번째 임무를 처리한다. 유독한 금속을 제거하는 것이다. 황화수소는 카드뮴, 구리, 납, 니켈, 아연을 금속 황화물로 만든다. 게다가 복잡한 황화물을 형성하여 비소arsenic, 안티몬antimony, 몰리브덴molybdenum도 제거한다.

폐수를 개선하기 위해서는 오로지 유기 영양분과 이들이 반응할 장소만 있으면 된다. 황산염 환원균은 첨가할 필요가 없다. 이미 주변에 존재하고 있기 때문이다. 이런 목적으로 특별히 만들어진 연못도 있어서 거기에 유기 영양분을 첨가하기도 한다. 다른 경우에는 광산 자체에서 반응이 일어나고, 거기에 뚫은 새 갱도로 유기 영양분을 첨가하기도 한다. 여러 종류의 유기 영양분을 검토한 결과 효율적인 것을 찾아냈다. 그중 몇 가지는 황산염 환원균이 곧장 사용할 수 있는 메탄올이나 에탄올 같은 것들이지만 이런 것은 비교적 비싸다. 좀더 싼 섬유질 종류인 퇴비나 밀짚(질소를 첨가한)은 황산염 환원균이 직접 이용할 수는 없지만 역시나 효과적이다. 이것을 사용하는 것은 트림하는 소를 떠올리게 하는, 미생물 대사를 연속해서 일으키는 다른 미생물에게 달려 있다. 이들은 밀짚과 퇴비를 황산염 환원균이 사용할 수 있는 영양분으로 전환시킨다. 섬유소 분해 및 발효 미생물들은 이 섬유소 물질을 황산염 환원균이 유기 영양분으로 쓸 수 있는 유기산(예를 들어 젖산과 아세트산)으로 전환시킨다. 이런 모든 미생물 활동으로 인해 주변 환경은 빠르게 혐기성이 되고, 메탄 생성 박테리아가 살기 적합한 장소인 소의 반추위나 조용한 연못 바닥에서 일어나는 것과 같은 일이 일어나기 시작한다. 사실 폐수를 중화시키는 동안 메탄이 생성된다.

가장 환영받지 못하는 황철석 분해 박테리아인 아시디티오바실루스 페로옥시단스는 산성 광산 폐수로 인한 오염의 주원인이다. 하지만 이 박테리아가 성장한 덕에 특정한 채굴 작업에서 질이 낮은 광석으로부터 금속을 얻을 수 있다. 생물학적 퇴적 침출biological heap leaching이라는 간단한 공정을 거치면 황화물 속에 구리가 섞여 있는 질이 낮은 구리 광석이 물에 젖는다. 아시디티오바실루스 페로옥시단스는 황철석을 흡수하듯이 광석의 황화물을 흡수하고 자라서 광석을 부수고 구리를 끄집어낸다. 이 구리는 파란색 구리염 용액의 형태로 광석에서 흘러나와 받침 용기에 걸러진다. 구리는 이 용액에서 환수되고, 남은 산성 용액은 다른 광석을 적시는 데에 재활용된다. 연간 수십억 달러의 가치에 달하는 세계의 구리 25퍼센트가 이런 미생물 이용 공법을 통해 얻어진다. 비슷한 공정이 질이 낮은 금광석에서 시안화물을 사용해서 추출(일반적으로 금을 얻는 데 사용되는 방법)하기 전에 황화물을 제거하는 데에 사용된다. 이 미생물 공법은 고온에서 광석을 용해하여 황을 날려버리는 방법을 대체하였다. 미생물 처리는 더 싸고 더 효과적이다. 어떤 경우에는 70퍼센트의 회수율을 95퍼센트까지 증가시켰다. 그리고 미생물 공법은 환경에도 훨씬 피해가 적다. 가열법을 사용하면 식물을 죽이는 다량의 이산화황(SO_2)이 방출된다. 현재 샤스타 호수에 잠긴 캘리포니아 주 케넷이 대단히 인상적인 본보기이다. 1900년대 초반에 그곳에 네 개의 구리 용해소가 있었는데 반경 2.5킬로미터 내의 모든 식물들이 죽어버렸다.

강한 산성 환경에서도 번성할 수 있기 때문에 아시디티오막대균 페로옥시단스와 다른 호산세균들은 대단히 적대적인 환경에서도 잘 자라는 미생물을 뜻하는 극한생물extremophile 목록에 들어간다.

다른 극한생물처럼 호산세균은 대부분의 생명체에게 치명적일 수 있는 환경에 적응하기 위해 특별한 생리학적 구조를 갖도록 진화했다. 세포 내의 전반적인 산도가 단백질의 안정성을 포함하여 거의 모든 기능과 구성요소에 영향을 미치기 때문에 유기체는 세포 내에서 특정 pH가 유지되도록 진화했다. 식물이나 동물 같은 다세포 형태에서, 예를 들어 혈액 같은 세포의 외부 환경은 세포의 내부와 똑같은 값으로 유지된다. 물론 미생물은 이런 사치를 누리지 못한다. 이들은 내부 pH 값과 가끔은 눈에 띄게 다른 pH 환경에 종속되어 있다. 이들은 세포 내부와 다르고 종종 변하기도 하는 외부 pH 환경에 적응할 수 있지만, 극소수의 미생물은 일부 광산에서 생겨나는 호산성 환경의 극단적인 산도에 적응하게 된다.

예를 들어 이미 많이 연구된 대장균은 pH 값이 6.0에서 8.0(산도가 100배나 차이가 난다) 사이인 환경에서 잘 자랄 수 있다. 대장균은 이 범위에서 위아래로 0.5pH까지만 견딜 수 있다. 외부의 pH가 달라져도 이들은 내부의 pH를 중성보다 약간 높은 값으로 계속 유지한다. 이들은 양성자(수소 이온)를 세포 바깥으로 배출하는 방법으로 pH를 유지한다. 물론 수소 이온(H^+)의 농도가 pH를 결정한다. 호산세균은 훨씬 큰 과제에 직면하지만 마찬가지로 보편적인 전략을 사용한다. 세포 밖으로 양성자를 배출해 내부의 pH 값을 거의 일정하게 유지하는 것이다. 이들은 대부분의 경우 약간 낮은 6.0 정도의 pH를 유지한다.

아시디티오바실루스 페로옥시단스와 호산성 황산염 환원균이 황 대사의 폐곡선을 그리고 있다는 것을 눈치 챘을 것이다. 전자는 유기 호흡을 통해서 환원 황(황철석의 형태)을 산화시켜 황산염(황산 형태)을 만들고, 황산염 환원균은 무기호흡을 통해 이것을 환원 상태로(황화수 소 형태) 다시 되돌린다. 이러한 과정들을 통해 황 순환을 간략하게 볼 수 있다.

바닷가의 황 더미

텍사스와 루이지애나 만 연안에는 한때 밝은 노란색의 커다란 황 더미가 있었다. 크기는 수백 미터에 달했다. 이 안에 있는 거의 순수한(99.5퍼센트) 황은 미생물이 만들어낸 것이며 아주 오래전, 그러니까 2억 5,000만 년 전 페름기 때 형성된 것이다. 이 황이 원래 잠들어 있던 곳에서 나와 커다란 무리를 이룬 미생물적 반응은 오늘날에도 계속 지구상의 여러 곳에서 황 원소를 만들고 있다.

하지만 황 더미 자체는 텍사스 만 연안에서 거의 다 없어졌다. 이 황 더미들은 황을 오염시키지 못하게 하기 위해 휘발유, 가스, 석유 를 제거하는 시설 근처에 있는 비슷한 더미들로 바뀌었다. 황이 불에 타면 황산으로 대기를 오염시키고 산성비를 유발하는 것 외에도 여러 가지 환경오염을 일으키기 때문이다. 이런 새로운 더미 중 가장 큰 것 몇 개가 다량의 천연가스를 처리하는 캐나다 앨버타에 위치하고 있 다. 이런 새로운 황의 주요 공급원 때문에 환경에 관한 우려가 생겨났고, 법률을 제정했으며, 황 채굴 산업의 경쟁력이 떨어졌다. 만 연안의 마지막 광산이 2000년에 문을 닫았다. 거기에는 다량의 황이 채굴되지 않은 채 남아 있다.

이런 지하의 황 퇴적물은 이 장에서 본 흑해나 광산 개울가의 무기호흡 박테리아와 동일한 황산염 환원균이 만든 것이다. 이들이 황산염을 환원시키는 데 사용하는 유기 영양분은 대체로 이 지역의 풍부한 석유로부터 나왔다. 황산염은 퇴적층을 뚫고 지나가는 바닷물이 공급해준다. 하지만 황산염 환원균은 여러분도 기억하겠지만 최종 산물로 황(S^0)이 아니라 황화수소를 만든다.

사실 황은 황산염이 황화수소로 환원되는 경로에 걸쳐 있는 중간물질조차 아니다. 퇴적층의 황은 이 지역에 풍부한 염으로 된 돔층 아래 황화수소가 붙잡혀 있으면서 비생물학적인 화학 반응으로 천천히 산화되어 만들어진 것으로 보인다. 황화수소가 산소와 결합하면 황화물이 나온다. 이 가설을 뒷받침하듯이 황 퇴적물은 염으로 된 돔층 아래에서 발견된다.

이 황 퇴적물을 미생물이 만들었다는 주장은 단순히 가정에서 나온 것이 아니다. 실질적인 증거가 있다. 자연계의 황은 네 가지 동위원소의 혼합물이다. 동위원소란 서로 다른 원자량을 가진 같은 원소를 말한다. 황에는 ^{32}S, ^{33}S, ^{34}S, ^{36}S가 있다. 미생물은 이런 다양한 황을 분해할 수 있다. 실험실에서 수행한 연구 결과에서 볼 수 있듯이 황산염 환원균은 ^{34}S보다 ^{32}S를 선호한다. 이들은 ^{32}S를 훨씬 빠르게 사용한다. 그래서 이들이 생산하는 황화수소에서 ^{32}S 대 ^{34}S의 비율은 처음의 황산염에서의 비율보다 몇 퍼센트 정도 더 높다. 그리고 퇴적층의 황과 주변 돌 속의 황산염(이전의 바다가 남긴 것)을 비교해도 동일한 차이를 볼 수 있다. 황 속에서 ^{32}S 대 ^{34}S의 비율은 사실 몇 퍼센트 정도 높다. 미생물의 출처가 어디인지를 보여주는 강력한 증거인 것이다.

앞서 보았듯이 미생물은 오늘날 지구상의 여러 장소에서 열심히 황 원소를 만들고 있다. 가장 드라마틱하고 명백한 미생물학적 반응이 일어나는 곳은 북아프리카의 리비아 북동부 키레나이카 지역의 호수 이다. 연구대상이었던 아인 에즈 자이아, 아인 엘 라바이바, 아인 엘 브라기 호수 바닥의 침적토는 반쯤 황 결정이고, 호수에서는 강력한 유황 냄새가 풍긴다. 이 호수들은 비교적 작아서 35미터에서 65미터 정도의 너비에 깊이는 1.5미터밖에 되지 않는다. 이 호수들은 황산염 이 풍부한 따뜻한 온천수로 가득하다.

호수에 들어오는 따뜻한 물은 위부터 아래까지 완만한 온도 차를 만들며 호수를 안정화시킨다. 흑해처럼 이 호수도 뒤섞이지 않는다. 부분순환이 될 뿐이고 호수의 상당 부분이 무산소 상태이다. 이것은 이 호수에 풍부한 황산염 환원 박테리아에게 이상적인 주거 환경이 다. 이 박테리아는 황산염을 황화수소로 환원시켜 호수에서 썩은 달 걀 냄새가 풍기게 만든다. 염으로 된 돔층에서 황산염 환원균이 생성 한 황화수소의 운명과는 다르게 이 키레나이카 호수에서 생성된 황화 수소 대부분은 옐로스톤 국립공원에서처럼 혐기성 광합성 박테리아 (자색 및 녹색 유황 세균)들이 사용한다.

이 박테리아들은 호수 기슭에 몇 미터에 이르는 빨간색에 젤라틴 같은 카펫 모양의 미생물 깔개를 형성한다. 자색 유황 세균이 가장 위에 있어서 발판이 빨간색을 띠는 것이다. 발판 아래쪽은 녹색과 검은색이다. 거기서 녹색 유황 세균이 자라기 때문이다. 이 두 혐기성 광합성 박테리아 집단은 황화수소를 산화시켜 식물과 남세균이 물을 산화시켜 산소를 생성하는 것과 똑같은 대사적 목적으로 황 결정을 생성한다. 황 알갱이들은 이 광영양생물의 세포 안이나(자색 유황 세균의 경우) 바깥(녹색 유황 세균의 경우)에 축적되어 나중에 박테리아 세포가 죽어 분해되면 호수 바닥의 침적토에 쌓인다. 죽은 광영양생물의 유기 구성물들도 낭비되지 않는다. 이것은 황산염 환원 박테리아의 유기 영양분 역할을 한다. 그래서 이 호수에 사는 두 종류의 미생물이 서로에게 필수 영양분을 공급해주는 것이다. 황산염 환원균은 광영양

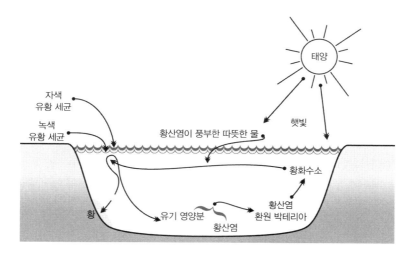

• 키레나이카 호수에서 황의 흐름 •

생물에 황화수소를 공급해주고, 광영양생물은 황산염 환원 박테리아에 유기 영양분을 공급해준다.

자연계에서 황이 취하는 여러 형태의 패턴은 러시아의 세르노예 호수 같은 특정한 곳에서 볼 수 있다. 호수의 아래쪽 무산소 층에서 생성된 황화수소는 산소가 충분한 표면 근처에서 호기성 화학독립영양세균에 의해 황으로 산화된다. 이 박테리아는 이 책의 '심해' 부분에서 다시 살펴겠다.

우리는 자연계에서 다량의 황이 만들어지는 세 가지 방법을 보았다. 모든 경우 첫 번째 단계는 황산염 환원균이 황산염을 황화수소로 환원시키는 것이다. 황화수소가 황으로 산화되는 과정은 여러 가지가 있다. 만 연안에서 일어나는 산화 과정은 비생물적 과정이다. 바닷물에 녹은 산소가 황화수소와 천천히 반응하는 것이다. 키레나이카 호수에서는 혐기성 광영양생물이 산화시키고, 세르노예 호수에서는 호기성 황산화 박테리아가 산화시킨다.

황은 2,000년 이상 중요한 교역품이었다. 이집트인들은 황으로 옷감을 탈색하고 안료를 만들었다. 그리스인들은 옷을 빠는 데 사용했고 로마인들은 약으로 사용했다. 황의 수요는 중국인들이 화약을 발명한 이래로 엄청나게 증가했다. 이미 봤듯이 화약이 황과 목탄, 초석의 혼합물이기 때문이다. 황의 수요는 산업혁명의 도래로 더욱 증가했다. 그때부터는 수많은 화학물질을 만드는 중요한 산업 재료인 황산을 만드는 데 사용되었다. 현재는 미국에서 연간 생산되는 1,300만 톤의 황 중에서 90퍼센트 이상이 황산을 만드는 데 사용된다.

황을 신의 분노에 대한 상징으로 여기던 고대부터 시칠리아는 전 세계 황의 주요 생산지였다. 이탈리아의 발끝 부분에 위치한 이 보통 크기의 섬은 황 생산을 거의 독점하고 있다. 황을 회수하는 시칠리아식 공법은 효과적이면서도 간단하고 직접적이다. 황이 들어 있는 돌들을 언덕 옆에 쌓고, 이전에 얻은 황을 덮은 후에 불을 붙인다. 불이 돌 안에 있는 황을 녹여 돌무지 바닥으로 흘러내려 언덕 아래까지 내려온다. 이것이 굳으면 양동이에 모은다. 더 순수한 황이 필요하면 모은 황을 정제한다. 시칠리아 황의 ^{32}S와 ^{34}S의 비율은 이것 역시 500만 년 전 마이오세기 후반에 황산염 환원균이 만들었다는 확실한 증거가 된다. 황 결정은 화산에서도 나오지만, 이탈리아가 활동적인 화산 지대임에도 불구하고 시칠리아 황이 화산에서 나온 것은 아니다.

텍사스와 루이지애나 만 연안에서 미생물이 형성한 황을 채집하는 것은 시칠리아의 돌에서 황을 추출하는 것보다 기술적으로 훨씬 복잡하다. 퇴적물의 깊이(약 1.6킬로미터)와 그 위를 덮고 있는 유사流砂 같은 물질 때문에 전통적인 채굴 방법은 쓸 수 없다. 19세기 독일의 석유공학자였던 헤르만 프라슈Herman Frasch는 1891년에 새로운 추출법을 개발하여 이 문제를 해결했다. 이 방법은 프라슈 공정frasch process이라고 알려졌다. 염층을 지나 황 퇴적물이 있는 곳까지 같은 크기의 파이프 세 개를 넣을 수 있는 구멍을 뚫는다. 과열시킨 물을 바깥쪽 파이프에 넣어 아래에 있는 황을 녹이고, 중앙 파이프를 통해 가열한 공기를 넣어 액체 황이 가운데 파이프에서 거품처럼 흘러나오게 만든다. 액체 황은 표면에 쌓여 응고된다. 프라슈 공법은 비용이 저렴한데다 만 연안의 퇴적층에서 황을 대량으로 공급할 수 있었기 때문에, 20세기 초에 이 새로운 채광법이 도입되며 시칠리아의 황 산업은 종말을 맞이했다. 프라슈 공법은 약 100년 동안 주도권을 유지했다(이 장 앞에서 보았듯이 일부 황은 황철석에서 채취되긴 했지만). 그러다가 21세기 초에 환경적인 이유로 정제 가스와 석유에서 황을 추출하는 방식이 퍼지게 되었다.

이 장에서 우리는 자연계에 만연하는 황의 변화를 보았다. 질소처럼 황 역시 대부분 순환된다.

황의 순환 과정에서 두 개의 변화만이 우리의 이야기에서 아직까지 빠져 있다. 황이 살아 있는 생명체의 구성요소에 들어가는 과정(동화작용-assimilation)과 미생물이 황을 구성요소에서 다시 빼내는 과정(탈황작용-desulfurylation)이다. 물론 썩은 달걀 냄새(황화수소)를 맡을 때마다 탈황작용을 대충 맛보긴 했지만 말이다. 황은 단백질의 일부 아미노산과 RNA 염기 일부에서 핵심 요소이다. 식물은 황산염에서 이런 핵심 요소를 만들고, 동물들은 식물을 섭취하는 직접적인 방법이나 식물을 먹은 다른 동물을 섭취하는 간접적인 방법으로 이를 해결한다. 미생물 역시 황이 포함된 단백질과 RNA가 있어야 하기 때문에 그들 역시 황과 동화된다. 미생물은 식물이 하는 것과 거의 똑같은 방법으로 황과 동화된다.

동화작용과 황이 식물에서 동물로 옮겨가는 과정을 제외하면 황 순환의 모든 단계는 미생물이 도맡고 있다. 황 순환은 실제로 두 개의 순환 과정이다. 큰 순환은 식물과 동물의 참여로 이루어지며, 황화수

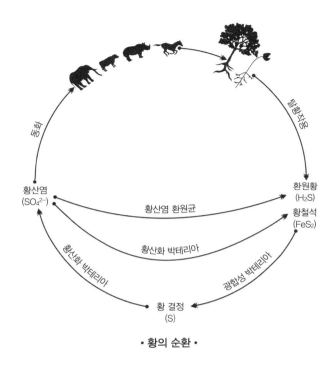

• 황의 순환 •

소와 황 결정 사이의 순환으로 이루어지는 작은 순환은 온전히 미생물을 기반으로 한 것이다. 작은 순환에서 황산염에서 황화수소로 가는 흐름은, 유기 영양분에서 얻은 에너지가 반응을 일으키는 무산소 상태에서만 가능하다. 반대 흐름(황화수소에서 황산염으로)은 산소나 빛이 있어야 한다. 완전한 작은 순환은 키레나이카 호수에서 일어난다. 왜냐하면 일부 황화수소가 호수의 위쪽 영역에 있는 호기성 황화물 산화 박테리아에 의해 산화되어 황산염이 되어야 하기 때문이다. 하지만 호수에 있는 황산염 환원균은 이런 황산염의 재생에 의존하지

황을 순환시키는 미생물

않는다. 더 많은 황산염이 호수로 흘러들어오는 원천수에서 계속 공급되기 때문이다. 이렇게 황산염이 계속 재공급되기 때문에 호수 바닥의 침적토에 황 결정 상태로 붙잡혀 있는 다량의 황이 호수에 있는 다른 여러 가지 황 의존 미생물에게 그들이 꼭 필요로 하는 특정한 형태의 황을 줄 필요가 없다.

페름기부터 텍사스−루이지애나 만 연안에 축적된 황 퇴적물과 리비아의 키레나이카 호수에서의 황 순환, 그리고 러시아 세르노예 호수에서의 또 다른 황 순환은 지구의 광대한 황 순환을 희미하게나마 보여준다. 이 순환에서 일어나는 각각의 전환은 모두 다 여러 가지 환경에서 일어나는 것이다. 그중 다수가 황산염 환원균sulfate-reducing bacteria이나 혐기성 광영양생물 같은 미생물을 볼 수 있는 관찰지가 되어준다.

07

탄소를 순환시키는 미생물

—

—

"

플라스틱은 최근에 인간이 만들어 환경에 던진 물건이다.
몇몇 미생물학자들은 시간이 지나면
미생물들이 플라스틱을 분해할 수 있게 진화할 거라고 주장한다.
그렇다 해도 엄청나게 오랜 시간이 걸릴 것이다.
아직까지는 그런 징후가 보이지 않는다.

"

Cycling Carbon

수소와 산소를 제외하고 생명체에 가장 풍부한 원소는 탄소이다. 탄소는 유기 화합물의 뼈대를 구성하고, 지구상 생명체의 근간이 된다. 유기물이라는 것은 탄소를 의미한다. 탄소도 질소나 황처럼 대기 같은 주변의 저장고를 통해서 여러 가지 형태로 순환한다. 가장 흔한 대기 중의 형태인 이산화탄소는 대기 중에서 기체 질소(78퍼센트)보다 훨씬 적은 비율(0.03퍼센트)을 차지하고 있고, 훨씬 빠르게 순환한다. 재공급이 없으면 대기 중의 이산화탄소는 겨우 20년 만에 고갈될 것이다.

탄소 순환의 주된 경로는 대기 중의 이산화탄소를 사용하고 다시 채우는 것이다. 독립영양세균autotroph, 즉 식물 플랑크톤과 식물, 이산화탄소로 대사전구체를 만들며, 무기 화합물을 산화하여 살아가는 미생물 같은 광합성 유기체들은 이 저장고에서 이산화탄소를 끌어다 쓴다. 그리고 지구 역사상 비교적 최근까지 호흡이 이산화탄소를 다시 채우는 주된 경로였다. 소모와 재공급은 거의 같은 비율로 이루어진다. 순환이 훌륭하게 균형 잡혀 돌아가는 것이다.

하지만 지난 한 세기 반 동안 우리 인간은 이 균형을 위태롭게 만들고 장기적으로 중대한 생태학적 결과를 불러올 수 있는 문제를 일으켰다. 우리는 석탄이나 석유의 형태로 고정되어 있던 다량의 탄소를 태워 대기 중의 이산화탄소 보유량을 엄청나게 증가시켰다. 그리고 현재로서는 미생물이 이산화탄소로 분해시킬 수 없는 플라스틱 같은 탄소 포함 물질을 만들어 특수한 형태로 탄소를 잡아두기에 이르렀다. 이런 행위가 심각한 환경 문제를 일으킬 수 있긴 하지만, 화석연료의 사용과 어깨를 나란히 할 수 있을 정도는 아니다. 어쨌든 플라스틱의 운명은 지구의 탄소 순환을 인간이 망가뜨려놓은 본보기일 뿐만 아니라 미생물의 잠재적인 활용에 관해 흥미로운 이야기를 해줄 소재이다.

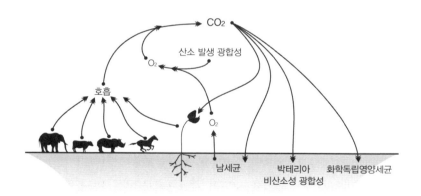

• 생물학적 탄소 순환 •

바다의 플라스틱 대륙

　대부분의 해변에는 다른 수많은 곳들과 마찬가지로 플라스틱의 흔적들, 주로 플라스틱 통이 널려 있다. 사실 해변을 거닐며 플라스틱 한두 개를 마주치지 않기란 힘들다. 해변을 한참 청소하지 않았다면, 이 플라스틱은 상당히 오래되고 아주 멀리서부터 흘러왔을 것이다. 거의 사람이 오지 않아서 직접적으로 쓰레기가 생길 일이 없는 외딴 해변까지도 물에 실려 온 플라스틱으로 몸살을 앓는다.

　불행히도 우리가 해변에서 마주치는 플라스틱 더미는 점점 빠르게 지구에 쌓여가고 있는 어마어마한 플라스틱의 가벼운 맛보기일 뿐이다. 이런 쓰레기의 가장 큰 저장소 중 하나가 바로 바다 그 자체이다. 특히 쓰레기가 가득한 지역 중 하나가 북태평양 바다에 있는 아열대 무풍대horse latitude이다. 이곳은 강한 바람이 없어서 항해하는 선박들이 멈추는 바람에 선원들이 짐을 버려야만 했던 곳이다. 해류가 시계 방향으로 원을 그리며 흐르기 때문에 북태평양 환류North Pacific Gyre 라고 부르기도 한다. 떠다니는 조각들은 커다란 소용돌이에 사로잡혀 좀더 원색적인 이름을 얻게 되었다. '아시아 쓰레기 흔적', '쓰레기 소용돌이', '동양의 쓰레기 집적지' 같은 이름들이다. 하지만 '집적지 patch'라는 말은 올바른 표현이 아니다.

　이 지역은 거의 대륙 정도의 크기이다. 어마어마한 양의 떠다니는 플라스틱이 여기 사로잡혀 있는 것이다. 이 파편들 대부분은 햇빛과 기계적 마모, 파도의 작용을 받아 더 작은 조각으로 부서진다. 하지

탄소를 순환시키는 미생물

만 플라스틱은 사라지지 않는다. 일부 샘플을 통해서 이 지역 바다에 식물 플랑크톤의 여섯 배에 달하는 플라스틱이 있다는 사실이 밝혀졌다. 조그만 생물체부터 새, 커다란 포유동물에 이르기까지 해양 생명체에 누적된 영향력은 엄청나다. 몇 가지는 그저 기계적인 것들이다. 새와 포유동물이 큰 플라스틱 덩어리를 삼켜 장 폐색에 걸린다. 그리고 모든 크기의 해양생물들에게 유독한 영향을 미치기도 한다. 많은 플라스틱들이 화학물질의 스펀지 같은 역할을 하기 때문에 화학적 오염물질이 농축되어 굉장히 유독한데, 따라서 이것을 삼킨 생물들은 죽음에 이를 수밖에 없다. 삼킨 플라스틱이 사라지지도 않는다. 동물이 죽으면 시체는 분해되지만 플라스틱은 바다에 남는다. 동양의 쓰레기 집적지는 바다에서 가장 큰 환류 지역이지만, 유일한 곳은 아니다. 전 세계 바다의 약 40퍼센트가 환류로 분류된다. 그리고 모두가 쓰레기 수집지이다.

플라스틱이 이렇게 유별나게 모여드는 이유는 무엇 때문일까? 나뭇잎, 식물의 다른 부분, 동물 사체 등 여러 가지 부유 물질이 바다로 흘러들어온다. 이것들은 잠깐 동안 축적되지만 결국에는 미생물이 양분으로 소비하는 과정에서 사라진다. 미생물은 거의 모든 유기물을 소비할 수 있다.

미생물학자들은 미생물 무류설microbial infallibility이라는 공식 견해에 오래전부터 동의하고 있다. 자연적으로 발생한 모든 유기 화합물은 특정 미생물이나 혹은 여러 미생물에 의해 분해될 수 있다는 주장이다. 유기체가 유기 화합물을 만들면 미생물이 이것을 분해할 수 있다. 이 주장을 뒷받침하는 증거는 탄탄하다. 자연적으로 발생한 유기 화합물은 자연계에 영원히 남아 있지 못한다. 미생물들이 이것을 양분으로 사용하기 때문이다. 물론 이탄peat이나 석유처럼 어떤 유기물은 오랜 기간 존속할 수 있다. 이것들은 특히 자연적인 혐기성 환경에서 미생물 부패에 내성을 갖고 있지만, 산소가 있으면 미생물에 의해 분해될 수 있다. 하지만 플라스틱은 그렇지 않다.

그 이유가 궁금한가? 우선 첫 번째로 대부분의 플라스틱은 물에 전혀 녹지 않고, 원핵생물과 균류를 포함하여 대부분의 미생물에 양분이 들어갈 때에는 용액의 형태로 들어간다. 하지만 이게 완전한 답은 아니다. 대부분의 플라스틱만큼이나 물에 극도로 녹지 않는 섬유소도 소의 반추위에 있는 것 같은 미생물에 의해 분해될 수 있기 때문이다. 플라스틱이 미생물의 공격에 내성을 갖고 있는 이유를 가장 잘 설명하는 것은 미생물이 자신의 환경에 존재하는 유기 화합물만을 양분으로 분해하고 사용하며 수백만 년 동안 진화했다는 것이다. 이들은 다른 유기체들이 유기 화합물을 만드는 법을 배운 것처럼 유기 화합물을 이용하는 법을 익혀왔다. 하지만 플라스틱은 최근에 인간이 만들어 환경에 던진 물건이다. 몇몇 미생물학자들은 시간이 지나면 미생물들이 플라스틱을 분해할 수 있게 진화할 거라고 주장한다. 그렇다 해도 엄청나게 오랜 시간이 걸릴 것이다. 아직까지는 그런 징후가 보이지 않는다.

미생물이 분해할 수 있는 것이든 없는 것이든, 인간이 만든 물질이 환경에 미치는 여러 가지 영향은 극명하다. 강력한 예로 술폰산염

sulfonate 세제를 들 수 있다. 이 세제는 1960년대에 처음 만들어졌고 효과가 대단히 강력하다. 당시에는 술폰산기($-SO_4^-$)가 있는 탄소 원자의 가지 달린 긴 사슬구조로 되어 있었으며 미생물의 공격에 강한 내성을 갖고 있었다. 이것을 널리 사용한 결과는 재앙 그 자체였다. 이 세제가 하수 처리 공장에서 분해되지 않은 채 나와서 유출물을 받아들인 강과 바다에 광범위하게, 보이지 않게, 환경적으로 엄청난 피해를 입히는 거품을 만들었다. 물론 처리 공장에서도 거품이 생겼다. 미생물 무류설을 욕되게 하는 이 문제에 대한 해법은 상당히 쉬웠다. 가지가 달린 탄소 사슬 대신에 직선형 사슬 구조로 만들자 특정 미생물이 분해할 수 있었던 것이다. 이것이 가지 달린 사슬 구조의 세제를 대체하게 되면서 하수 처리 공장의 미생물이 이들을 분해하여 거품 발생이 멈추었다.

일반적으로 사용되는 플라스틱을 미생물이 분해할 수 있도록 전환하는 것은 엄청난 환경적 진보가 될 것이다. 깨끗한 해변, 플라스틱 봉투가 없는 세상, 안전하고 편안한 해양 생물들을 상상해보라. 생분해성 플라스틱의 후보들은 여럿 있다. 모두가 지구에 존재한 적이 없었던 석유를 화학적으로 전환하여 만든 플라스틱 같은 화합물이 아니라 천연물질로 만든 것들이다.

이미 개발된 후보 중 하나는 폴리-베타-하이드록시부티레이트 poly-beta-hydroxybutyrate(PHB)의 전구체인 폴리-베타-하이드록시알코네이트poly-beta-hydroxyalkonates(PHA)라는 박테리아 저장 물질이다. 조건이 맞으면 모든 생물체들은 안 좋은 시기에 사용할 것을 대비해 여분의 음식을 저장해둔다. 우리도 잘 알듯이 우리 몸은 여분의 음식을 특수한 지방 저장 세포에 지방 형태로 저장한다. 그리고 그보다 적은 양을 당장 쓸 수 있도록 근육과 간에 글리코겐 형태로 저장해둔다. 우리와 달리 박테리아는 상황이 좋을 때도 지방을 축적하지 않는다. 우리 친구이자 가끔은 적수인 대장균은 여분의 영양소를 글리코겐으로 저장한다. 하지만 대부분의 박테리아들은 나중에 쓰기 위해서 PHA의 형태로 저장한다. 그리고 어떤 박테리아는 하나의 영양소가 부족해서 성장하지 못하고 있지만 다른 주요 영양소가 풍부하게 있을 경우에는 이것을 다량 저장해놓는다. 이런 상황에서 예를 들어 그람 음성 박테리아 알칼리게네스 유트로푸스*Alcaligenes eutrophus*는 건조 용량의 80퍼센트 이상을 PHA로 저장해둔다. 새로운 개념의 비만인 것이다. 놀라운 일도 아니지만 과량의 영양분을 이런 식으로 저장해둔 박테리아는 PHA를 분해하여 필요할 때 양분으로 사용한다. 다른 많은 미생물들 역시 이것을 분해할 수 있다. PHA는 자연계에서 축적되지 않는다.

놀랍게도 PHA는 석유를 기반으로 한 플라스틱과 굉장히 비슷한 재질이다. 익히 알려진 병이나 플라스틱 시트, 봉투 같은 물건들을 모두 PHA로 만들 수 있다. PHA를 석유를 기반으로 한 플라스틱 대신 사용한다는 아이디어는 새로운 것도 아니다. 이에 대한 특허는 미국에서 1962년에 이미 나와 있다. 하지만 PHA를 기반으로 한 플라스틱은 1982년에야 영국의 왕립 화학공업회사에서 '바이오폴'이라는 제품명으로 내놓으며 상업적으로 출시되었다. 최초의 소비 물품인 생분해성

샴푸 병은 1990년 독일 기업 웰라 AG에 팔렸다.

PHA를 만드는 상업적 공정은 특히 매력적이다. 탄소의 공급원이 이산화탄소이기 때문이다. 유기체 알칼리게네스 유트로푸스가 수소의 산화 반응인 무기 반응에서 에너지를 얻는다. 이 생분해성 플라스틱을 만들기 위해서는 이산화탄소, 수소, 산소, 그리고 물론 알칼리게네스 유트로푸스가 필요하다. 하지만 이 공정을 가동하는 비용이 석유를 기반으로 하는 플라스틱 제작 비용보다 훨씬 더 비싸다. 석유 플라스틱이 환경에 미치는 비용을 무시한다면 말이다. 어쨌든 석유 값과 환경 정화 비용이 빠르게 치솟고 있기 때문에 미생물 플라스틱에는 미래가 있다. 어쩌면 언젠가는 외딴 해변에서 병이 하나도 보이지 않을지 모른다. 지구의 탄소 순환은 인간의 다른 활동 때문에 여전히 균형은 맞지 않겠지만, 언젠가는 다시금 제 기능을 하게 될 것이다.

08

극한의 환경에서 살다

—

—

**MARCH OF
THE MICROBES**

"

많은 미생물들이 우리가 믿을 수 없을 만큼
극단적이라 생각하는 장소에서 번성한다.
이런 환경은 생명에 치명적으로 여겨진다.
하지만 어떤 미생물들에게는 그렇지 않다.
이런 환경에서 번성하는 미생물은 대부분 고세균이고 몇몇은 박테리아이다.
이들을 통칭하여 극한생물이라고 한다.

"

　많은 미생물들이 우리가 믿을 수 없을 만큼 극단적이라 생각하는 장소에서 번성한다. 이런 환경은 생명에 치명적으로 여겨진다. 하지만 어떤 미생물들에게는 그렇지 않다. 이런 환경에서 번성하는 미생물은 대부분 고세균이고 몇몇은 박테리아이다. 이들을 통칭하여 극한생물extremophiles이라고 한다. 이 장에서는 소금물 포화 용액이나 끓는 물보다 더 높은 온도에서 사는 미생물, 엄청난 정수압을 가진 심해에서 사는 미생물들을 살펴볼 것이다. 심지어는 물의 어는점 아래에서도 활발하게 자라는 미생물도 있다. 이미 지구상에서 가장 산도가 높은 환경인 구리 광산 같은 데에서 사는 극한생물을 본 바 있고, 압도적으로 강렬한 복사선 아래에서도 살아남는 미생물들은 나중을 위해 아껴두겠다.

염전에서 사는 미생물

맑은 날 미국 동부에서 샌프란시스코로 가는 비행기의 오른편 창가에 앉아 있으면 샌프란시스코 만 동쪽면의 바다가 커다란 빨간색으로 물들어 있는 것을 발견할 수 있을 것이다. 어떤 부분은 다른 부분보다 더 빨갛다. 좀더 자세히 살펴보면 흐릿하거나 아주 진한 다양한 녹색이 어우러진 연못이 마치 잘 가꾸어진 골프장처럼 옆에 붙어 있는 것을 볼 수 있다. 바닷물이 빨간 지역은 세계 전역에 존재하지만, 이렇게 위에서 보는 것이 아마도 가장 멋질 것이다.

우리가 보고 있는 것은 염전이다. 각 구획은 바닷물을 끌어들여 증발시켜서 식용 소금($NaCl$)을 만드는 증발용 논인 것이다. 샌프란시스코 만은 염전으로 적합한 장소이다. 비교적 쌀쌀한 기후임에도 불구하고 강수량이 적고 바람이 꾸준하게 불어 증발 속도가 상당히 빠르기 때문이다. 소금을 증발시켜 만드는 방법이 경제적으로 가능하려면 증발량이 강수량보다 세 배쯤 많아야 한다. 샌프란시스코 만과 지중해 기후의 다른 지역들, 그리고 사막 지역이 바로 그러하다. 인류는 이런 식으로 아주 오랫동안 소금을 만들어왔다. 성경 시대부터 이스라엘과 요르단 근처의 사해에서 증발을 이용해 소금을 만들어왔다. 채광 소금은 19세기에 시장이 눈에 띄게 넓어졌고, 기본적으로 다른 점이 없음에도 불구하고 바다 소금을 대체하게 되었다. 지하의 소금 퇴적물은 고대 바다가 남긴 것이다. 어쨌든 몇몇 주방장들은 바다 소금을 열정적으로 사랑한다. 바다 소금이 암염이나 채광 소금보다 좀

더 낭만적인 매력이 있는 모양이다.

소금향에 대해서 굉장히 독특한, 나로서는 이해하기 힘든 이야기가 있다. 바다 소금이 더 훌륭하다는 것뿐만 아니라 특정 지역의 바다에서 만들어진 소금이 더 좋다는 식의 주장이다. 예를 들어 맬튼 소금은 영국 동부 연안에서, 킬라우에 소금은 몰로카이의 바닷물에서, 켈트 바다 소금은 브르타뉴에서 만들어진 것으로, 굉장히 비싼 가격을 자랑한다. 킬라우에 소금은 파운드당 40달러에 판매된다. 이국적인 소금은 더 건강에 좋고 맛있으며, 자연적인 회색이나 종종 거의 검은색을 띠고 있다고 소비자를 매혹한다. 주방장들과 미식 조리법에서 선호한다는 코셔 소금은 커다란 소금 입자와 부가물, 대체로 요오드가 없다는 사실 때문에 유명하다. 여기서 말하는 '코셔'는 소금 제조법을 이야기하는 것이 아니라 코셔 고기를 준비하는 데 사용된다는 의미이다. 식도락가 전문 가게에서는 종종 갓 갈아놓은 소금이 더 맛있고 몸에 좋다면서 소금 분쇄기를 팔기도 한다.

서구권에서 대부분의 식용 소금은 공장에서 작게 갈아서 파는 것으로 요오드가 첨가되어 있다. 이런 단순하고 값싼 방법은(요오드화 소금은 가격이 별로 비싸지 않다) 20세기 초부터 시작되었으며 공중 보건에도 엄청난 영향을 미쳤다.

요오드 부족을 해결한 덕에 갑상선종(갑상선이 비대해져서 목이 붓는 것), 크레틴병(유년기에 요오드 결핍으로 인해 생기는 심각한 정신적·육체적 결함), 그리고 요오드 결핍으로 인한 정신지체가 오요드화 소금을 사용한 국가에서는 거의 완전히 사라졌다. 하지만 여전히 요오드화 소금은 전 세계 가정의 70퍼센트에서만 사용되고 있다.

우리는 건강에 가장 좋은 수준보다 훨씬 많이 소금을 소비하고 있다. 미국 심장학회에서는 나트륨의 섭취를 하루에 3그램 이내로 제한하라고 충고한다. 이것은 소금 7.5그램이나 티스푼 하나 반 분량이다. 하지만 나트륨을 완전히 피할 수는 없다. 나트륨 이온은 사람의 식사에서 필수적인 요소이다. 물을 지나치게 많이 마셔서 아프거나 가끔은 죽기까지 하는 운동선수들이 있는 이유는 그들에게 나트륨 이온의 양이 부족해서 전해질의 균형이 완전히 깨진 탓이다. 소금은 또한 고대부터 음식 보존제로 사용되었다. 고농도의 소금은 미생물의 성장을 방지하기 때문이다. 소금물 통에 절여놓은 돼지고기는 오랜 항해를 하는 선원들이나 겨울을 지내는 개척 농지의 가정에서 핵심적인 영양 공급원이었다. 메리웨더 루이스와 윌리엄 클라크와 발견단(제퍼슨 대통령의 명으로 루이스와 클라크가 조직했던 탐험대— 옮긴이)은 19세기 초 탐험을 하는 동안 염장 돼지고기에 많이 의지했다.

소금을 얻고, 나르고, 세금을 부과하는 것은 가끔 인간사에서 결정적인 역할을 하곤 했다. 우리는 'salary'라는 단어에서 소금의 중대한 영향력을 알아챌 수 있다. 이것은 로마 병사들이 소금salt으로 봉급을 받았던 데에서 기인한 것이다. 예수는 제자들이 자신들의 가치를 알게 하기 위해서 '세상의 소금'이라고 불렀다. 현대에 영국이 부과한 소금세는 미국 식민지의 차 세금보다 인도의 독립에 더 큰 영향을 미치는 촉진제가 되었다. 비폭력 시민 불복종 운동을 시작한 중대한 저항 행위를 통해 인도의 독립을 이끌어내고 나중에는 미국 시민권 운동까지 이끌었던 마하트마 간디는 1930년에 영국에 소금 생산에 대한 독점권과 조세 권한을 준 1882년 소금법에 저항했다. 간디는 지지자를 이끌고 자신의 마을에서 아라비아 해까지 380킬로미터를 걸어가 소금 한 줌을 집어 들고 다른 사람들에게도 자신의 소금을 세금 없이 가져가라고 종용하여 전 세계의 이목을 끌었다. 한 달 후 간디는 수많은 동료 저항자들과 함께 투옥됐지만 운동은 이어졌다.

요즘 바다 소금을 만드는 방식은 별로 낭만적이진 않지만, 비행기에서 그 모습을 보면 굉장히 흥미로운 장면을 볼 수 있다. 바닷물에서 소금을 만드는 방법은 커다란 배양 용기를 그 지역의 몇 에이커에 1미터 정도의 깊이로 배치하는 것이다. 여기에는 각기 다른 농도의 소금과 영양분이 들어 있고, 각각이 특정 미생물 종에 알맞게 되어 있다. 비행기 창문으로 보았던 다양한 색깔의 소금 연못(소금 증발 논)은 논에 있는 미생물들이다.

바닷물은 하나의 논으로 들어가서 중력을 통해 이어진 논으로 흘러 내려온다. 이어진 연못의 소금 농도는 이전보다 계속 높아지고, 이런 농축은 시간이 지날수록 계속되고 색깔 역시 짙어진다. 이것은 계속적인 공정이다. 논에는 순차적으로 물이 들어온다. 왜냐하면 염전이 바닷물에 용해되어 있는 혼합물을 회수하는 것뿐만 아니라 바닷물에서 염화나트륨sodium chloride을 정제하기 때문이다. 샌프란시스코 만의 물은 바닷물보다 절반밖에 짜지 않기 때문에 이곳 염전에서의 소금 농도와 미생물의 종류는 바닷물이 흘러들어가는 수많은 다른 곳의 염전에 비해 훨씬 높다.

바닷물에는 3.5퍼센트의 물질이 용해되어 있는데, 그중 약 77퍼센트가 염화나트륨(NaCl)이다. '염Salt'은 이온화된 물질을 부르는 일반적인 용어이다. 물론 우리는 염화나트륨을 부르는 동의어로 흔히 사용한다. 나머지 용해물질은 주로 칼슘(Ca^{2+}) 이온, 마그네슘(Mg^{2+}) 이온, 그리고 황산(SO_4^{2-}) 이온의 염Salt이다. 증발이 계속되면서 나오는 첫 번째 염은 석고gypsum(황산칼슘calcium sulfate)이다. 그리고 염 농도가 25.8퍼센트까지 올라가면 염화나트륨이 논 아래쪽에서 결정화되기 시작하며 염화마그네슘magnesium salt만 여전히 용해된 채 남아 있다. 염화나트륨은 순차적으로 논을 이용하여 특정 논의 바닥에서 결정화될 때마다 점점 더 순수해진다. 10인치의 소금이 축적되면 기계로 수확하여 세척하고 말리고 갈아서 요오드 처리를 하고 어떤 경우에는 쉽게 흘러나오도록 약품(규산칼슘calcium silicate)을 처리하기도 한다.

염화나트륨을 수확하고 남은 액체에는 여전히 수용성인 염화마그네슘과 염화칼슘이 들어 있다. 이것은 독특한 쓴맛 때문에 간수bittern라고도 불린다. 간수는 오늘날 흙길에서 먼지를 덜 나게 하는 데 사용된다. 옛날에는 소금 제조의 마지막 단계가 끝나면 햇살에 논이 완전히 마르기 전에 간수를 제거하는 것이 중요했다. 이것을 언제 하는지는 논의 색깔, 즉 염화나트륨의 농도를 감지하는 미생물의 능력을 바탕으로 결정했다.

바닷물이 들어오는 염전(해수성염수thalassohaline라는 대단히 우아한 이름을 갖고 있다)의 여러 논에서 자라나는 미생물 계통과 이들의 색깔은 호염(소금을 좋아하는) 미생물의 취향과 염분 내성을 선명하게 보여준다. 염전의 첫 번째 논, 즉 가장 저농도의 소금이 있는 곳에서는 호염녹조류가 풍부해 녹색을 띤다. 그다음 좀더 고농도의 소금이 있는 곳에서는 또 다른 녹조류 두나리엘라 살리나*Dunaliella salina*가 지배적이다. '녹조류green alga'라는 이름은 색깔이 아니라 어떤 종류의 조류인지를 말하는 것이다. 두 개의 편모로 헤엄을 치는 이 단세포 조류는 다량의 베타카로틴beta carotine을 생산하고 논을 밝은 빨강색으로 보이게 만든다. 중간 정도의 염분 농도를 가진 이 논은 또한 아르테미아 새우의 서식지이고 이들의 색깔도 일부 보인다. 이런 논의 조류는 그저 장식으로서의 가치만 있는 것이 아니다. 이들은 복사 에너지를 더 많이 흡수하여 증발 속도도 빠르게 만든다.

이어지는 논은 조류가 살기에는 지나치게 짜다. 이후의 고농도 염분의 논에서는 호염성 균이 번성하고, 가장 농도가 높은 논에서는 극도로 호염성인 고세균들이 주로 산다. 그래서 미생물 세계의 주요 집단 대표들이 염전의 논에서 그 모습을 보여준다.

고세균은 가장 농도가 높은 염분에서도 견딜 수 있다. 이미 물이 끓는 온도와 부식성 산이 있는 적대적인 환경에서도 번성하기로는 생물학적으로 최고 기록을 갖고 있기 때문에 별로 놀라운 일이 아닐지도 모른다. 이들은 가끔은 30퍼센트가 소금인 고농도로 결정화된 논에서도 발견된다. 대부분의 생물체에게는 굉장히 적대적인 환경이다. 여러 가지 유독한 영향 중에서 고농도의 염분은 대부분의 단백질을 비활성화시킨다. 아주 고농도의 염분은 모든 미생물의 성장을 멈추게 한다. 그래서 고기 같은 음식을 소금물에 담그는 것이 보존에 효과적인 방법인 것이다. 간수는 소금 농도가 너무 높아 어떤 미생물도 살 수 없을 정도로 적대적인 환경이다. 그래서 무균 상태이다.

고염분 환경에서 살려면 우선 삼투압 현상 때문에 세포에서 물이 빠져나가 세포 안이 말라버리는 것을 피해야 한다. 염분성 환경에서 사는 여러 미생물들은 이 문제를 각기 다른 방식으로 해결한다. 거의 모두가 외부의 소금 농도와 균형을 맞추기 위해 세포 안 작은 분자의 농도를 높인다. 이들이 끌어들이는 작은 분자는 균의 종류에 따라 다르지만, 일반적으로 세포의 단백질에 해를 입히지 않는 유기 화합물 (이면성 용질compatible solute이라고 한다)이다. 하지만 결정화 논처럼 극도로 염분이 높은 환경에서 사는 내염성 고세균은 다른 접근법을 취한다. 이들은 소금, 일반적으로 염화칼륨을 이용해 외부의 소금 농도와 균형을 맞춘다.

물론 이런 방법은 세포의 필수 효소를 포함한 대부분의 단백질에 재앙이 될 수도 있다. 고염분의 물질은 단백질을 변성시킨다. 즉 3차원 구조를 변이시켜 생물학적 활성을 잃고 종종 불용성이 되는 것이다. 그 결과는 조리하지 않은 달걀흰자에 소금을 몇 알 떨어뜨려보면 쉽게 볼 수 있다. 달걀흰자의 단백질이 변성되어 그 용해성을 잃고 소금 알갱이 주변으로 불투명한 하얀 부분이 형성된다. 호염성 고세균은 염분에 의해 변형되지 않는 고유의 내성을 가진 단백질을 갖도록 진화하여 이런 문제를 피했다.

결정화된 논에서 번성하는 고세균은 처음 발견한 영국 미생물학자 앤서니 왈스비의 이름을 딴 할로콰드라툼 왈스비이*Haloquadratum*

할로콰드라툼 왈스비이　　　　　　　　할로아르쿨라 자포니카

• 할로콰드라툼 왈스비이와 할로아르쿨라 자포니카 •

*walsbyi*로 호염성 고세균 중에서도 특이하다. 현미경으로 들여다보기만 해도 알 수 있다. 대부분의 세포가 우연히도 소금 결정처럼 완벽한 사각형 모양에 모서리가 날카롭고 옆쪽은 직선형이다. 흥미롭게도 고체 배양액에서 배양할 때 이 세균이 만드는 군집들도 사각형이다.

　할로콰드라툼 왈스비이는 유일하게 알려져 있는 사각형 미생물이다. 가까운 친족관계인 할로아르쿨라 자포니카*Haloarcula japonica*도 조금 특이하게 생겼다. 이것은 삼각형이나 사각형이다. 대부분의 호염성 고세균은 전형적인 원핵생물처럼 구형이나 막대형 세포이다. 할로콰드라툼 왈스비이의 세포 역시 평평하고, 작고 하얀 점이 몸체에 흩어져 있다. 이것은 세포에 부력을 주는 기체로 찬 방(기체소낭)이고, 이것으로 공기와 접촉한다(산소는 포화 소금물에서 잘 녹지 않는다). 이런 부력은 할로콰드라툼 왈스비이를 햇볕에 노출시켜주는 등 할로콰드라툼 왈스비이의 생활양식에서 굉장히 중요하다. 그리고 이것은 뜨는 것뿐만 아니라 헤엄도 칠 수 있다. 각 세포는 한 개에서 여러 개의 편모를 생성하여 굉장히 염도가 높은 환경에서 활동적으로 움직일 수 있다.

할로콰드라툼 왈스비이는 고농도의 염분을 견딜 수 있을 뿐만 아니라 25에서 35퍼센트의 소금이 들어 있는 섭씨 42도에서 52도 사이의 소금물을 좋아한다. 왈스비이의 붉은 세포는 우리가 비행기에서 본 것처럼 화려한 빨간색이다. 이것은 조류인 두나리엘라 살리나가 더 낮은 염도에서 논을 붉게 만든 것과 같은 원리에서 비롯된다. 할로콰드라툼 왈스비이는 우리 몸에서 비타민 A로 전환시킬 수 있는 베타카로틴을 포함한 화합물 집단인 카로티노이드carotenoid를 생산한다. 카로티노이드는 할로콰드라툼 왈스비이와 두나리엘라 살리나를 강력한 햇빛의 치명적인 영향으로부터 보호한다.

할로콰드라툼 왈스비이와 다른 호염성 고세균에 관한 재미있는 사실은 독특하고 대단히 미소한 형태의 광합성을 할 수 있다는 것이다. 식물이나 미생물에서 일어나는 다른 광합성 형태들과는 다르게 이 광합성 형태는 녹색 색소 엽록소chlorophyll에 의존하지 않는다. 그리고 다수의 광합성 과정이 그렇듯이 산소를 생산하지도 않는다. 그저 대사 에너지만 생산할 뿐이다. 그것도 많이는 아니고 느린 성장과 증식을 돕고 약간 헤엄을 치고 내부에서 염분을 제거할 정도의 양만 생산한다.

이런 광합성 형태는 단순함을 극대화한 것이다. 산소가 제한되거나 양분이 고갈되면 이 미생물들은 세포질에 보라색 반점을 형성하여 도움을 구한다. 이 보라색 세포질은 우리 눈의 망막에서 발견되는, 우리가 빛을 인지할 수 있게 해주는 단백질 로돕신rhodopsin과 가까운 관계가 있는 박테리오로돕신bacteriorhodopsin의 격자형 구조를 갖고 있다. 박테리오로돕신은 로돕신처럼 비타민 A에서 합성하는 조그만 분자 레티날에 달라붙어 있다(밤눈이 밝아지려면 당근을 먹으라는 옛말은 여기에서 비롯된 것이다). 호염성 고세균은 비타민 A에서 이것을 합성할 필요가 없다. 이들은 아무것도 없는 데에서 박테리오로돕신을 만들 수 있다.

　박테리오로돕신은 세포질을 확장시키고 레티날은 가운데 어딘가에 달라붙어 있다. 레티날은 양성자(수소 이온, H^+)를 받거나 방출할 수 있는 화학적 성질을 갖고 있다. 이것은 세포 안쪽으로 양성자를 끌어들일 수 있다. 그런 다음 빛 에너지의 양성자가 단백질과 부딪치면 이 양성자를 세포 바깥으로 방출한다. 그래서 보라색 세포질은 빛으로 작동하는 양성자 펌프 역할을 하여 세포 바깥으로 양성자를 밀어내 바깥은 높고 안쪽은 낮게 양성자의 구배를 형성한다. 3장에서 언급한 것처럼 이 농도 구배는 ATP 합성효소를 통해 세포 안으로 양성자를 끌어들여 ATP, 궁극적으로 대사 에너지를 발생시키는 잠재적 에너지를 의미한다.

고온에서 살기

옐로스톤 국립공원에 있는 온천에서 흘러나오는 물의 다양한 색깔은 아름답고 복잡한 미생물 덩어리 때문이다. 옐로스톤은 이런 다양한 색의 온천을 볼 수 있는 유일한 곳은 아니지만 가장 넓고 가장 인상적이다. 아이슬란드, 이탈리아, 일본, 뉴질랜드의 화산지대 대부분에는 옐로스톤의 망가지지 않은 훌륭함이 없다. 이곳들은 온천과 지열 공급원으로 개발되었기 때문이다.

어떤 면에서 옐로스톤의 현재 환경은 40억 년 전 지구에서 미생물이 처음 진화를 시작했을 당시의 굉장히 뜨거운 환경과 비슷하다. 이유도 거의 같다. 지구가 처음 형성되었을 때에는 지각이 얇았다. 그리고 현재 대부분 지역의 지각 두께가 140킬로미터인 데 반해 옐로스톤 지역은 겨우 70킬로미터밖에 되지 않아 여전히 굉장히 얇다. 용암이 솟구치는 옐로스톤의 특정 지역은 특히 더 얇다. 그중 몇 군데에서는 용암이 표면에서 겨우 3~4킬로미터 아래에 있다. 하지만 강렬한 열기를 느끼기 위해서 용암이 있는 곳까지 내려갈 필요는 없다. 지상으로 흘러나오는 물이 이 뜨거운 지역 근처로 흘러가면 간헐천이나 온천이 되어 뿜어져 나왔다가 옐로스톤의 비교적 찬 기후에 노출된 채 흘러가며 점차 식는다. 그래서 온천이나 간헐천에서 나오는 물은 염분 농도에 단계가 있는 염전처럼 주변 온도를 거의 끓는 수준에서 조금 차가운 수준까지 이어준다. 이 물에서 찾을 수 있는 특정 미생물은 원천수와의 거리에 따라 달라진다. 물의 온도와 미생물 군집의 색깔, 그리고 세포가 이런 군집 형태로 집합하는 방식(섬유형, 솜털형, 점액형, 부유형, 발판형)은 우리에게 어떤 미생물이 존재하는지 꽤 확실하게 알려준다.

옐로스톤에서의 환상적인 미생물 관찰 기회는 이 지역의 개방성 덕에 더욱 커진다. 온천이 종종 넘쳐흘러 더 많은 지역을 적시기 때문에 그 주변에는 나무를 비롯한 다른 식물들이 거의 없다. 온천의 많은 미생물들은 강렬한 햇살에 대응하여 대체로 카로티노이드로 된 다양한 색의 자외선 방지 색소를 생성한다. 햇살 아래서 대단히 밝은 빛을 내는 이 미생물 대부분은 어두울 때는 무색이다. 이들은 신중하게 자외선 차단이 꼭 필요할 때에만 사용한다. 하지만 온천에서 나오는 갖가지 색이 전부 다 미생물 때문인 것은 아니다. 몇몇은 미네랄 침전물이다. 하지만 이 미네랄 침전물은 미생물과 구분하기가 쉽지 않다. 더 뜨거운 지역에서는 빨간색 철과 노란색 황 침전물을 형성하지만, 대부분의 미생물이 모여 있는 중류가 아니라 물가 쪽에 나타난다.

옐로스톤의 미생물 관찰용 샘플을 채취하기 좋은 장소는 하류 간헐천 유역의 대분수 간헐천 근처 옥토퍼스 온천 같은 곳이다. 이 온천은 환경적 민감성으로 인해 지금은 접근이 제한되었지만 이런 온천은 더 있다. 하지만 옥토퍼스 온천은 미생물학자들에게 특별한 곳으로 여겨진다. 1960년대에 옐로스톤의 호열미생물thermophilic microbes을 연구하던 토머스 브록Thomas Brock이 발견한 '3억 달러 박테리아', 테르무스 아쿠아티쿠스*Thermus aquaticus*가 여기에 있기 때문이다. 온천 유출수의 온도가 섭씨 73도로 낮아지면 광범위한 오렌지색의 남세균 군집이 바로 나타난다. 그 옆에 눈에 좀 덜 띄는 하얗고 긴 실 같은 군집들도 분명하게 구분할 수 있다. 이 섬유질형 박테리아가 테르무스 아쿠아티쿠스다.

두 미생물이 가까이 나타난 것은 우연이 아니다. 남세균은 이산화탄소에서 광합성을 해서 자신의 식량을 공급하고, 빛 에너지를 이용하지 못해서 외부에 유기 영양분 공급원을 가져야만 하는 테르무스 아쿠아티쿠스의 요구량까지도 만족시켜준다. 이 온천에서는 남세균이 그 공급원이다. 다른 온천에서 테르무스 아쿠아티쿠스는 땅에서 솟아나는 온천물에 있는 유기 영양분을 바탕으로 훨씬 드문드문 자라난다.

테르무스 아쿠아티쿠스는 현대 생활에 대단히 강한 영향을 미친, 소량의 DNA를 검출하고 다루기 위해서 사용하는 중합효소 연쇄반응 Polymerase chain reaction(PCR)에 중대한 공헌을 하면서 유명세를 얻게 되었다. PCR은 DNA를 바탕으로 하는 범죄 재판과 무고 입증, 에이즈 같은 질병 진단에도 사용된다. PCR은 작은 DNA 샘플(예를 들어 핏방울에 들어 있는)을 여러 번 복제한다. 한 번 복제할 때마다 샘플에 있는 DNA의 양은 두 배가 된다. 복제에 사용되는 효소는 세포가 자신의 자손에게 유전 정보를 전달하기 위해 복제에 사용하는 것과 같은 DNA 중합효소이다. DNA 중합효소는 DNA의 단일 가닥만을 복제하기 때문에 원래 이중나선으로 되어 있는 DNA를 복제하기 전에 가열(용해)하여 단일 가닥으로 분리해야 한다. 그래서 PCR 방법으로 복제하는 사이사이에 DNA 샘플을 거의 끓을 만큼 가열해야 하지만, 이렇게 하면 대부분의 유기체에서 DNA 중합효소가 비활성화된다.

하지만 테르무스 아쿠아티쿠스의 것은 다르다. 이 박테리아의 중합

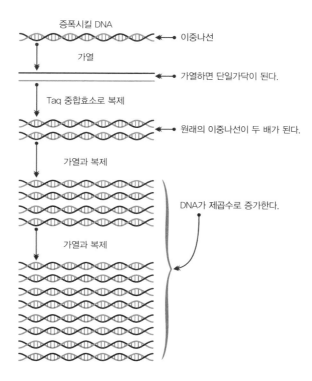

증폭시킬 DNA

이중나선

가열

가열하면 단일가닥이 된다.

Taq 중합효소로 복제

원래의 이중나선이 두 배가 된다.

가열과 복제

DNA가 제곱수로 증가한다.

가열과 복제

이 개략도에는 없지만, 중합효소에 DNA 단일가닥의 어디서부터 복제를 시작해야 하는지 알려주는 조그만 DNA 조각인 '프라이머primer'를 꼭 첨가해야 한다. 이런 프라이머는 DNA의 특정 부분, 가장 관심이 있는 부분만을 증폭시키고, DNA 중합효소가 프라이머 없이는 복제를 할 수 없기 때문에 복제에 꼭 필요하다.

• PCR의 개략도 •

효소를 Taq(테르무스 아쿠아티쿠스의 앞 글자를 딴 것이다) 중합효소라고 하는데, 이런 온도를 쉽게 견딜 수 있다. 다른 중합효소를 사용한다면 새 Taq를 매번 복제를 시작하기 전에 첨가해주어야 한다. Taq 중합효소는 PCR을 쉽고 대단히 널리 쓰이게 만들어주었다. 당시 세터스

사의 직원이었던 케리 멀리스Kary Mullis는 PCR과 Taq 중합효소의 사용에 관한 아이디어를 갖고 있었다. 후에 로쉐 분자 시스템에서 PCR 특허권을 세터스에서 3억 달러에 사서 테르무스 아쿠아티쿠스를 특별한 경제적 지위로 끌어올렸다. Taq 중합효소는 큰 상을 받기도 했다. 1989년 《사이언스》 지가 Taq 중합효소를 '올해의 분자'로 뽑았던 것이다. 멀리스는 겨우 1만 달러를 받았지만, 노벨상으로 위로를 받을 수 있었다. 미생물학자 토마스 브록이나 미생물 테르무스 아쿠아티쿠스는 한 푼도 받지 못했다.

옐로스톤의 거의 섭씨 80도에 이르는 온천 유출수에 사는 또 다른 유명한 박테리아는 클로로플렉시스Chloroflexis(녹만균) 종이다. 하지만 이들은 전혀 경제적 가치가 없다. 이 박테리아는 초록색 남세균 위나 옆에서 아름다운 베이지색과 오렌지, 오렌지레드의 대비되는 색상을 내며 군집을 이루어 쉽게 찾을 수 있다. 클로로플렉시스는 광합성균이고, 분자 연구에서 보여주듯이 지구가 형성된 직후 이런 종류의 환경에서 번성한 아주 오래된 미생물이다. 이 색다른 광합성 형태가 가장 먼저 나타난 형태였을 것이다. 모든 광합성 과정처럼 클로로플렉시스의 광합성은 탄소 원자(대사전구체를 만들고 모든 세포 구성요소를 만들기 위한)의 공급원으로 이산화탄소를 사용한다.

하지만 대부분의 광합성 형태(녹색식물과 조류, 남세균을 포함하여)와는 달리 이 박테리아는 부산물로 산소 기체를 생성하지 않는다. 클로로플렉시스와 이 작은 미생물 집단의 다른 멤버들(지금은 클로로플렉시스라는 이름이 합당하지만 거의 쓰이지 않고, 멋은 없지만 딱 알맞은 녹색비

유황세균이라고 불린다)은 이산화탄소를 환원시켜 대사전구체를 만들기 위해 물에서 수소 원자를 사용하지 않는다. 대신 대부분의 클로로플렉시스들은 유기 화합물에서 수소 원자를 빼내고, 몇몇은 수소 기체를 직접 사용할 수 있다. 이 두 가지 형태의 광합성은 다음과 같은 점을 비교해볼 수 있다. 식물, 조류, 남세균의 광합성은 빛 에너지와 이산화탄소, 물로 시작되어 대사전구체와 산소를 만드는 반면, 클로로플렉시스의 광합성에서는 물 대신 수소 원자가 들어가고 그래서 생성물에 산소가 없다.

클로로플렉시스는 또한 대사 에너지를 얻기 위해서 유기 화합물을 발효시킬 수 있다. 클로로플렉시스는 산소가 부족하고(식물, 조류, 남세균은 아직 진화되지 않았다) 지금보다 화학적으로 형성된 유기물이 풍부했던 고온의 초기 지구에 이상적이었을 것이다. 사상형 남세균으로 여겨지는 고대의 화석들은 아마 클로로플렉시스일 가능성이 높다. 이들은 남세균처럼 사상형이고, 지구의 초기 환경에 더 잘 맞았을 것이다.

그 기묘한 아름다움 때문에 옐로스톤에서 가장 흥미진진한 미생물 중 하나는 옥토퍼스의 유출수와 섭씨 90도 정도 되는 다른 온천 유출수에서 깃발처럼 흔들리는 섬세한 분홍색 사상형 박테리아들이다. 토머스 브록이 1960년대에 처음 이 박테리아에 대해 언급했다. 브록은 3억 달러짜리 박테리아인 테르무스 아쿠아티쿠스를 배양시키는 데에는 성공했지만, 분홍색 섬유형 미생물에는 성공하지 못했다. 테르무스 아쿠아티쿠스도 분홍색이지만, 이것은 사상형으로 형성되지 않고 고체 표면에 고정되어 있다. 테르무스 아쿠아티쿠스는 물살에 쓸려가지 않고 그 자리에 남아 있다. 왜냐하면 세포 중 몇 개가 실제 사상형 형성체에 달라붙어 있기 때문이다. 최초의 사상형 형성체를 배양하려는 여러 번의 시도는 모두 실패했다. 놀랄 일도 아니다. 자연계에서 볼 수 있는 어마어마한 숫자의 미생물 대부분이 실험실에서 배양되지 않기 때문이다. 사상형 형성체의 DNA에 관한 분자 연구를 통해 테르무스 아쿠아티쿠스가 박테리아임이 밝혀졌다. 고세균이 이런 고온의 환경을 지배한다는 것은 생각하면 놀라운 일이다. 이것은 수소 기체를 호흡하여 대사전구체와 세포 구성요소를 만들 충분한 에너지를 이산화탄소에서 뽑아내는 초호열성 박테리아(산수균류)의 원시 집단과 관련이 있다.

1998년 독일인 미생물학자 카를 스테터는 다른 많은 사람들이 실패한 일에 성공했다. 실제 옥토퍼스 온천수와 같은 화학물질을 기반으로 한 배양 배지를 사용하는 꼼꼼한 방법으로 사상형 형성체를 배양하는 데 성공한 것이다. 그는 자신이 배양한 박테리아를 테르모크리니스 루베르*Thermocrinis ruber*라고 이름 붙였다. 이것은 그가 고안한 배지에서 잘 자랐다. 황화수소를 호흡하여 ATP를 만들고 이산화탄소를 대사전구체 공급원으로 이용하기 때문이다. 하지만 실망스럽게도 배양액 안에서 이들은 섬유형이 아니라 개별 세포로 자라났다. 스테터는 곧 좀더 정확하게 자연환경을 흉내 내기로 했다. 그는 테르모크리니스 루베르를 흘러가는 양분액 속에서 배양시켰다. 그러자 세포들은 토마스 브록이 1960년대에 감탄한 것 같은 섬세한 분홍색 사상형으로 자라났다.

그래서 옥토퍼스 온천이나 옐로스톤의 비슷한 다른 온천을 방문하면 유출수의 분홍색 사상 형체가 아주 원시적인 초호열성 박테리아인 테르모크리니스 루베르 집단이라는 것을 확신할 수 있을 것이다. 이들은 황화수소를 호흡하여 에너지를 얻고 이산화탄소를 이용하여 세포의 구성요소를 만들 것이다. 미생물이 사용하지 않는 과량의 황화수소 냄새도 느껴질 것이다.

어쩌면 옐로스톤의 고세균에 대해 이야기하지 않는 것을 이상하게 여길 독자도 있을 것이다. 고세균은 대단히 유명한 초호열균이고 옐로스톤은 전반적으로 초호열성 환경이기 때문이다. 물론 고세균도 존재한다. 살아 있는 미생물을 배양하는 대신에 DNA를 추출하여 서열 분리를 해본 분자 연구 결과 옐로스톤의 온천에는 다양한 고세균들이 풍부하게 존재한다. 이들 대부분은 개별 세포로 자라기 때문에 우리 눈으로 보기 힘들 만큼 작다. 또한 배양하기도 극도로 어렵다. 하지만 옐로스톤의 온천에는 놀랍도록 다양한 고세균이 있다. 어느 분자 연구를 보면 온천 한 곳(짐스 블랙 풀)에는 열일곱 가지 고세균 종이 있으며, 이 중 일곱 개가 이전에 알려지지 않은 것들이라고 한다.

옐로스톤은 다양한 식물과 동물 그리고 자연의 아름다움을 풍부하게 보여주지만, 사실 지금까지 무시당해왔던 다양하면서도 독특한 미생물들이 옐로스톤의 가장 훌륭한 보물일지도 모른다. 그리고 미생물들이 거기에 먼저 존재했었다.

온천 근처의 축축한 초록빛 반점

옐로스톤 국립공원의 옥토퍼스 온천을 떠나기 전에 최소한 하나의 미생물을 더 찾아볼 수 있다. 가끔씩 온천이 넘쳐흐르는 곳 근처를 조심스레 관찰하면 축축한 초록빛 반점을 볼 수 있다. 미생물 매트microbial mat라고 부르는 미생물 군집이다. 어떤 것은 몇 센티미터 두께쯤 되고 다른 것은 훨씬 얇아서 0.3센티미터 혹은 그보다 작다. 오늘날 잘 발달된 두꺼운 미생물 매트는 염도가 무척 높은 습지 같은 다른 적대적인 환경이나 지열성 지역에서만 찾아볼 수 있다. 한때 미생물 매트는 우리 지구상에 아주 많았다. 이들은 식물과 동물이 우리 세계에 끼어들기 전, 미생물이 독점권을 갖고 있던 시절에 번성했다. 하지만 지금은 동물들이 이것을 먹고 식물은 이들의 햇빛을 가린다. 잘 발달된 미생물 매트는 이들을 망가뜨리는 후발주자인 침입자들이 들어오기 힘든 적대적인 환경에만 남아 있다. 미생물 매트는 특별히 장관이거나 눈길을 끌지는 않지만, 지구의 역사에 대한 이야기뿐 아니라 미생물이 서로 어떻게 상호 작용을 하는지에 대한 중요한 사실들을 알려준다.

미생물 매트는 흥미로운 미생물들이 모인 복잡한 공동체라 할 수 있지만, 미생물 매트만 그런 것은 아니다. 미생물 사이의 상호작용과 상호의존은 자연계에서 드문 일이 아니다. 사실 이것이 규칙이다. 좀 작고 더 단순한 미생물의 상호작용층은 생물막biofilms이라고 한다. 이것은 어디에나 존재하며, 다른 수많은 미생물 공동체에서도 형성된다. 이를 닦지 않았을 때 이 사이에 낀 찌꺼기, 낭포성 섬유종이 있는 사람의 폐에 고인 진액, 깨끗한 개울의 바위에 낀 미끈거리는 점액 등에도 있다. 이런 미생물 공동체에서 미생물들은 그저 서로 달라붙어 함께 존재하기만 하는 것이 아니다. 이들은 서로 자극하고 양분을 공급하며, 화학신호를 주고받는 약간 기묘한 방식으로 의사소통을 한다. 예를 들어 어떤 미생물들은 생물막 안에서 자란 덕에 혼자 자란 미생물보다 항생제에 내성이 더욱 강하다. 이들의 내성은 생물막 안에서 자라 항생제로부터 실제적인 보호를 받는 데에서만 나오는 것이 아니다. 각각의 세포는 본질적으로 더욱 강한 항생제 내성을 갖도록 변화한다. 그리고 어떤 미생물은 다른 미생물과 생물막 안에서 함께 자란 결과 혼자 있을 때보다 더 심각한 질병을 유발할 수 있다. 예를 들자면 부르크홀데리*Burkholderi*라는 박테리아 종은 낭포성 섬유종이 있는 사람의 폐 안에서 녹농균*Pseudomonas aeruginosa* 박테리아와 생물막 안에서 같이 자랄 때가 혼자 자랄 때보다 훨씬 더 유독하다.

생물막은 아무렇게나 미생물들이 서로 달라붙어 만들어진 것이 아니다. 각각의 박테리아 세포가 다른 세포들을 적극적으로 찾는다. 이와 같은 짝을 찾으려는 경향 혹은 강박은 프린스턴 대학교 연구진이 미생물학계에서 늘상 시험대에 오르는 대장균을 가지고 수행한 몇 가지 실험을 통해 잘 나타났다. 실험에서는 희석한 개별 대장균 세포를 연구원들이 만든 아주 미세한 미로에 넣었다. 처음에는 세포들이 미로에 골고루 퍼져 있었지만 몇 시간이 지나자 미로 안의 한곳에 모여 군집을 형성하게 되었다. 실험 결과 세포들이 인력을 발휘하여 서로 찾는다는 사실이 밝혀졌다. 각 세포는 소량의 아미노산 글리신을 방출하여 다른 세포를 불러들인다. 다른 세포들은 주변에서 글리신의 존재를 감지하고 그 출처와 더 진한 농도를 향해 헤엄쳐간다. 이것이 주화성chemotaxis이라는 미생물의 유명한 행동이다. 모여든 세포 집단은 각각의 세포보다 더 많은 글리신을 생성하고 더욱 강력한 유인 물질로 작용한다. 결국에 미로 안의 모든 세포들이 한곳으로 모여드는 것이다. 왜 이들이 글리신을 방출하는지에 관한 적절한 설명은 아직 없다. 세포를 유인할 수 있는 어떤 아미노산이든 똑같은 작용을 할 것이다. 상호인력이라는 비슷한 구조가 생물막이 만들어지는 근원일 것이다. 그리고 생물막이나 매트에서 함께 모여 사는 것이 미생물에게 적대적인 세계에서 이들에게 상당한 선택적 이점이 되었을 것이 분명하다.

생물막과 미생물 매트는 명확하게 구분하기가 어렵다. 양적·질적 구분은 불가능하다. 하지만 옐로스톤의 온천 근처에 있는 수 센티미터 두께의 미생물 집단은 확실히 미생물 매트라고 할 수 있다. 이 군집은 영양 공동체이다. 말하자면 식물과 동물의 먹이사슬과 비슷하다. 하지만 매트는 미생물의 광범위한 에너지 획득 구조 때문에 대사적으로 굉장히 복잡하다.

매트에 어떤 미생물이 있는지, 이들이 대사 에너지를 어떻게 얻는지, 어떻게 상호작용을 하는지를 조사하면 우리가 이전의 미생물들에게서 알게 되었던 사실 대부분이 나온다. 남세균이 매트 제일 위와 먹이사슬 제일 아래에 있다. 이들은 공동체에서 가장 풍부하고 잘 번식하는 일차 생산자들이다. 그들은 산소성 광합성oxygenic photosynthesis(산소를 생산하는 광합성)을 통해서 햇빛에서 에너지를 얻어 대사 에너지로 이용한다. 이들은 대사전구체를 만들고, 이산화탄소에서 세포 구성요소를 만들고, 부산물로 산소를 생성한다. 기억하고 있겠지만 산소는 물에서 수소 원자를 사용하여 대사전구체를 만들기 위해 이산화탄소를 환원시키며 만들어지는 부산물이다. 우리는 이런 산소성 광합성 형태에 익숙하다. 모든 식물과 조류가 이용하는 것과 동일하기 때문이다. 그리고 앞으로의 미생물 관찰에서 배우게 되겠지만, 이런 대사적 유사성은 우연이 아니다.

진핵 광합성균들은 남세균을 그저 복제하기만 하는 것이 아니다. 그들을 이용한다. 진화사의 먼 과거로 거슬러 올라가보면 원시적인 진핵생물들은 조류와 식물의 조상이 되어 남세균을 세포 안에 사로잡아 광합성을 하는 노예로 삼았다. 남세균의 자손들은 진핵세포 생물의 자손들을 따라 전달되었다. 세포 내에서 수억 년 동안 존재하면서 사로잡힌 남세균들은 진화하여 크게 변했다. 하지만 오늘날에도 여전히 엽록체라고 불리는 세포 안에 있는 이들의 후손은 독립생활을 하는 남세균이라는 선조의 대사적·유전적 증거를 또렷하게 드러내고 있다. 예를 들어 이들은 여전히 남세균 같은 염색체 파편을 갖고 있다. 남세균만이 산소성 광합성을 할 수 있다. 다른 현존하는 산소성 광합성균들은 광합성을 하기 위해서 세포 내에서 진화한 남세균, 즉 엽록체를 이용한다.

미생물 매트 표면의 남세균 층 아래, 박테리아의 호흡으로 혐기성이 된 지역에는 다른 박테리아가 비산소성(산소를 생성하지 않는) 광합성을 한다. 이 광영양생물 중 일부는(우리가 온천에서 본 녹색비유황세균) 유기 화합물에서 수소와 다른 것들을 공급 받아(녹색 및 자색유황세균) 황화수소 같은 황 화합물을 환원시킨다. 황화수소는 온천에서 곧장 공급된다. 대부분의 온천은 유황성이다. 불과 유황은 함께 다니는 법이다. 이렇게 아래쪽까지 도달한 남세균이 흡수하지 못한 여과된 빛은 이 비산소성 광영양생물이 가진 빛을 흡수하는 색소와 이상적으로 알맞다.

매트의 더 아래에 있는 다른 미생물들은 위쪽에 있는 다양한 광영양생물들이 제공하는 것을 섭취하고 살아간다. 이것은 복잡하고 서로

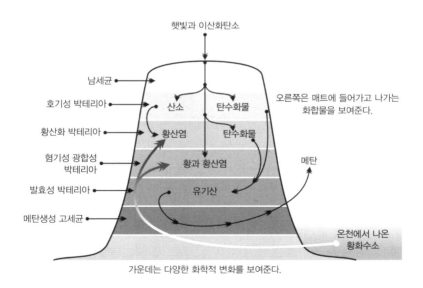

• 미생물 매트에서의 상호 급식 •

연결된 의존관계이자 단순한 먹이사슬이 아니라 먹이의 거미줄이라 할 수 있다. 매트 위쪽에서는 호기성 박테리아들이 남세균이 만든 생성물(탄수화물과 산소)을 사용해서 살아간다. 이들은 탄수화물을 호흡하기 위해서 산소를 사용하고, 그렇기 때문에 모든 산소를 소모하여 매트 아래쪽을 완전히 혐기성으로 만든다. 이 아래쪽의 무산소 구역에서는 혐기성 광합성 박테리아가 번성하고 다른 박테리아들은 호기성 박테리아가 빠뜨린 나머지 탄수화물을 발효시켜 유기산을 최종 산물로 만들어낸다. 이것은 고세균에 의해 메탄 기체로 전환되어 매트에서 빠져나간다.

비산소성 광영양생물의 생성물은 나뉘어 있지만 서로 연결된 먹이사슬을 먹여 살린다. 매트의 위쪽 지역에 있는 어떤 박테리아는(베기아토아 *Beggiatoa* 속의 종) 황을 이용하는 광영양생물이 생성한 황과 온천에서 나온 황화수소 두 개를 산화시켜 남세균이 생성한 산소를 이용해 황산염으로 만들어 대사 에너지를 생산한다. 그리고 매트의 혐기성 지역에 있는 다른 박테리아는(흑해와 바닷가 갯벌을 검게 만드는 황산염 환원균sulfate-reducing bacteria) 정반대의 일을 하며 살아간다. 발효 박테리아가 생산한 유기산을 산화시키는 덕에 황산화 박테리아가 만들어낸 황산염을 환원시켜서 살아가는 것이다.

미생물이 함께 살아감으로써 어떻게 이득을 보는지 알아보는 것은 쉽다. 이들은 서로에게 먹이를 공급하고 또 서로를 지켜준다. 거의 모든 일반적인 미생물의 대사 형태는 옐로스톤의 옥토퍼스 온천 근처에 있는 미생물 매트 혹은 다른 적대적인 환경에서 생기는 미생물 매트를 조금만 들여다보면 나온다.

　물론 우리가 조금 전에 살펴본 먹이사슬은 낮에, 매트가 햇빛을 받고 있을 때에만 작용한다. 밤에는 남세균의 광합성이 중단되고 모든 것이 바뀐다. 매트에는 산소가 고갈되고, 먹이사슬의 하단에 있는 구성원들은 거기에 적응해야만 한다. 베기아토아는 활동적인 방식을 취한다. 활주운동gliding motility이라는 기묘한 움직임이 가능한 이들은 산소가 없는 매트의 안쪽에서 대기 중의 산소와 접촉할 수 있는 가장자리나 위쪽 표면으로 나온다. 그리고 아침이 되어 햇빛에 산소 생성이 다시 시작되면 자신이 필요로 하는 다른 영양소인 황화수소 농도가 높은 안쪽으로 다시 돌아온다. 이것은 미생물의 주화성이 주는 이득을 보여주는 또 다른 사례이다. 미생물은 생명을 유지하기 위해서 움직일 수도 있다.

　앞에서 살펴보았듯이 크기가 꽤 큰 미생물 매트는 지구상의 생물체가 미생물뿐이었던 초기 지구 시절에는 아마 꽤 많았을 것이다. 이 고대의 매트 중 다수가 스트로마톨라이트stromatolite라고 알려진 화석 형태로 남아 있다. 이것은 지구상에서 생명의 역사의 거의 처음으로 90퍼센트를 기록하는 유일한 화석이다. 이들은 지구의 초기 생태계에 관해 알려주는 유일한 화석 자료이다. 전자현미경으로 스트로마톨라이트의 얇은 파편을 관찰해보면 현대의 남세균처럼 보이는 뚜렷한 미생물 세포의 모양을 확인할 수 있다. 이 중 몇 개는 서오스트레일리아에 있는 35억년 된 수암chert이라는 고인돌 같은 형태의 고대 바위에서 나온 것이다. 의심할 것 없이 이 화석들은 이렇게 오랫동안 지구에 미생물이 존재해왔음을 증명해준다. 이들이 남세균인지는 조금 확실치 않지만, 이 미생물 세포들은 사실 녹만균류chloroflexi이다. 이 세포들은 남세균과 비슷하게 생겼는데, 이 사실은 또 다른 의문을 불러일으킨다. 현대의 남세균은 산소를 생성한다. 사실 남세균은 안에 있는 엽록체들과 함께 대기에 있는 모든 산소를 책임지고 있다. 하지만 35억 년 전의 대기에는 산소가 거의 감지하기 힘들 정도밖에 없었다는 확실한 증거가 있다. 이 고대의 화석들이 정말로 남세균이라면 왜 이들은 지구의 대기에 이렇게 영향을 미치지 못했을까? 그것이 아직까지 해결되지 않은 의문으로 남아 있다.

온천의 미생물 매트는 단순해 보이지만 복잡한 대사적·진화적 이야기를 담고 있다. 극단적으로 뜨거운 환경만이 복잡한 형태의 생명체가 번성할 수 있는 유일한 곳은 아니다. 이제는 온몸을 짓누르는 수압의 세계에서 번성하는 미생물들을 향해 관심을 돌려보자.

심해 단층과 열수구

이번에 미생물을 관찰할 곳은 가기가 좀 어렵다. 이 미생물들이 굉장히 외진 곳에 있기 때문이다. 바다 한가운데, 약 2킬로미터 아래의 바닥이다. 그곳은 결코 편안한 곳이 아니다. 완전히 새카만 어둠 속인데다 거의 얼어붙을 것처럼 추울 뿐만 아니라 수압이 강해 거의 찌부러질 정도이기 때문이다. 이곳의 압력은 3,000psi(약 200기압) 이상이다. 여기까지 가는 유일한 방법은 매사추세츠 주 우즈홀의 우즈홀 해양 연구소에서 보유하고 있는 연구선 앨빈처럼 배터리로 작동하는 방압 잠수정을 타고 가는 것뿐이다.

이런 혹독한 환경은 태평양과 대서양 모두에 존재하지만, 1977년 여기까지 가는 기술이 개발되기 전에는 접근조차 불가능했다. 심해 단층과 열수구를 방문한 사람들은 이 독특하고 굉장한 아름다움에 놀라고 말았다. 다른 생물은 거의 존재하지 않는 심해 바닥에서 이들은 생물학적으로 풍부한 오아시스를 만났다. 지구상의 다른 곳에서는 이 같은 것들 혹은 이곳 거주자들의 일부조차 존재하지 않는다. 이런 깊은 곳에서 사는 생명체란 본질적으로 미생물이다. 그곳에 있는 모든 생명체는 어두워서 광합성을 할 수 없기 때문에 지구상의 나머지 모든 곳에 양분을 공급하는 광합성 유기체 대신 박테리아에 의존한다. 여기서 박테리아는 이산화탄소를 사용하고 무기 양분을 호흡하는 화학독립영양세균chemoautotroph이라는 종이다. 이들은 광산 배출수에서 사는 박테리아와 별로 다르지 않다. 이들은 대사 에너지의 배타적이고 1차적인 공급원이자 대사전구체의 탄소 공급원으로 이산화탄소를 사용하는 한편 황화수소를 산화시켜 이 에너지를 얻는다. 대단히 다양한 이 생태계의 다른 모든 유기체들은 거기에 있는 화학독립영양세균이 공급하는 유기 화합물을 통해 대사 에너지와 대사전구체를 얻는 종속영양세균heterotroph이다.

이런 생태계는 당연히 불모의 심해 바닥 이상의 것을 요구한다. 미생물들의 집이라고 불리는 물속의 간헐천은 바다 한가운데에 모여 있다. 이런 간헐천 줄기는 지구 내부의 극도로 뜨거운 마그마가 계속해서 솟구쳐 100킬로미터 두께인 지각의 새로운 바깥층을 형성하는 곳을 따라 흐른다. 이 새로운 지각층은 대륙 쪽으로 뻗어가다가 해안 근처의 대륙판 아래로 잠겨 심해 해구(8~10킬로미터 깊이)를 형성한다. 해구에 의존하고 있는 풍부한 미생물 공동체와 다른 생명체들은 마그마가 바닷물과 만나는 곳, 열수구 근처에서 발견된다.

간헐천은 물이 마그마 쪽으로 스며들다 극도로 뜨거워진 채 다시 표면으로 올라오는 부분에 생긴다. 온도는 여전히 섭씨 400도 정도로 끓는점보다 수백 도가 더 높다. 정상적인 지구 표면에서 물은 섭씨 100도에서 끓고, 온도가 더 올라가는 것을 막기 위해 기체가 되어 증발한다. 하지만 이런 심해에서는 끓는 것도, 기화도 일어나지 않는다. 엄청난 수압이 끓는 것을 막기 때문이다. 그래서 열수 단층에서는 두 가지 놀랍고 극단적인 환경이 생겨난다. 강한 수압과 극도의 저온 옆에 극도의 발열 구역이 생기는 것이다.

바닷속 간헐천은 두 가지 종류가 있다. 흑연black smoker과 백연white smoker이다. 흑연은 둘 중에 더 뜨거운 쪽이다. 뿜어내는 철과 황화물의 혼합물이 검은 황화철 침전물을 구름처럼 형성하여 흑연이라는 이름이 붙게 되었다. 백연은 좀더 온도가 낮다. 여기서는 바륨, 칼슘, 실리콘 화합물이 하얀색 침전물을 만든다. 이 연기 중 몇몇은 이런 침전물이 간헐천 주위로 유착하여 놀랄 만큼 빠르게 자라나는 열수 분출구를 형성한다. 어떤 분출구는 앨빈이 몇 차례 방문한 18개월 동안 9미터까지 자라났다. 또 어떤 분출구는 15층 건물 높이까지 솟아났다

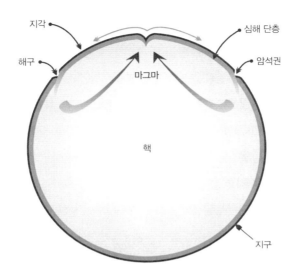

• 바다 가운데의 해양판 확장 및 해구 •

가 무너지기도 했다. 그러고는 새로운 것이 자란다.

　이 간헐천 주위로 발달하는 생물 공동체는 대단히 다양하고 극도로 특이하다. 이미 거기 사는 생물체를 살핀 결과 300종 이상의 새로운 것들이 발견되었고, 모두가 화학독립영양세균에 의존했다. 광산 유출수에서 번식하는 박테리아처럼, 이들은 스스로 대사 에너지를 획득하고 열수구에서 끊임없이 분출되는 황화수소를 산화시켜 모든 공동체에 에너지를 공급한다. 황화수소와 산소는 황산을 형성하고 대사 에너지를 방출한다. 이들은 그 에너지를 이산화탄소를 고정시켜 유기 영양분의 형태로 공동체에 식량을 공급하는 데에 사용한다.

　가끔 이런 생태계가 광합성과 전혀 무관하다고도 하는데, 이는 엄격하게 보면 사실이 아니다. 박테리아가 황화수소를 호흡하려면 산소가 공급되어야 한다. 그리고 산소는 열수구에서 나오지 않는다. 지구의 대기에 있는 산소가 바다 표면에서 녹아 들어오는 것이다. 그리고 알다시피 지구 대기의 산소는 남세균을 기반으로 하는 산소성 광합성으로 인해 생겨난다. 하지만 심해는 공간적으로 광합성과 관계가 없다. 열수구 근처에서는 광합성이 불가능하다.

화학독립영양세균은 열수구 생태계의 1차 공급자로 먹이사슬의 가장 아래에 있다. 이들은 열수구 근처에서 두꺼운 매트를 이루며 자라고, 단각류(새우 같은 작은 갑각류)와 요각류(커다란 더듬이가 달린 물방울 모양의 갑각류)가 이들을 잡아먹는다. 그다음에는 달팽이, 새우, 게 및 우아한 거미게 등이 이들을 잡아먹는다. 그리고 여러 종류의 물고기들이 먹이사슬의 중간을 차지한다.

공동체에 있는 두 종의 동물, 거대 서관충tube worm인 리프티아 파치프틸라Riftia pachyptila와 거대 열수구 조개 칼립토게나Calyptogena는 큰 열수구 먹이사슬에서 빠져나와 자신들만의 사슬을 만든다. 열수구 근처에 매트를 형성하는 황화수소 산화 박테리아가 이 흥미로운 동물의 세포 안에 살며 직접적으로 먹이를 공급하는 것이다. 심해 단층 생태계의 대표 주자가 된 놀랍고 아름다운 거대 서관충은 수직으로 2미터가 넘고 지름은 거의 2.5센티미터에 달할 정도로 커다랗게 자랄 수 있다. 그 부드러운 생체 조직은 키틴질(게 같은 절지동물의 외골격을 이루고 있는 물질)로 만들어진 새하얀 관으로 보호된다. 관의 아래쪽은 열수구 근처의 돌에 단단하게 달라붙어 있다. 윗부분에는 관을 따라 흔들리는 화려한 빨간색 깃털 모양 장식이 달려 있다. 이 부분이 빨간 이유는 5장에서 이야기한 콩과 식물의 뿌리혹에 있는 색소와 비슷한 헤모글로빈이 가득하기 때문이다. 서관충의 헤모글로빈은 대단히 놀랍게도 황화수소, 이산화탄소, 산소라는 세 가지 기체를 주변과 교환할 수 있다. 우리의 적혈구에 있는 헤모글로빈은 이산화탄소와 산소 두 개밖에 교환하지 못한다. 그리고 뿌리혹의 헤모글로빈은 이산화탄소를 흡수할 수만 있다. 빨간색과 하얀색 서관충에게는 소화기관이 없다. 대신에 복부에는 영양체trophosome라는 초록색과 갈색이 섞인 스펀지 같은 조직이 가득하다. 서관충 몸무게의 절반을 이루고 있는 박테리아가 영양체라는 특이한 세포 안에 산다. 그래서 서관충과 박테리아는 상호 공생을 이룬다. 서관충은 박테리아 세포로부터 그들이 필요로 하는 세 가지 기체를 모으고 농축하고 공급하며, 그 대신 박테리아는 서관충이 필요로 하는 유기 영양분을 공급한다.

거대 열수구 조개 칼립토게나는 이 범주에서 약간 변형된 타입이다. 이 조개의 아가미 세포 안에는 황화수소 산화 박테리아가 있다. 서관충의 깃털 장식처럼 조개의 아가미는 박테리아에 필요한 기체를 모으고, 박테리아는 조개에 필요한 양분을 공급한다.

심해 단층 근처에 사는 모든 유기체들은 극한생물이다. 높은 수압을 견디고 심지어 거기서 번성하기 때문이다. 이들은 세포질 안팎으로 물을 들였다 내보내며 세포 안팎의 압력을 동일하게 유지하기 때문에 압력에 짓눌리지 않는다. 미생물이 견딜 수 있는 압력의 한계는 세포가 견딜 수 있는 압력의 한계로 규정되지 않는다. 대신 세포 안에서 일어나는 주요 화학반응이 압력을 얼마나 견딜 수 있는지로 규정된다. 압력은 부피가 증가하는 것, 심지어 분자의 부피가 증가하는 것까지 방해한다. 그리고 분자의 부피는 일반적으로 화학반응에 따라 변화한다.

반응을 완료하기 전에 반응에 참여한 분자들은 전이 상태, 혹은 활성화 상태를 거쳐야 한다. 이 활성화 상태의 분자 부피가 반응물의 부피보다 더 크면, 즉 반응물이 활성화 상태가 되기 위해 팽창해야 한다면, 고압은 이런 팽창을 막을 것이고 그래서 반응이 느려지거나 멈추게 된다. 반대로 활성화 상태의 부피가 반응물의 부피보다 작다면, 압력이 이 상태를 만드는 것을 도와주어 반응이 가능하거나 혹은 빨라진다. 세포에서 가장 압력에 예민하거나 압력에 의존하는 핵심 반응은, 즉 활성화 상태의 부피로 결정되는 반응은 이 세포가 견디거나 이득을 볼 수 있는 최대 수압을 결정한다. 어떤 반응은 고압에서 멈춘다. 또 어떤 반응은 압력이 증가하면 더욱 빠르게 이루어진다.

자연적 선택이 대단히 엄격하긴 하지만, 수압이 높은 지역에 사는 유기체의 반응에서 활성화 상태를 만드는 경우는 대단히 적다는 사실이 놀랍지는 않을 것이다. 심해 바닥이 바로 그런 환경이다. 여기 사는 유기체들은 압력을 좋아한다 하여 호압균piezophile이라고 한다. 심해에 사는 몇몇 미생물은 실제로 강한 수압에서 더 잘 자란다. 이들은 초호압균hyperpiezophile이라고 한다. 카르노박테리움 플레이스토세니움*Carnobacterium pleistocenium*과 가까운 친족관계에 있고 심해 해구에서 발견되는 어느 박테리아는 대기압의 150배가 되는 압력에서 잘 자라며 600배나 높은 압력에서도 자랄 수 있다. 이 박테리아가 좋아하는 압력은 대부분 미생물의 성장을 완전히 멈추게 만들거나 몇몇을 죽일 정도의 압력이다. 사실 고압의 치명적인 효과는 여기 지표면에서 오렌지 주스와 과카몰리 같은 음식을 보존하는 데 사용된다.

열수구에서 극단적인 것은 압력만이 아니다. 이 환경에서 사는 미생물들은 지표면에서는 찾을 수 없는 온도도 견딘다. 내열 미생물 중 최고라 할 수 있는 파이로로부스 푸마리이*Pyrolobus fumarii*(굴뚝의 화염)는 흑연 분출구에서 발견된다. 파이로로부스 푸마리이는 해수면에서 물의 끓는점보다 13도나 높은 섭씨 113도라는 엄청난 온도에서도 자랄 수 있는 고세균이다.

이런 극단적인 열을 견디는 미생물을 보면, 근처의 매우 차가운 바닷물에서 살아가는 미생물도 있을 거라고 예상할 수 있다. 사실 극도의 저온에서 자라는 기록을 보유하고 있는 미생물 역시 열수구에서 좀 떨어져 있긴 하지만 바닷속에서 찾을 수 있다.

이 박테리아는 알래스카 포인트 배로의 극지대에 산다. 극지 얼음은 극도의 냉기 내성을 가진 미생물들의 이상적인 거처이다. 높은 압력으로 액체 상태의 물이 끓는점보다 뜨거워질 수 있게 된 것처럼, 극지 얼음 안에는 물이 가득한 통로들이 있다. 물은 고농도의 염분을 포함하고 있기 때문에 순수한 물의 어는점보다 차가워도 액체로 남아 있다. 극지 얼음이 침상 결빙frazil ice이라는 슬러시 형태를 만들면 얼지 않은 통로의 염분 농도는 증가한다.

가장 냉기를 잘 견디는 박테리아 사이크로모나스 인그라하미이

*Psychromonas ingrahamii*는 저온에서 자라는 박테리아를 연구하는 나를 기리는 의미에서 이름이 붙여졌다. 친구들은 나에게 이 박테리아가 움직이지 않고 기체로 가득 차 있으며, 대사적으로 기면 상태라는 것을 상기시키곤 한다. 하지만 어쨌든 이 박테리아는 기록을 보유하고 있다. 이것은 영하 12도에서 자랄 수 있고, 열흘마다 두 배로 불어난다. 사이크로모나스 인그라하미이는 추운 환경에서만 살 수 있다. 섭씨 10도 이상의 온도에서는 자라지 못한다. 물론 염분도 20퍼센트의 농도까지는 견딜 수 있다. 이 균이 사는 환경은 이 균에게 액체 상태의 물을 공급할 수 있을 정도만 염도가 높을 것이다.

사이크로모나스*Psychromonas* 속은 바다의 환경적 도전에 적응했다. 이 속에 속하는 대부분의 종은 호냉균psychrophile으로 저온에서 자랄 수 있고, 호염성으로 고농도의 염분도 견딜 수 있다. 몇몇은 호압성으로 높은 수압에서도 잘 살아간다.

높고 낮은 온도 및 높은 압력과 더불어 극단적으로 건조한 환경과 상태 역시 모든 생명체에게는 견디기 힘든 일이지만, 미생물은 놀랍게도 이런 환경에서도 잘 버틴다.

냉동 상태에서 최대 800만 년을 살다

어느 식품점에나 있는 포일로 포장된 완벽하게 건조된 베이지색 가루, 제빵용 이스트는 의외로 놀라운 미생물 관찰지이다. 오랫동안 보관한 후에도 포장 안에 있는 이스트 세포들은 따뜻한 물에 몇 분만 넣어놓으면 곧장 살아나서 당분을 활동적으로 발효시켜 알코올과 이산화탄소로 전환시킬 수 있다. 이스트를 제빵에 사용할 때면, 발효된 이스트 세포가 생산한 이산화탄소가 빵 반죽 안에 갇혀서 빵을 부풀린다. 그리고 이스트는 베이킹 파우더로 구운 빵과는 완전히 다른 근사한 향기를 선사한다.

냉장하지 않고 보관할 수 있는 활동성 드라이 이스트를 생산하는 것은 인류의 오랜 과제였고, 제2차 세계대전 때 독일이 먼저, 그다음에는 미국의 제조사들이 제빵용 이스트를 개발하는 데에 성공했다. 그전까지 제빵용 이스트는 이스트 세포가 든 촉촉한 케이크 상태로 냉장을 해야 해서 유통기간에 한계가 있었다. 이전에 만든 드라이 이스트는 대부분의 세포가 죽거나 발효시키지 못했다. 해법은 놀랍도록 간단했다. 이스트가 당분을 제외한 모든 영양소를 고갈시켜 성장이 멈추도록 만든 상태로 적당한 기간 동안 놔둔 후에 세포를 분리하여 건조시키는 것이다. 이 방법을 따르면 이스트 세포는 몇 년이나 건조 상태로 있은 후에도 다시 활동성을 지닐 수 있었다.

이스트의 생존 기반은 이것이 자라지 않는 상태일 때 단당류인 트레할로스trehalose를 형성한다는 데 있다. 트레할로스는 화학적으로 두 개의 간단한 당분이 연결된 형태의 자당이나 젖당과 비슷하다. 그래서 이당류disaccharide(두 개의 당분)라고 불린다. 자당은 포도당 분자 하나와 과당 분자 하나로 이루어진다. 젖당은 포도당과 갈락토스galactose로 이루어진다. 트레할로스는 포도당 분자 두 개가 알파 결합

미생물에 관한 거의 모든 것

alpha linkage이라는 특이한 방식으로 결합된 것이다. 이스트 세포들이 건조될 때 스스로를 보호하기 위해 만드는 것이 바로 트레할로스이다.

특히 세포질은 건조시킬 때 찢어지고 파괴되기 쉬운 세포의 핵심 구조이다. 세포질이 찢어진 세포는 죽는다. 트레할로스는 세포 사이의 세포질을 고스란히 보존해주어 세포가 건조되는 극도의 스트레스 상태에 있을 때에도 찢어지지 않게 붙잡아준다. 자당 같은 비슷한 구조의 다른 이당류들 역시 같은 방어법을 갖고 있지만, 트레할로스가 지금까지는 가장 효과적이다.

미생물들만이 건조에서 살아남기 위해 트레할로스를 만드는 유일한 생명체는 아니다. 곰벌레라고도 하는 완보동물 같은 작은 동물들이 이런 능력을 가장 인상적으로 보여주는 본보기일 것이다. 겨우 1.5밀리미터 길이의 이 작은 동물들은 다량의 트레할로스를 만들어 몇 년이나 완전히 건조된 뒤에도 다시 되살아날 수 있다. 120년 동안 박물관에 있었던 건조된 이끼 조각에 수분을 공급했더니 건조되기 몇 년 전처럼 활발하게 되살아난 곰벌레들이 튀어나온 적도 있다.

건조 상태에 있는 곰벌레들은 다른 환경적 공격에도 대단히 내성이 강하다. 영하 200도의 낮은 온도나 영상 151도라는 높은 온도에서도 살 수 있으며, 강력한 복사열 아래에서도 살아남을 수 있다. 하지만 곰벌레의 이런 뛰어난 생존 능력에도 불구하고 모든 기록을 보유하고 있는 것은 당연하게도 미생물이다.

대체로 미생물 실험실에서는 흔히 미생물 배양체를 영하 20도나 그보다 낮은 온도에 넣고 보관한다. 이런 상태에서 배양체를 몇 년 동안 보존할 수 있다. 하지만 그렇다 해도 K. D. 버들과 S. 리, D. R. 머천트, P. G. 폴코스키가 2007년 《국립과학원회보》에 발표한 논문에서 소개한, 냉동 상태에서 800만 년이나 살아남은 박테리아 이야기는 대단히 놀랍다. 이 미생물학자들은 지구상에서 가장 오래된 것으로 알려진 남극의 드라이 밸리에서 채취한 얼음으로부터 멀쩡한 박테리아를 획득할 수 있었다.

박테리아는 세월로 인한 노쇠의 흔적을 보여주긴 했다. 특히 반감기가 110만 년으로 추정되는 DNA 부분에서 그러했다. DNA에 손상을 입힌 것은 복사열이었다. 세월이 흘러 약해진 박테리아는 굉장히 천천히 분리되었다. 양분이 풍부한 배양액에서 분리되는 데에 약 여섯 달이 걸렸다. 어쨌든 이들은 수백만 년을 살아남았다. 이 연구를 보면 박테리아를 비롯한 다른 미생물들이 냉동 상태에서 살아남을 수 있는 최대 기간이 약 800만 년 정도인 것 같다. 이를 통해 미생물이 태양계 너머에서 날아온 혜성의 얼음에 실려 지구로 도착했을 거라는 추측은 틀렸을 것이라 짐작된다. 이런 여행은 800만 년 이상의 시간이 걸리기 때문이다. 하지만 미생물이 이런 식으로 화성에서 날아올 수는 있었을 것이다.

세계에서 가장 내성이 강하고 끈질긴 생물학적 존재는 우리가 마지막 장에서 다시 보게 될 박테리아 내생포자endospore이다. 이 내생포자는 여러 가지 조건 아래서 수백 년, 거의 수천 년 동안 생존할 수 있다. 건조되어 포장된 채 수백 년 동안 식물원에 보관되어 있던 식물에 살아 있는 내생포자가 있는 것이 발견된 바 있다. 이 내생포자는 발아하여 활발하게 박테리아를 생산할 수 있다. 이보다 더 강인한 내생포자의 존재에 대한 보고도 있지만, 이는 조금 의심스럽다. 왜냐하면 원래 물질의 포자가 보관 기간 동안 발아하여 새로운 어린 내생포자를 생산했을 가능성도 있고, 혹은 샘플을 보관하다가에 다른 데서 온 내생포자에 감염되었을 수도 있기 때문이다.

내생포자가 수천 년 동안 살아남는다는 것을 보여주는 가장 강력한 증거는 서기 90년부터 95년 사이에 홍수가 났던 로마의 요새 빈돌란다를 탐험하던 중에 발견했다. 테르모악티노마이세스 불가리스 *Thermoactinomyces vulgaris*의 살아 있는 내생포자를 채취한 것이다. 테르모악티노마이세스 불가리스는 산소를 필요로 하고 상당히 높은 온도에서 자란다. 두 가지 조건 모두 요새의 추운 환경과 지하수면의 상승으로 인한 혐기성 환경에 맞지 않는다. 요새가 봉쇄되어 있었기 때문에 새로운 봉쇄층이 형성된 후에 새 내생포자가 들어갔을 가능성은 거의 없다. 그래서 아마도 빈돌란다에서 채취한 내생포자는 거의 2,000년 동안 거기서 살아남은 것이리라.

종종 우리는 미생물이 얼마나 오래 살아남을 수 있는지에 감탄하는 게 아니라 죽이는 데에만 더 관심을 둔다. 우리는 통조림으로 음식을 보존하거나 특정 환경(예를 들면 다른 행성으로 보내는 우주선)을 오염시키지 않으려는 등 여러 이유로 미생물을 죽인다. 그래서 미생물이 죽는 속도는 신중한 연구 대상이다. 이 연구의 결과는 예상할 수가 없다. 치사 조건에 노출되었을 때 미생물이 죽는 속도는 다른 생물체의 경우와는 다르다. 예를 들어 개미 무리가 치사 온도에 노출되면 이들이 죽는 속도는 잘 알려진 종 모양 곡선을 따른다. 잠깐 노출된 후 가장 연약한 개미들 몇 마리가 먼저 죽는다. 그리고 노출이 계속되면 보통의 내성이나 체력을 가진 개미들이 우르르 죽는다. 그리고 마지막으로 좀더 한참 노출된 후에 가장 강한 내성을 가진 개미들까지 사라진다.

　치사 조건에 노출되었을 때, 예를 들어 고온에 노출되었을 때 미생물은 상당히 다른 패턴으로 죽는다. 어느 정도의 시간을 둔 후에 90퍼센트의 개체들이 사망한다. 10분의 1로 감소하는 것이다. 그런 다음

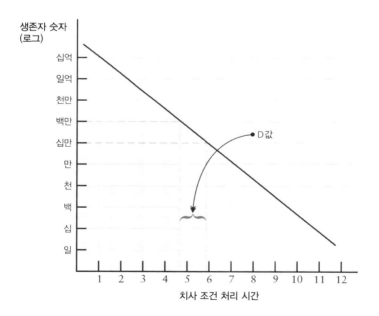

・ 미생물이 죽는 속도 ・

이어진 휴지기 동안(특정 미생물이 이 온도에서 갖는 십진감소시간decimal reduction time을 D값이라고 한다) 생존한 균의 숫자는 다시 10분의 1로 감소하고, 이어지는 십진감소시간에 다시 10분의 1이 된다. 미생물은 사람들이 예상하는 것처럼 치사 조건에 노출된 총 시간에 따라 죽는 것이 아니라 각 노출 시간에 따라 동일한 비율로 죽는다. 조금 불쾌한 비유이긴 하지만 사람들에게 일정한 속도로 무작위로 총을 쏘는 것과 비슷하다고 할 수 있다. 여전히 서 있는 사람의 수는 동일한 시간 동안에 똑같은 비율로 감소할 것이다. 왜냐하면 목표물의 숫자가 계속 감소하기 때문이다. 그래서 특정한 환경에서 무균 상태(모든 미생물을 제거한 상태)로 만들기 위한 처리 시간을 결정하려면 존재하는 미생물의 수와 D값을 알아야 한다.

미생물 사망 곡선의 패턴에는 또 다른 흥미로운 면이 있다. 절대 0이 되지 않는다는 것이다. 대신 소량의 미생물이 계속 남는다. 이것을 바탕으로, 처리된 샘플에 생존한 미생물이 전혀 남지 않을 때를 추측하기 위한 확률 요소를 잰다. 무균 처리를 할 때에는 살균이 되었다는 수용 가능한 보장 수준을 결정해야 한다.

미국 우주 프로그램 담당자들은 화성에 바이킹 호를 보내기로 했을 때, 지구의 미생물로 화성이 오염되지 않도록 하기 위해 우주선의 원뿔형 앞부분을 살균해야 한다는 결론을 내렸다. 살균 방법으로는 가열법이 선택되었고, 국제적인 미생물학자 모임이 우주선 앞부분에 있는 미생물의 숫자와 계획된 처리법에 따른 D값, 그리고 가열 처리로 살균이 완료되었다고 확언할 수 있는 보장 수준을 결정했다.

활동성 드라이 이스트 같은 평범해 보이는 물건도 우리에게 미생물이 휴지 상태로 오랜 기간 견딜 수 있다는 사실을 보여준다. 열도, 냉기도, 건조도 특정 환경에서 미생물을 완전히 없앨 수 없다. 이런 엄격한 처리는 그저 미생물이 없을 가능성만을 크게 증가시킬 뿐이다.

미생물에 관한 거의 모든 것

09

적대적이거나 친절하거나

**MARCH OF
THE MICROBES**

"

유럽인들은 홍역과 천연두 같은 질병에
몇 세기 동안 노출되어왔고, 결과적으로 자연 내성을 갖고 있었다.
이들이 신세계에 도착했을 때,
이 전염병들은 콜럼버스 이전에 살던 아메리카 인디언의
95퍼센트를 죽었다.

"

Fungi, Hostile and Benign

　대부분의 균류는 현미경 없이는 볼 수 없는 균사체라는 관모양 세포를 가지고 있는 진핵세포 미생물이다. 효모yeast 같은 몇몇은 단세포이거나 소규모 세포 군집이다. 다른 모든 진핵세포 미생물들은 원생생물protist이다. 하지만 가끔 균사체 덩어리들이 모여 버섯이라는 눈에 보이는 구조체를 형성할 때가 있다.

　대다수의 균류는 주로 식물의 사체를 분해하거나 식물에 중대한 질병을 일으키거나 몇몇은 유독 물질을 생성하여 우리를 포함한 동물들을 공격하는 등 자연계에서 핵심 역할을 한다. 토양에는 균류가 가득하다. 일반적인 토양 1그램에는 9미터에서 90미터에 이르는 균사체가 들어 있는 것으로 추정된다. 이 장에서는 몇 가지 대표적인 균류를 살펴보겠다.

16세기의 그림 두 점과 미생물

우리 대부분에게 더 이상 아무 해도 미치지 못하는 미생물에 대해 알려면 세계적으로 유명한 16세기의 그림 두 점을 보아야 한다. 하나는 마티아스 그뤼네발트가 그린 것이고, 다른 하나는 히에로니무스 보쉬의 작품이다. 여기에 있는 미생물 클라비켑스 푸르푸레아 *Claviceps purpurea*는 중세 유럽에 끔찍한 피해를 입힌 맥각중독 ergotism 을 일으킨 균류이다.

그림 자체는 굉장히 눈길을 끈다. 몇몇 학자들이 레오나르도 다 빈치의 〈모나리자〉와 미켈란젤로의 시스티나 성당 천장화 같은 서구 문화의 아이콘과 비견되는 예술적 업적으로 여기는 그뤼네발트의 그림은 현재 프랑스 콜마르의 뮈세 운터린덴에 있는 십자가에 못 박힌 예수 그림이다. 이 그림은 근처의 성 안토니우스 수도원의 병원 교회 제단화로 그려진 것이다. 성 안토니우스에서 이름을 딴 이 수도사들은 중세의 고통스러운 천벌이었던 맥각중독 환자들을 치료했다. 그래서 이 병은 '성 안토니우스의 불'이라고도 불렸다. 이들의 치료법은 약초를 처방하고 질병을 낫게 하는 특별한 힘을 가졌다고 여겨진 성 안토니우스에게 기도하는 것이었다. 이 병은 굉장히 고통스러운 피부 손상을 일으켰기 때문에 예수의 더 큰 고통을 바라보는 것이 환자들을 편안하게 만들어줄 수 있다고 여겨졌다.

히에로니무스 보쉬의 3부작인 〈성 안토니우스의 유혹〉은 현재 포르투갈 리스본의 무제우 나시오날 데 아르테 안티카(국립 고대 미술관)

• 호밀의 닭의 발톱 •

에 있는데, 성자의 영적·정신적 고뇌를 표현한 작품이다. 여러 기괴한 형상 중에서도 여기에는 잘려나간 다리와 반은 식물 같고 반은 사람인 형체가 등장하여 맥각중독의 또 다른 면, 즉 광기를 보여준다.

운 좋게도 맥각중독은 지구상에서 완전히 절멸되었다. 하지만 우리는 여전히 그 원인균을 볼 수 있다. 이것들은 독보리를 포함하여 식물들을 여전히 감염시킨다. 감염된 식물은 종자 몇 개의 암술 부분이 눈에 띄게 검붉은 색으로 바뀐 것을 제외하면 완전히 정상적으로 보인다. 이 모양새 때문에 가끔은 '닭의 발톱'이라고도 불린다.

호밀은 유럽 북부에서 많이 재배하는 작물이다. 왜냐하면 이 지역의 추운 기후를 잘 견디기 때문이다. 중세의 기후는 상당히 비가 많은 편이었기 때문에 클라비켑스 푸르푸레아 같은 균류가 잘 자랐다. 밀가루를 빻을 때면 소량의 닭의 발톱만으로도 다량의 밀가루가 극도로 유해한 알칼로이드 에르고타민(맥각)으로 오염되었다. 그러니 성 안토니우스의 불이 중세에 공포를 퍼뜨린 것도 놀랄 일이 아니다. 점차 닭의 발톱과 질병의 관계가 알려지게 되었고, 이 병은 마침내 근절되었다. 하지만 1951년 프랑스 프앙트 생 데스프리에서 중세 유럽의 상황을 엿보게 해주는 비극적인 일이 일어났다.

인구 300명의 이 작은 마을에서 다섯 명이 사망했고, 다른 많은 사람들은 끔찍한 질병을 앓았다. 이들은 호랑이에 쫓기거나 죽음이 자신들의 뒤를 쫓는 환상을 보았고, 경련을 일으켰다. 몇 명은 지붕에서 뛰어내렸다. 이것은 그저 집단 히스테리가 아니었다. 짐승들도 영향을 받았다. 고양이가 몸을 비틀고 꼬며 벽을 타고 올라가려 했고, 개는 펄쩍펄쩍 뛰며 격렬하게 물어대고 피가 날 때까지 돌을 씹어댔다. 오리들은 요란하게 꽥꽥거리며 질주하다가 죽었다. 이런 난리법석은 검사를 받지 않고 불법으로 나눠준 호밀가루 때문에 발생한 맥각중독 탓이었다. 마을 빵집에서 닭의 발톱이 있는 밀로 빵을 만들었던 것이다. 영향을 받은 동물들 역시 이 빵을 먹은 것이다.

맥각중독은 초기 농경시대부터 사람들에게 영향을 미쳤다. 아시리아인들은 이미 기원전 600년경에 이 병에 걸리곤 했다. 맥각중독은 로마 시대에 좀 잦아들었는데, 로마인들은 클라비켑스 푸르푸레아가 선호하는 숙주인 호밀을 별로 좋아하지 않았기 때문이다. 하지만 맥각중독은 중세시대 호밀이 주된 작물이었던 유럽에서 맹위를 떨치며 돌아왔다. 마을 전체가 환각과 고통스러운 괴저병에 시달렸다. 994년에 프랑스 리모주 지역에서만 맥각중독으로 4만 명이 사망했다.

맥각중독의 육체적·환각적 효과는 이미 모두 밝혀졌으며, 그것은 인간사에도 지대한 영향을 미쳤다. 게다가 이 질병이 일으켰거나 혹은 영향을 미쳤을 만한 다른 재난에 대한 여러 가지 심증도 있다. 예를 들어 중세 후반에 가래톳흑사병bubonic plague이 창궐한 뒤 출산율이 하락한 것은 맥각중독이 면역 기능을 억압하고 근육 경련을 일으킨 탓에 더 심해졌을 가능성이 있다.

맥각중독의 충격을 보여주는 더욱 강력한 사건은 1692년 메사추세츠 세일럼의 마녀재판을 들 수 있다. 그 무렵 밀이 녹병(또 다른 균류 감염)으로 다 죽어버린 탓에 세일럼의 주민들은 호밀로 매일 먹는 빵을 만들고 있었다. 마녀라고 비난을 받은 여자들은 성찬식 빵을 먹은 뒤 경련과 환각, 타는 듯한 감각을 느끼고 따끔거리거나 물리는 것 같은 느낌을 받았다고 한다.

누군가는 뉴잉글랜드에서 일어났던 신앙부흥운동인 1741년의 대각성 운동 역시 비슷한 종류라고 생각할지 모르겠다. 수천 명의 사람들이 경련과 인사불성 상태, 환각을 경험했고, 당시 이것은 신경계 질환으로 여겨졌다. 1889~1890년에 러시아의 비아트카 주에서도 비슷한 증상이 대규모로 발생했다. 후에 이것이 맥각중독 때문임이 밝혀졌다.

맥각중독과 환각 반응의 관계에 대한 의문은 아직 남아 있다. 맥각중독 증상을 일으킨다고 여겨지는 활동성 성분인 에르고타민ergotamine은 근육 수축을 일으킨다. 이것은 출산을 도와주는 용도나 산후 출혈을 막는 용도로 의학적으로 사용된다. 이것은 환각을 일으키지 않는다. 하지만 화학적으로 비슷한 리제르진산 디에틸아마이드 Lysergic acid diethylamide(앞으로 LSD로 표기)는 유명하고 굉장히 강력한 환각제로, 맥각중독의 원인균이 일으키는 것과 비슷한 증상을 일으킨다. 사실 LSD는 맥각중독의 원인균인 에르고타민에서 처음으로 화학적으로 합성되었다. LSD의 환각 특성과 잠재성은 1938년에 이 화합물을 합성한 산도즈 연구소의 화학자 앨버트 호프먼이 거의 즉시 알아챘다. 이것을 만진 덕에 소량의 LSD가 그의 피부를 통해 흡수되었기 때문이다. 미국 육군과 CIA가 포함된 광범위한 연구 끝에 LSD가 마이크로그램 수준으로만 있어도 효력을 발휘한다는 사실이 확인되었다.

맥각중독과 관련된 환상이나 환각 반응을 설명해주는 그럴듯한 것은 아주 미세한 양의 에르고타민이 LSD나 비슷한 화합물로 전환된다는 것이다. 몇몇 의학진균학자들은 결국 맥각중독을 일으키는 습한 환경에서 우세한 다른 균주들이 이 전환을 조정한다는 가설을 세웠다. 다른 사람들은 에르고타민으로 오염된 밀가루로 빵을 만드는 과정이 이 전환을 촉발시킨다고 생각한다. 이유가 뭐든 맥각중독이 사람과 동물에 환각 증상을 일으킨다는 것만은 확실하다.

감독과 관찰, 정부의 강제 기준 덕택에 맥각중독은 선진국에서는 완전히 사라졌다. 하지만 호밀에서 닭의 발톱을 형성하는 균류는 여전히 주변에 아주 많다. 발톱 모양 구조체(에르고ergot는 프랑스어 구어로 발톱이라는 뜻이다)는 균핵sclerotium이라고 불리고, 클라비켑스 푸르푸레아가 호밀의 암술에 형성하는 이 발톱은 지질과 에르고타민을 포함한 다른 화합물들과 균사가 빼곡하게 들어차 있는 것이다. 균핵은 튼튼하고, 월동할 수 있으며, 장기간의 휴면 상태를 견딜 수 있다. 이 균의 지질과 아마도 에르고타민이 생존 능력에 영향을 미칠 것이다.

봄이면 균핵에서 균사들이 하나하나 자라나서 다시 군집을 이룬다. 이 경우에는 유성생식포자가 형성되는 작고 버섯 같은 구조체를 만든다. 클라비켑스 푸르푸레아는 자낭균류에 속한다. 곰보버섯이나 피지자스pizizas 같은 크기가 큰 버섯들 역시 자낭균류지만 양송이와 맛있는 그물버섯, 환각을 일으키는 실로시빈 버섯, 치명적인 광대버섯을 포함한 대부분은 담자균류이다. 유성생식포자(두 개의 교배 타입이 결합하여 생성되는 포자)가 형성되고 배열되는 방식이 두 균류 집단을 구분하게 해준다. 자낭균류의 포자는 자낭ascus(그리스어로 "주머니"라는 뜻이다)이라는 주머니 모양의 구조물 안에 형성된다. 담자균류의 포자는 담자기basidium(그리스어로 "몽둥이"라는 뜻이다)라는 두툼한 몽둥이 모양 구조물에 달라붙어 있다.

클라비켑스 푸르푸레아의 자낭포자가 바람에 날려 호밀의 암술에 떨어지면 이들은 꽃가루를 흉내 내는 반응을 보이지만 묘하게 다르다. 꽃의 암술머리에 안착한 포자들은 균사를 만들어 식물과 비슷한 형태로 자라나는 동시에 꽃가루처럼 식물의 씨방 안으로 들어간다. 그런 다음 꽃가루와 달리 씨방과 교합을 하는 것이 아니라 씨방을 파괴하고 호밀의 낱알을 키울 영양분을 공급하는 체관에 달라붙는다. 클라비켑스 푸르푸레아는 이 양분을 사용하여 균핵으로 발달한다. 이런 과정에서 부드러운 조직들(맥각균 분생아포, 또는 감로라고 알려져 있

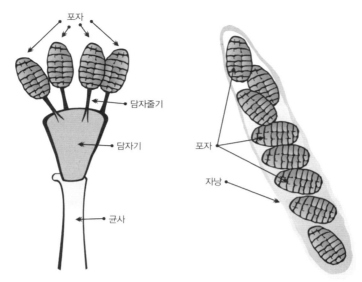

포자

담자줄기

담자기

균사

포자

자낭

• 담자기와 자낭 •

다)을 형성하여 다른 암술머리를 감염시킬 수 있는 많은 포자들을 생성한다.

　말도 안 되는 이야기 같겠지만 이런 복잡다단한 생명주기는 1853년 위대한 프랑스의 의학진균학자 루이 르네 튈라슨Louis René Tulasne의 신중한 연구를 통해 완전히 밝혀졌다. 클라비켑스 푸르푸레아의 생명주기에 대한 지식은 클라비켑스 푸르푸레아와 맥각중독이 퍼지는 것을 통제하는 데 핵심적인 역할을 했다.

　이제는 좀더 선량한 균류, 굉장히 흥미로운 방식으로 버섯을 형성하는 것들에 대해서 살펴보자.

잔디밭의 버섯 고리

봄철 잔디밭에 있으면 종종 거의 완벽한 원을 그리는 버섯들의 군집을 볼 수 있다. 지름이 겨우 몇 십 센티미터이거나 그보다 조금 더 커서 18미터 가까이 되는 것도 있다. 몇 주 사이에 이 버섯들은 늙어서 죽어 없어질 것이다. 하지만 뭔가가 그 자리에 남는다. 왜냐하면 나중에, 아마도 이듬해 봄에 새로운 버섯고리가 갑자기 하룻밤 사이에 같은 자리에서 나타날 것이기 때문이다. 하지만 이번 고리의 지름은 30센티미터 혹은 그보다 더 클 것이다. 프랑스의 어떤 고리는 지름이 거의 300미터에 달해서 그 크기로 보건대 700년 정도 되었을 것으로 추정된다.

고대인들은 이것을 '요정의 고리'라고 부르며 근사한 이유를 갖다 붙였다. 요정들이 전날 밤에 춤을 추었던 자리로, 조그만 사람들이 말을 끌고 돌아다닌 흔적이라는 것이다. 좀더 그럴듯한 오늘날의 설명은 이 고리가 우리에게 균류가 어떻게 자라는지에 관해 알려준다는 것이다.

요정의 고리를 형성하는 버섯은 여러 종이다. 몇몇은 먹을 수 있고 (마라스미오스 오레아데스 *Marasmious oreades*), 몇몇은 독성이 있다(클로로필룸 몰립디테스 *Chlorophyllum molybdites*). 사실 클라비켑스 몰립디테스는 북아메리카에서 그 어떤 버섯보다 많은 중독을 일으킨 바 있다. 이것은 심각한 위장 장애를 일으킨다. 그래서 저녁식사로 버섯을 고를 때 예쁜 모양에 반해 뽑아오는 것은 별로 현명한 생각이 아니다.

적대적이거나 친절하거나

이 고리는 대체로 원 한가운데서 발아했던 하나의 균류 포자(생식세포)가 균사를 형성하여 지하로 퍼진 것의 후손이다. 잔디가 고르게 영양분을 공급하기 때문에 균사는 사방으로 같은 속도로 자라 원형의 가장자리를 형성한다. 조건이 적절할 때에는 지하의 균사가 생식 단계로 접어들어 지상으로 버섯을 만들어낸다. 고리의 모든 버섯들은 한 개의 포자에서 자라난 한 개의 균사에서 나온 부속기관이라 할 수 있다. 균사는 원 안을 버섯으로 꽉 채우는 대신 원 테두리에서만 버섯을 형성한다. 왜냐하면 가장자리 부분에만 살아 있는 균사들이 있기 때문이다. 가운데는 모든 영양분을 다 사용했기 때문에 아마도 굶어 죽었을 것이다.

균사는 놀랄 정도의 속도로, 종종 하룻밤 사이에 버섯을 만들 수 있다. (이것은 사실 여러 개의 균사들이 압착되어 특정한 형태를 이루고 있는 것이다.) 왜냐하면 새로운 원형질(세포 내용물)을 만들 필요가 없기 때문이다. 그저 이미 만들어져 있는 원형질을 재배치하기만 하면 된다. 균사 안의 모든 원형질은 서로 결합되어 하나의 지관만을 형성한다. 왜냐하면 균사에는 완전한 횡벽이 없기 때문이다. 균류는 조건이 알맞으면 지하에 있는 균사의 관을 통해 지상에 있는 버섯의 균사에까지 원형질을 올려 보낸다. 버섯은 균류의 일시적인 생식기관이다. 그 안에, 갓 아래쪽의 주름이나 기공에 수백만 개의 생식세포(포자)가 형성되어 버섯의 갓 아래에서 빠져나와 바람에 분산된다. 새로운 거처에서 각각의 포자는 발아하여 새로운 균사를, 즉 또 다른 요정 고리의 중심을 만들 능력을 갖고 있다.

하나의 균사는 얼마나 클까? 어마어마하게 클 수도 있다. 최소한 현재로서 최고 기록을 가진 것은 아메리카 대륙 북부에서 발견되는, 버섯을 만들고 나무를 죽이는 균류 아르밀라리아*Armillaria*이다. 이 균류는 참나무를 죽이지 않고 뿌리만 감염시키지만, 소나무에게는 치명적이다. 1992년, 감염된 숲에 퍼지는 아르밀라리아의 군집 유전자에 흥미를 갖게 된 두 명의 진균학자는 자신들이 채취한 샘플들이 아르밀라리아 불보사*Armillaria bulbosa*(지금은 아르밀라리아 갈리카*Armillaria gallica*라고 한다) 군집에서 나온 것이 아니라는 사실에 깜짝 놀라고 말았다. 이것은 한 개의 균사였다. 복잡한 DNA 분석 방법을 사용하여 그들은 한 개의 포자에서 자라난 하나의 균류가 약 15만 제곱미터를 뒤덮고 있다는 결론을 내렸다. 하지만 요정의 고리 균류와 달리 이 균류의 살아 있는 균사는 가장자리만이 아니라 전체 지역을 장악하고 있었다. 균사는 1,500년 정도 되었고, 무게는 거의 다 자란 흰긴수염고래와 맞먹는 정도인 100톤 이상 나갈 것으로 추정된다. 《네이처》에 발표된 이들의 결과는 곧 유명 미디어를 타고 퍼졌다. 《뉴욕 타임스》는 〈세상에서 가장 크고 가장 오래된 유기체−15만 제곱미터 균류가 2관왕을 차지하다〉라는 제목으로 1면 기사를 썼다.

하지만 기록은 오래가지 않았다. 그 해 후반에 두 명의 다른 진균학자들이 그보다 더 큰 단일 균류 아르밀라리아 오스토야에*Armillaria ostoyae*를 워싱턴 남서부 애덤스 산맥 남쪽에서 발견했다고 보고한 것이다. 이 균류는 약 1제곱킬로미터 이상을 덮고 있었다. 그리고 2000년에 동부 오리건의 말루어 국유림에서 발견된 아르밀라리아 오스토야에가 다시 기록을 깼다. 이것은 1.3제곱킬로미터를 덮고 있었고 나이는 2,400세로 추정되었다. 당연한 일이지만 다른 수많은 거대한 균류들이 발견되었고, 몇몇은 이보다 더 크다.

흥미롭게도 지구상에서 가장 큰 생명체는 미생물이다. 요정의 고리 버섯을 보면 이들의 놀라운 생활양식에 대해 조금 알 수 있을 것이다. 요정의 고리는 오로지 잔디밭에만 나타나는 것 같다. 이것은 아무 해도 미치지 않는다. 하지만 모든 균류가 관계된 식물에게 이렇게 무해한 것은 아니다. 몇몇은 치명적일 수도 있다.

북부 캘리포니아의 죽은 참나무

오늘날 캘리포니아 북쪽 해안지대의 주들을 방문하면, 언덕 옆쪽으로 더 이상 살아 있는 이파리 하나 달려 있지 않은 탠바크오크tanbark oak(리도카푸스 덴시플로루스 *Lithocarpus densiflorus*)가 커다란 회갈색으로 변해 있는 모습을 종종 볼 수 있을 것이다. 탠바크라는 이름은 상록수 종으로 껍질과 헤이즐넛 모양의 열매에 특히 타닌tannin 성분이 많아서 붙은 이름이다. 합성 타닌이 만들어지기 전까지 이 껍질은 가죽을 무두질하기 위해 많이들 찾았다. 그 씁쓸하고 톡 쏘는 맛에도 불구하고 탠바크오크의 열매는 굉장히 오래 보존되기 때문에 북아메리카 인디언들이 선호했다. 열매를 보존해주는 고농도의 타닌 성분은 물로 여러 차례 씻어내면 빠져나간다.

북부 캘리포니아의 다른 언덕들에도 황량하고 중간중간 죽은 나무만 심어져 있는 텅 빈 구멍이 있다. 벌채업자들은 이것을 '고사목snag'이라 하고 스페인어로는 세코스secos라고 한다. 탠바크오크는 진핵 미생물이자 원생동물인 피토프토라 라모룸*Phytophthora ramorum*에게 공격을 받아 죽곤 한다. 최근에야 이 균이 참나무역병sudden oak death을 일으킨다는 사실이 밝혀졌다. 바닷가에 사는 참나무도 탠바크오크와 마찬가지로 죽어가고 있다. 참나무는 캘리포니아의 생태계에서 중심 역할을 한다. 이들은 해변 지역과 시에라 네바다 기슭에서 주로 자라는 나무이다. 로바타참나무*Quercus lobata*는 센트럴 밸리의 사바나 지대에서 자라는 유일한 나무이다. 그러니 참나무를 잃는 것은 미국에 남아 있는 아름다운 자연경관에 끔찍한 피해를 입히는 일이다.

이런 미생물로 인한 재난이 캘리포니아의 참나무들에게 크게 영향을 미치긴 했지만, 이것이 미국 토착 나무에 일어난 첫 번째 재앙은 아니다. 아마 가장 비극적인 침공은 미국 밤나무(카스타네아 덴타타*Castanea dentata*)를 멸절시킨 밤나무줄기마름병Chestnut blight이었을 것이다. 이 아름다운 나무는 한때 메인에서 플로리다까지, 그리고 피에몬트에서 오하이오 밸리에 이르는 애팔래치아 산맥에 가장 많이 존재하는 종이었으며, 경엽수림의 50퍼센트를 차지했다. 이는 이 지역에서 가장 근사한 숲이었다. 산등성이 위쪽에는 밤나무들이 빽빽하게 들어차 있어서 밤꽃이 피는 초여름이면 눈으로 덮인 듯했다. 밤나무는 지름이 2.4미터에서 3미터에 달하고 높이는 30미터에 이르는 커다란 나무다. 곧게 자라는 이 나무는 미국에서 가장 고급으로 치는 목재로, 열차 선로부터 고급 가구, 요람과 관에 이르기까지 모든 것에 사용되었다. 그리고 이 나무는 적색목재라 부패되지도 않는다고 했다. 이들이 생산하는 밤은 야생동물과 인간 모두에게 선물이나 마찬가지였다. 애팔래치아의 주민들은 밤으로 돼지와 아이들을 살찌웠다. 그리고 주로 뉴욕으로 수송해 길거리에서 구워 팔아 돈을 벌기도 했다. 그리고 헨리 워즈워드 롱펠로가 지적했듯이 마을의 대장장이를 곤란하게 만들기도 했다. 많은 사람들이 미국 밤나무보다 더 훌륭한 나무는 발명할 수 없을 거라고들 했다.

하지만 1904년, 재앙이 덮쳤다. 미국의 숲에 밤나무줄기마름병이라는 질병이 번진 것이다. 이 질병과 그 전염체인 자낭균류 크리포넥트리아 파라시티카*Cryphonectria parasitica*는 중국 자생종으로 중국 토종 밤나무(카스타네아 몰리시마*Castanea mollissima*)를 감염시켜도 별다른 피해를 입히지 않는 균이었다. 최악이라고 해봐야 조그만 가지 몇 개를 죽이는 정도였다. 유럽 밤나무(카스타네아 사티바*Castanea sativa*)는 조금 더 예민했다. 유럽 밤나무 몇 그루는 감염된 후에 죽었다. 하지만 미국 밤나무는 이 균 앞에서 비극적일 정도로 약했다. 이들은 절멸했다.

균류는 두 종류의 포자를 만든다. 유성생식포자(자낭포자)와 무성생식포자(분생자)이다. 둘 중 하나가 곤충이 나무껍질에 낸 상처로 들어가면 거기서 발아하여 균사를 형성하고 나무껍질을 뚫고 그 안으로 자라나 식물의 형성층(나무의 나이테가 생기는 세포가 나누어지는 층)까지 이른다. 그런 다음 균사는 양분이 있는 형성층 전체에 퍼져서 점차 나무를 죽인다. 그 결과는 줄기마름병으로 나타난다. 균사가 나뭇가지를 둘러싸면 그 가지는 죽는다. 나무의 몸통 둘레를 벗겨내기 때문에 나무가 죽는 것이다.

　모든 균류의 대사 능력이 불쌍한 나무 전체에 균사를 퍼뜨리는 것에만 집중된 것은 아니다. 일부는 구조체와 포자를 만들어 균류가 다른 나무로 퍼질 수 있게 생식을 하도록 만든다. 자낭각*perithecia*이라는 특정 구조체는 감염된 나무껍질에서 튀어나와 자낭포자를 강하게 방출한다. 포자는 바람에 분산되어 몇 개는 다른 나무의 상처에 내려앉는다. 근처에서 다른 구조체(분생포자각pycnidia)가 형성되어 비가 오면 분생자를 떨어뜨린다. 이들은 쏟아지는 비에 의해 퍼지거나 새나 곤충의 발에 붙어 다른 나무로 옮겨진다. 비가 오든 해가 나든 마름병은 애팔래치아 전체에 퍼졌던 것처럼 숲에 가혹하게 번질 수 있다.

　1950년경 미국 밤나무는 모두 고사했다. 이들이 이전에 많이 있었다는 유일한 증거는 더 이상 없는 나무들의 뿌리에서 나온 관목 같은 생장물뿐이다. 이 새싹들도 빠르게 감염되어 죽었다. 미국 밤나무 재단에서는 중국 밤나무의 마름병 내성과 미국 밤나무의 훌륭한 질을 합친 새로운 종의 밤나무를 기르고 퍼뜨리기 위해 다방면으로 노력하고 있다. 미국 밤나무 유전자 16개 중 15개가 발현되었다는 사실은 긍정적이지만, 숲의 복원을 시작하는 데까지는 아직 힘든 일들이 많이 남아 있다. 어떤 사람들은 30년에서 50년 정도로 추정하고 있다.

　또 다른 토산종인 미국 느릅나무(울무스 아메리카나*Ulmus americana*)는 침입하는 균류로 인해서 아주 조금 덜 무시무시한 운명을 겪었다. 느릅나무는 로키산맥 동쪽에서 쉬기에 가장 좋은 그늘을 주는 나무로 여겨진다. 이들은 유럽과 아시아 일부 지역에서도 흔하다. 느릅나무는 빨리 자라고, 다양한 종류의 토양에 적응할 수 있으며, 도시 지역에서 사람들의 발걸음으로 땅이 다져지는 것을 견딜 수 있어 가로수로 거의 완벽한 나무이다. 아래쪽 가지 몇 개와 위쪽 가지가 넓게 펼쳐지는 성장 습성은 여름에 묵직한 차양 역할을 해준다. 미국 느릅나무는 미국의 많은 동네와 도시의 길거리에서 화려한 초록색 고딕 아치를 이루고 서 있다.

미국 느릅나무의 천적인 느릅나무 시들음병Dutch elm disease은 또 다른 자낭균 오피오스토마 울미Ophiostoma ulmi로 인해 발생한다. 밤나무줄기마름병의 크리포넥트리아 파라시티카처럼 이 병도 환영받지 못하는 외래종이다. 이 병의 이름은 이것을 연구해서 특성을 밝혀 낸 일곱 명의 네덜란드 여성 과학자로부터 나온 것이고, 원래는 아시아에서 유래되었을 가능성이 가장 높다. 1910년대에 유럽으로 넘어오며 유럽 대륙에서 느릅나무의 10~40퍼센트를 죽였다. 그리고 1940년대에 흥미로운 미생물 대 미생물의 사건이 벌어졌다. 오피오스토마 울미가 바이러스성 전염병의 희생양이 된 것이다. 바이러스는 균류를 죽이지 않았지만, 균류 안에 잠복성 바이러스로 남았다. 그 결과 오피오스토마 울미의 병원체 능력이 현저히 떨어졌다. 유럽에서 느릅나무 시들음병의 확산은 말 그대로 중단되었다.

불행하게도, 유럽에 진정 바이러스가 도착하기 전에 대단한 악성 균류가 미국을 덮쳤다. 균류는 아마 1920년대 후반에 감염된 느릅나무 목재를 통해 동부 해안으로 들어왔을 것이고, 이 감염된 통나무가 오하이오로 수송되어 거기서 1930년에 북아메리카에서 처음으로 느릅나무 시들음병이 발생했다는 것이 확인되었다. 그 후 이 병은 천천히, 하지만 멈추지 않고 대륙 전체로 퍼져 절반 이상의 느릅나무를 죽였다. 이제 이 병은 남서부 사막을 제외하면 미국 전체에 퍼져 있다.

느릅나무 시들음병은 나무좀이 퍼뜨린다. 이들은 자신에게 붙어 있는 이 균류에 영향을 받지 않는다. 나무좀이 나무껍질 안으로 파고 들어가 깊숙한 조직에 균류의 포자를 퍼뜨리면, 포자가 발아하고 오피오스토마 울미의 균사가 나무의 물관을 찾아 그것을 따라 퍼진다. 느릅나무는 물관에서 자라나는 균류에 대항하여 이 중요한 관을 막는 점액을 만든다. 물이 없으니 처음에는 이파리가 말라 죽고, 그다음에는 나무의 감염된 부분 전체가 죽는다. 오피오스토마 울미는 밤나무 줄기마름병의 병원체인 크리포넥트리아 파라시티카처럼 자낭균으로 분생자와 자낭포자를 모두 생산한다. 자낭각에서 만들어진 자낭포자는 자낭각의 목에서 방출되며 끈끈한 덩어리를 형성한다. 이것은 나무좀에 쉽게 달라붙을 수 있는 상태의 포자이고, 결국 다른 나무에 침입하여 또 다른 감염을 일으킨다.

균류가 한 나무에서 이웃 나무로 곧장 옮겨가기 때문에 느릅나무는 훨씬 빨리 죽는다. 이런 전염은 서로 15미터도 떨어져 있지 않은 나무들 사이, 즉 일반적인 가로수들 사이에서는 불가피한 일이다. 왜냐하면 느릅나무는 한 나무의 뿌리가 다른 나무의 뿌리와 맞닿으면 저절로 '뿌리 접붙이기'(조직을 합치는 것)를 하기 때문이다. 감염된 가지를 잘라내고, 뿌리 접붙이기를 막기 위해 나무 사이에 도랑을 파고, 장작에서 나무껍질을 제거하는 등의 과감한 처리법이 느릅나무 시들음병의 전파를 상당히 늦추기는 하지만, 그렇다고 막지는 못한다.

참나무역병을 일으키는 미생물 피토프토라 라모룸*Phytophthora ramorum*은 밤나무줄기마름병과 느릅나무 시들음병을 일으키는 자낭균과는 상당히 다른 생물체이다. 피토프토라 라모룸은 한때 물곰팡이라고 불리며 균류로 여겨진 미생물 집단이지만, 현대 분자과학으로 이들이 다른 균류와 별로 친족 관계가 없다는 사실이 밝혀졌다. 대신 이들은 진핵 미생물, 원생동물 집단에 속한다. 그래도 여전히 '물곰팡이'라는 이름으로 흔히 불린다. 이들은 균류처럼 균사체로 자라기 때문에 곰팡이처럼 보인다. 그리고 허공을 날아가는 자낭균의 분생자 및 자낭포자와는 달리 무성생식 포자가 물속에 머물러 있어야만 하기 때문에 생식할 때 물의 존재가 아주 중요하다. 이들은 두 개의 편모를 이용해 헤엄을 친다. 어떤 면에서 이것은 다행이다. 참나무역병이 서부 해안의 춥고 축축한 장소에만 한정되고 캘리포니아의 훨씬 덥고 건조한 센트럴 밸리와 시에라의 기슭 같은 곳은 침범하지 못할 것이기 때문이다.

하지만 불행인 것은 피토프토라 라모룸이 마구잡이 습성이 있다는 것이다. 이들은 탠바크오크와 해안에 사는 참나무뿐만 아니라 여러 가지 다른 식물 종들까지 공격하여 병을 일으킨다. 다른 참나무 종 이외에도 캘리포니아 월계수, 미송, 심지어 해변의 삼나무와 여러 종묘원의 나무들까지도 잠재적 희생양이 될 수 있다. 다 합치면 100종이 넘는 식물들이 이들의 공격에 취약하다. 그리고 이들의 활동 범위는 이미 오리건, 워싱턴, 브리티시 콜롬비아까지 확장되었다. 심지어는 영국과 네덜란드에까지 등장했다.

더 연약한 희생자들이 있는 세계의 다른 지역으로 미생물 병원체가 넘어가는 것은 잘 알려진 재앙의 공식이다. 유럽인들이 자신들의 질병을 처음 아메리카 대륙으로 가져갔을 때와 마찬가지이다. 유럽인들은 홍역과 천연두 같은 질병에 몇 세기 동안 노출되어왔고, 결과적으로 자연 내성을 갖고 있었다. 이들이 신세계에 도착했을 때, 이 전염병들은 콜럼버스 이전에 살던 아메리카 인디언의 95퍼센트를 죽였다. 반대로 1346년 새롭게 열린 중앙아시아와의 무역로를 통해 수입한 털가죽에 붙은 벼룩을 통해 유럽에 들어온 것으로 여겨지는 기록적인 가래톳흑사병은 겨우 주민의 4분의 1만을 죽였을 뿐이다. 천연두는 1520년 쿠바에 도착한 스페인 노예들을 통해 멕시코로 번졌고, 당시 2,000만 명이었던 인구는 1618년 160만 명으로 감소했다. 콜럼버스 이전 시대 아메리카 인디언의 정확한 인구 수와 유럽에서 건너온 질병으로 사망한 사람의 비율은 논쟁의 여지가 있지만, 그 숫자가 엄청났을 거라는 사실은 아무도 부인하지 않는다.

아메리카 원주민들이 유럽의 질병에 극도로 취약했기 때문에 그것은 유럽인들의 눈앞에서 빠르게 번졌다. 대부분의 유럽인들에게 별 것 아닌 질병인 홍역은 아메리카 인디언들에게는 치명적인 살인마였다. 하지만 유럽인들에게 무시무시한 살인마인 천연두는 신세계의 거주자들에게는 훨씬 더 끔찍했다. 천연두는 페루의 잉카인 대부분을 죽였고, 거기에는 황제와 그 아들도 있었다. 이 병이 휩쓸고 간 다음

적대적이거나 친절하거나

프란시스코 피사로와 200명의 부하들이 병으로 마비된 제국을 점령했다. 스페인 정복자 에르난 코르테스가 1519년 멕시코에 도착했을 때 그 지역의 인구는 2,500만 명에서 3,000만 명이었을 것으로 추정된다. 하지만 50년 사이에 인구의 90퍼센트가 줄어들어 300만 명 수준이 되었다. 물론 이 숫자 역시 논쟁의 여지가 있다.

북아메리카 인디언들 역시 똑같은 고통을 겪었다. 1540년 에르난도 데 소토는 북아메리카 남동부를 지나치다가 2년 전 치명적인 전염병으로 주민이 다 죽은 버려진 마을들을 마주치게 되었다. 하지만 미시시피 강 하류에는 여전히 사람이 가득했다. 50년 후, 프랑스 탐험가들이 이 지역이 비슷하게 텅 빈 것을 발견했다. 아마도 데 소토가 그저 지나간 것만으로도 이 지역이 미생물의 공격으로 멸망하기에 충분했던 모양이다. 북아메리카 인디언들은 특히 천연두로 심각한 피해를 입었다. 메리웨더 루이스와 윌리엄 클라크는 1803년~1806년 원정에서 만단족으로부터 천연두가 아리카라 인디언을 거의 멸절시켰음을 알게 되었다. 살아남은 클랫솝 인디언이 클라크에게 천연두가 그들의 부족을 완전히 없앴다고 말했다.

몇몇 전염병학자들은 이런 비극적인 대륙 간 질병 전파가 쌍방향적이라고 생각한다. 콜럼버스가 1차 아메리카 대륙 항해에서 돌아간 직후에 유럽에 번진 병이 있다. 흉측한 종기 때문에 '대천연두great pox'라고 불리거나 자신의 고향이 아닌 곳의 이름을 따서 프랑스병, 이탈리아병, 스페인병, 독일병, 폴란드병 등으로 불리기도 한 그 병은 매독이다. 매독은 유럽에 나타나 유라시아를 거쳐 중국까지 빠르게 퍼졌다. 매독의 근원은 아마도 아메리카 대륙의 매종yaws이었을 것이다. 피부와 뼈에 흉측한 종기를 일으키긴 하지만 매종은 기본적으로 별로 아프지 않고 치명적이지도 않은 병이다. 매종과 매독 모두 스피로헤타 종인 트레포네마*Treponema* 박테리아 종에 의해 일어난다. 매종은 피부 접촉으로 전파된다. 아마도 좀더 옷을 많이 입는 유럽인들의 생활습관을 고려하면 성행위를 통해 전파되어 더욱 강력해졌을 것이다.

미생물이 전 세계에 퍼지는 것이 우리 인간뿐만 아니라 수많은 생물체에게도 영향을 준다는 사실은 이제 분명하다. 식물을 비롯한 수많은 생물체들이 미생물이라는 재앙에 똑같이 취약하다. 어쨌든 이것은 좁아져가는 우리 세계의 미래에 불가피한 부분일 것이다.

참나무역병을 일으키는 균류 속인 피토프토라*Phytophthora* 중에는 더욱 악명 높은 피토프토라 인페스탄스*Phytophthora infestans*라는 종이 있다. 이 종은 감자역병, 후에 감자마름병potato blight이라고 불리게 된 질병을 일으켜 19세기 아일랜드 감자 기근의 원인이 되었다. 중세에 가래톳흑사병은 유럽 인구의 3분의 1을 줄였다. 감자 기근은 아일랜드 인구를 800만 명에서 300만 명으로, 약 3분의 2 줄였다.

감자역병은 1845년 8월 23일 영국의 《가드너스 크로니클 앤 애그리컬처럴 가제트The Gardeners Chronicle and Agricultural Gazette》에 벨기에의 감자병으로 처음 보고되었다. 여기에는 이렇게 실렸다. "여름에 서리가 내린 것처럼 작물을 급사시킨다." "이파리와 줄기를 점차 부패시켜 악취 나는 덩어리로 만들고, 덩이줄기도 같은 방식으로 점차 영향을 받게 된다." 유럽에서 봄은 작물을 심기에 날씨가 아주 좋고, 그러다 7월에 덥고 건조한 날씨가 계속되다가 6주 동안 춥고 굉장히 습한 날씨가 이어진다. 질병은 벨기에부터 폴란드, 독일, 프랑스, 그리고 영국 전역으로 빠르게 퍼졌다. 9월 13일 《가드너스 크로니클 앤 애그리컬처럴 가제트》는 이렇게 선언했다. "우리는 감자역병이 아일랜드에서 비길 데 없는 우세를 보이고 있다는 대단히 유감스러운 소식과 함께 발행을 중단한다. …… 전 세계적인 감자의 부패 속에서 아일랜드(그들의 중요성)는 어떻게 될 것인가?"

당시 아일랜드는 밀과 감자로 이모작을 하고 있었다. 밀은 부재지주에게 지대를 내는 데에 사용되었고, 감자는 아일랜드 농부 자신의 가족들이 먹었다. 하루에 1인당 3킬로그램이 넘는 엄청난 양의 감자를 소비했다. 아일랜드 사람들은 한 해의 대부분을 감자와 묽은 스튜만으로 버텼다. 감자역병이 닥치자 많은 농부들은 자신의 가족이 굶게 되었는데도 지대는 계속 지불했다. 물론 인구가 감소한 데에는 북아메리카로 가는 이민자가 늘어난 탓도 있다. 하지만 미생물 역시 북아메리카까지 항해를 하며 혹독한 대가를 요구했다. 지금은 발진티푸스epidemic typhus라고 부르는 박테리아로 인한 기생충 감염 열병이 주된 범인이었다. 이 박테리아는 이 치명적인 질병을 연구하다가 죽은 두 명의 미생물학자 하워드 리케츠와 스타니슬라프 폰 프로바젝의 이름을 따서 리케차 프로와제키이Rickettsia prowazekii라고 한다.

당시 미생물학이 걸음마 단계였다는 것을 고려하면 놀랍게도 감자역병의 수수께끼는 아직 병이 퍼지고 있던 당시에 아마추어 과학자 레버렌드 M. J. 버클리에 의해 풀렸다. 그는 병에 걸린 식물을 연구하

크리포넥트리아 파라시티카

세 개의 플라스크 모양의 분생포자각이 있는
균류 구조체(기질)가 밤나무 껍질을 뚫고 나
온다. 분생포자각의 목 부분에서 안에 든 자
낭포자가 분산된다.

피토프토라 인페스탄스

감자 잎에서 튀어나온 균류 구조체(포자낭포
자)의 안에 타원형 구조체(유주자낭)가 들어
있고 그 안에서 헤엄치는 수백 개의 유주자가
나온다.

살모넬라 티피

대장균

• 크리포넥트리아 파라시티카, 피토프토라 인페스탄스, 살모넬라 티피, 대장균 •

여 피토프토라 인페스탄스*Phytophtora infestans*(그는 보트리티스 인페스탄
스*Botrytis infestans*라고 불렀다)를 확인했다. 그리고 그는 자신의 연구를
통해 이 균류가 다른 많은 균류가 그러는 것처럼 병에 걸린 식물의 남
은 부분을 먹는 단순한 청소부가 아니라 병을 일으킨다는 것을 알아
내는(그것을 통제하는 방법은 알아내지 못했지만) 위대한 지적 도약을 이
뤄냈다. 사실 그는 루이 파스퇴르가 (인간) 질병의 병원균 가설을 내놓
기 25년 전에 먼저 (식물) 질병의 병원균 가설을 내놓은 것이다.

어떤 면에서 인간의 질병보다 식물의 질병에 대해서 훨씬 많이 이
해하고 있다는 것은 흥미로운 일이다. 누군가는 우리가 인간의 질병

에서 더 많은 정보를 얻을 수 있다고 생각할지 모른다. 그것은 사실이다. 예를 들어 감자역병이 일어나고 16년이 지난 후인 1861년, 영국의 알버트 공이 (세계 최고의 의료 서비스를 받았으나) 장티푸스로 사망했다. 당시 이 병의 원인(현재는 박테리아 살모넬라 티피*Salmonella typhi*로 알려져 있다)은 밝혀지지 않은 상태였고, 간단한 위생 조치와 예방 수단으로 그의 목숨을 쉽게 살릴 수도 있었을 거라는 사실 역시 아무도 몰랐다. 문제의 박테리아는 1884년이 되어서야 그 정체가 밝혀졌다. 그리고 바이러스 감염에 대해서는 그보다 훨씬 나중에 이해되기 시작했다. 식물의 질병을 사람의 질병보다 오래전부터 훨씬 많이 이해하고 있는 이유는 세포 구조의 크기와 복잡성 때문이다.

장티푸스를 유발하는 것 같은 종류의 박테리아는 대부분의 식물 질병을 유발하는 균류보다 약 10분의 1 정도로 작다. 바이러스는 박테리아보다 10분의 1에서 20분의 1 정도로 작다. 게다가 균류는 모양과 구조가 굉장히 복잡해서 평범한 현미경으로 들여다보기만 해도 확인하고 구분할 수 있다. 하지만 박테리아는 불가능하다. 예를 들어 밤나무줄기마름병과 감자역병을 유발하는 병원체는 굉장히 다르게 생겼지만, 장티푸스를 유발하는 병원체와 실험실의 단골일꾼 대장균을 외모만으로 구분할 수 있는 사람은 아무도 없다.

균류로 인한 마름병임을 아는 것은 오래 걸리는 일이 아니지만, 감염이 퍼지는 속도는 종종 우리가 치료제를 찾거나 감염된 종들을 사멸시키는 예방법을 취하는 것보다 훨씬 앞서나가곤 한다. 캘리포니아 북부의 죽은 참나무들은 우리에게 세계의 다른 지역에 새로운 질병 유발 미생물이 도착했을 때의 결과를 보여준다. 하지만 빠르게 퍼지는 모든 균류가 다 외국에서 온 것들은 아니다. 가끔은 화장실 세면대 아래만 봐도 훨씬 더 무해하긴 하지만 어쨌든 환경적·경제적으로 문젯거리가 되는 균류를 찾을 수 있다.

화장실의 검은 곰팡이

이 미생물이 감염된 집에 사는 사람들의 심장은 공포로 들끓는다. 건강이 위험해지는 건 아닐까? 집이나 아파트의 가치가 떨어지는 건 아닐까? 청소하고 이것들을 박멸시키는 데 돈이 얼마나 들까?

많은 곰팡이(균류)는 검은색이다. 무시무시한 평판을 가진 스타키보트리스 차타룸*Stachybotrys chartarum*은 화장실 벽에서 자라는 곰팡이일 가능성이 높다. 화장실이 이들이 굉장히 좋아하는 장소이기 때문이다. 스타키보트리스 차타룸은 벽을 덮은 종이의 셀룰로오스를 좋아하고, 93퍼센트나 그 이상의 높은 습도를 요구한다. 김이 서린 욕실의 벽이 딱 맞는 장소이다. 사실 스타키보트리스 차타룸은 1837년 프라하의 집 벽지 위에서 자라는 검은색 균류로 처음 발견되었다. 이 균류는 독특한 콩 모양에 검은색 무성생식포자인 분생자 군집 때문에 알아보기가 비교적 쉽다. 이 분생자가 균류의 검은색을 품은 세포(경자 phialides)의 독특한 나선형 군집을 만들어준다. 스타키보트리스 차타룸은 유성생식포자를 형성하지 않는다. 높아가는 악명 때문에 스타키보트리스 차타룸은 중합효소연쇄반응(PCR) 같은 분자 기법을 사용하여 존재를 감시하는 서비스 산업에 의해 관리된다. 미생물적인 관찰 기법은 전혀 필요치 않다.

하지만 왜 특히 스타키보트리스 차타룸이 이렇게 악명 높은 걸까? 이들의 악명은 여러 가지 사건을 거치며 공고해졌다. 1938년, 구 소련의 과학자들이 말에 대한 수수께끼를 해결했다. 우크라이나의 말들이 입과 목, 코 안에 염증이 생기고 마비를 일으키고 염증성 피부 장애와 출혈, 신경 장애, 심지어는 죽음에 이르는 병을 앓고 있었다. 과학자들은 이들이 먹은 오염된 건초가 질병을 일으켰다는 결론을 내렸다. 건초는 스타키보트리스 차타룸으로 심각하게 오염되어 있어서 새카만 색이었고, 말들은 이 곰팡이에 예민했던 것이다. 페트리 접시 30개 분량의 스타키보트리스 차타룸이면 말 한 마리를 죽이기에 충분하다는 결과가 나왔다. 이후 동유럽의 다른 곳에서도 이런 병에 대한 보고가 들어왔으나 미국에서는 나타난 바가 없다.

1930년대 후반에 러시아에서 스타키보트리스 차타룸이 다량 발생한 건초나 곡물을 다루거나 건초를 태우고 그 건초를 채운 매트리스에서 자던 집단농장 사람들 사이에서 이 병이 발발했다는 보고가 나왔다. 이들은 노출된 지 며칠 만에 발진, 피부 장애, 코와 눈의 점막에 고통스러운 염증, 가슴의 조여드는 감각, 기침, 코피, 발열, 두통, 피로 등을 겪었다. 오염된 건초에 더 이상 노출되지 않자 농장 인부들은 금세 회복되었다. 비슷한 사건들이 동유럽 다른 지역에서도 일어났다.

오하이오 주 클리블랜드에서는 1993년과 1994년에 태어난 신생아 사이에서 폐출혈과 혈철소중(철분 축적)이 일어난 사례가 여럿 있었다. 신생아에게서 이런 질병이 나타나는 일은 극히 드물기 때문에 이 이야기는 미디어에 대서특필되었고, 이 병은 철저하게 조사되었다. 여러 가지 사건이 질병의 발생과 관계가 있었는데, 아이들이 사는 집에 물이 새서 스타키보트리스 차타룸이 생겨난 경우가 많았다. 연구에서는 이런 식으로 스타키보트리스 차타룸에 노출되어 아이들이 병에 걸렸다는 결론을 내렸다.

하지만 이 진단의 문제점은 아이들이 실제로 어떻게 스타키보트리스 차타룸에 노출되었는지 아무도 모른다는 것이었다. 스타키보트리스 차타룸의 유독성은 많은 균주들이 생성하는 트리코테신 *trichothecene*이라는 화합물 때문이다. 이 화합물을 분리하여 화학적으로 조사해보니 동물과 배양된 사람의 세포 양쪽 모두에 영향을 미친다는 사실이 밝혀졌다. 하지만 트리코테신의 독성은 휘발성이 아니다. 이것이 어떻게 신생아들을 아프게 만들었을까? 클리블랜드의 사건은 검은 곰팡이에 대한 대중의 태도를 완전히 바꾸어놓았다. 많은 사람들이 그저 검은 곰팡이 옆에만 있어도 아프게 된다고 믿게 되었던 것이다. 많은 과학자들은 클리블랜드의 연구 결과를 납득하지 못했다. 사실 애틀랜타의 질병통제센터(CDC)에서는 연구에 대한 비판적인 논문 두 편을 출간했고, 스타키보트리스 차타룸과 아이들에게 일어난 급성 폐출혈과 혈철소중의 관계는 증명되지 않았다는 결론을 내렸다. 물론 스타키보트리스 차타룸이 질병을 일으키지 않았다는, 음성이라는 것을 증명하는 건 거의 불가능한 일이다.

질병통제센터의 보고서에도 불구하고 검은 곰팡이가 위험하다는 생각은 이제 대중의 머릿속에 확고하게 박혀 있다. 덕택에 수백만 달러의 소송이 일어나고 주택 소유자와 건물 관리인들이 낭패를 봤다. 스타키보트리스 차타룸은 특정 건물에 있으면 몸이 안 좋아질 수 있다는 '새집 증후군sick building syndrome'의 중요한 요인으로 여겨지게 되었다. 2003년《의료 미생물학 리뷰》에 출간된 광범위한 보고서과 현재로서는 최종 결론이라 할 수 있다. 저자들은 스타키보트리스 종이 단지 존재하는 것만으로 병을 유발한다는 확실한 증거는 없다고 결론을 내렸다. 욕실 벽의 검은 곰팡이가 보기 흉해서 없애버려야 하는 건 당연하지만, 지나치게 두려워하거나 겁먹을 필요는 없다.

10

바이러스

**MARCH OF
THE MICROBES**

＂

이것은 끝없는 싸움이다.
새로운 바이러스성 질병은 끊임없이 생겨난다.
인간의 면역결핍 바이러스−1로 인해 걸리는 에이즈는
1970년경에 미국에서 출현했다. 사스 바이러스에 의해 일어나는
중증 급성호흡기증후군은 2003년까지는 알려지지 않았었다.
뎅기 바이러스, 웨스트 나일 바이러스, 원두증 바이러스, 에볼라 바이러스,
H5N1 조류 인플루엔자는 유행병을 일으킬 수 있는 잠재적 가해자이다.
그리고 매년 새로운 백신을 요하는 새로운 형태의
계절성 인플루엔자가 사람들을 괴롭히고 죽인다.

＂

Viruses

앞에서 이야기한 것처럼 바이러스는 미생물이라고 부르기 애매한 존재이다. 하지만 이들은 바이러스에 취약한 모든 세포 생물체에 엄청난 영향을 미쳤다. 세포 미생물의 대다수는 환경적으로 유익하다. 몇몇은 지구를 생명체가 살 수 있는 곳으로 만드는 데에 주요하고 대체할 수 없는 역할을 한다. 세포 미생물 중에서 아주 소수만이 우리나 다른 생물체에게 해를 입힌다.

하지만 바이러스에 대해서도 그렇게 말할 수는 없다. 이들에게 긍정적인 영향력이라는 게 있는지 모르겠지만, 아직까지는 알려지지 않았다. 노벨상 수상자인 데이비드 볼티모어는 솔직하게 이렇게 말했다. "이들이 없다 해도 우리는 이들을 그리워하지 않을 것이다." 바이러스가 숙주에게 입히는 피해는 다양하다. 또 다른 노벨상 수상자인 피터 메더워는 바이러스의 근본적으로 유해한 성격을 강조하여 바이러스를 "단백질로 둘러싸인 안 좋은 소식"이라고 묘사한 바 있다.

바이러스가 유발하는 질병은 오랫동안 사람, 식물, 동물들을 유린해왔다. 하지만 진전도 생겼다. 인간을 가장 많이 죽인 살인범 천연두가 1979년 백신으로 전 세계에서 멸절되었고, 최소한 선진국에서는 홍역, 소아마비, 광견병, 황열병 같은 다른 치명적인 바이러스성 질병들도 백신이나 다른 공공보건법으로 예방 가능하거나 통제할 수 있게 되었다.

　하지만 이것은 끝없는 싸움이다. 새로운 바이러스성 질병은 끊임없이 생겨난다. 인간의 면역결핍 바이러스-1(HIV-1)로 인해 걸리는 에이즈는 1970년경에 미국에서 출현했다. 사스(SARS) 바이러스에 의해 일어나는 중증 급성호흡기증후군(사스)은 2003년까지는 알려지지 않았었다. 뎅기 바이러스, 웨스트 나일 바이러스, 원두증 바이러스, 에볼라 바이러스, H5N1 조류 인플루엔자는 유행병을 일으킬 수 있는 잠재적 가해자이다. 그리고 매년 새로운 백신을 요하는 새로운 형태의 계절성 인플루엔자가 사람들을 괴롭히고 죽인다.

　바이러스는 식물과 가축들 역시 대상으로 한다. 영국에서 2001년에 발생한 구제역은 육우업계에 엄청난 경제적 고통을 안겨주었다. 핵과核果 나무를 죽이는 자두곰보병plum poxvirus은 최근 미국과 캐나다에서 발생했다. 수많은 꿀벌이 이유 없이 사라지는 군집 붕괴 현상Colony collapse disorder도 아마 바이러스와 관계가 있을 것이다. 우리 자신과 식물, 동물을 바이러스의 공격으로부터 보호하는 것은 끝없는 도전이 될 것이다. 이 장에서 우리는 동물을 향한 바이러스들의 눈에 띄는 공격 몇 가지를 살펴보겠다.

비틀거리는 스컹크

뭔가가 심각하게 잘못되지 않은 한 우아하고 위엄 있게 행동하는 야행성 동물 스컹크는 낮에 돌아다니지 않으며 절대로 비틀거리지도 않는다. 만약 그런 스컹크가 있다면 그 불쌍한 스컹크는 바이러스성 질병인 광견병rabies으로 고통을 받고 있을 가능성이 높다. 이럴 때는 물러나서 이 녀석을 피하는 편이 좋을 것이다. 스컹크의 병은 뇌에 침입하여 행동을 근본적으로 바꾸어놓는다. 그래서 녀석은 자신의 강력한 화학적 무기에 신중하게 의존하는 게 아니라 공격적으로 달려들 가능성이 크다. 그리고 녀석의 침에는 감염성 비리온이 들어 있다.

하나나 몇 종의 생물만 공격하는 대부분의 바이러스와 달리 광견병은 포괄적인 능력을 가진 병원체로 어떤 포유동물이든 감염시킬 수 있고(특히 몇 종은 예민하다) 그 영향력은 끔찍하다. 한때 이 병의 흔한 특징이었던 물 공포증은 일반적인 증상 가운데 하나이다(우리나라에서는 '물을 두려워한다'라는 뜻의 공수병恐水病으로도 알려져 있다 — 옮긴이). 침 삼키기를 조절하는 근육이 비정상적으로 조여들기 때문에 환자는 물을 마실 수가 없다. 물을 한 모금 머금으면 격렬하게 기침을 하거나 마구잡이로 경련하며 뱉어낸다. 병자가 물을 끔찍하게 무서워하게 만들 만한 경험인 것이다. 물 공포증은 광견병이 일으키는 신경성 공포 중 단지 하나일 뿐이다. 그 외에도 언어 능력과 시각의 상실 및 극도의 불안감과 두려움 등이 있다.

주로 동물에 물려서 전파되는 광견병 바이러스는 상처 부근의 조직

안에서 번식한다. 결국 이것은 신경세포를 감염시키고 뇌까지 가서 지각력을 망가뜨리고 결국엔 치명적인 결과를 낳는다. 질병이 악화되면 치료가 불가능하고, 거의 확실히 죽는다. 물린 뒤 증상이 심해지고 질병이 진전할 때까지의 기간은 물린 부위가 뇌에서 얼마나 가까운지에 달렸고, 이는 굉장히 다양하다. 일주일 남짓일 때도 있고 몇 년이 걸릴 때도 있다. 그 기간 동안 면역력의 힘으로 나을 수도 있다. 루이 파스퇴르는 1885년에 그런 백신을 개발했다. 현대에는 훨씬 효과적이고 덜 유독한 백신이 존재한다. 수의사처럼 물릴 가능성이 훨씬 높은 사람들은 예방 차원에서 미리 맞곤 한다. 미국 대부분의 지역에서는 개와 고양이에게 반드시 백신을 접종해야 하고, 이런 조치 덕분에 사람이 광견병에 걸리는 경우가 굉장히 낮아졌다. 이제는 미국에서 매년 열 번 정도의 광견병 사건만이 보고될 뿐이다. 몇몇 지역, 특히 영국 제도 같은 곳에는 광견병이 아예 없다.

광견병 바이러스의 몇 가지 일면은 아주 독특하다. 예컨대 다양한 종류의 동물들을 감염시킬 수 있는 능력 같은 것이다. 숙주에 들어간 다음에 백신에 의해 퇴치할 수 있는 바이러스도 그리 많지 않다. 하지만 다른 특성들은 전형적인 바이러스 감염에 속한다. 가장 잘 알려진 것은 한 번 감염되면 항생제나 다른 화학요법제로는 치료할 수 없다는 것이다. 왜냐하면 광견병을 비롯한 다른 대부분의 바이러스들은 숙주세포에 결여되어 있는 다른 목표물을 갖고 있지 않기 때문이다. 바이러스는 복제하는 데 숙주세포의 대사 조직을 사용하기 때문에 자신의 기관이 필요 없다. 그래서 항생제로 바이러스 감염을 치료하는 것은 의미 없는 짓이다. 사실 이렇게 하면 상황이 악화될 수도 있다. 이런 쓸데없는 투약으로 내성을 가진 박테리아 균주가 생길 수 있고, 이 새로운 능력을 다른 박테리아와 공유하여 내성의 연쇄를 발생시켜 공공보건에 재앙을 일으킬 수도 있기 때문이다. 항상 존재하는 아주 드문 항생제 내성 세포들은 살아남아 번성하고 항생제가 가득한 환경에서 우성을 보인다. 이들은 내성 유전자를 다른 박테리아와 공유한다. 그 결과 황색포도알균Staphylococcus aureus(MRSA)의 메티실린 내성 균주와 이보다 더 불길한 황색포도알균의 반코마이신 내성 균주, 혹은 결핵균Mycobacterium tuberculousis의 여러 가지 약 내성 균주들 같은 새로운 살인자들이 널리 유행하게 된다.

후천성 면역결핍 증후군인 에이즈(AIDS)를 일으키는 사람면역결핍 바이러스human immunodeficiency virus(HIV)는 극단적인 예외이다. 이것은 감염이 시작된 뒤 약으로 완치할 수는 없어도 성공적으로 통제할 수는 있다. 그 이유는 우리가 바이러스의 독특한 생활양식에 관한 통찰력을 얻었기 때문이다.

HIV는 레트로바이러스retrovirus라는 바이러스 집단에 속한다. 이 이름은 이들의 유전정보가 반대방향으로 흐르기 때문에 붙여진 것이다. 생물학의 주요 교의라고도 할 수 있을 만큼 흔한 세포 내에서의 일반적인 유전정보 흐름은 세포의 유전적 저장고 안의 DNA에서 RNA로 가서 이 유전적 신호가 표출된 다음 단백질로 이어지는 식이다. 하지만 HIV를 포함한 레트로바이러스의 유전정보는 처음에 반대방향으로 흐른다.

비리온에서 HIV는 유전 정보를 RNA 형태로 저장하고 있다. HIV 와는 달리, 상당수의 다른 바이러스들은 세포를 감염시킨 후 저장하고 있던 정보를 곧장 단백질 합성을 하도록 흘려보낸다. 이것은 세포들이 일반적인 유전 정보 흐름에서 가장 마지막에 하는 일이다. 이런 다른 RNA 바이러스들은 세포의 DNA에서 RNA까지의 경로를 단축시킬 뿐, 반대로 하지는 않는다. 반면 HIV가 가장 먼저 하는 일은 흐름을 반대로 바꾸는 것이다. RNA에서 다시 DNA로. 그런 다음 DNA가 숙주세포의 게놈genome에 직접 들어간다. 그다음에야 일반적인 흐름이 시작된다. 바이러스성 DNA에서 바이러스성 RNA, 그리고 못된 짓을 하는 바이러스성 단백질로.

숙주세포에는 HIV의 RNA에서 DNA로 가는 과정을 전달할 기관이 없기 때문에 바이러스 자체가 마련해주어야 한다. 바이러스는 자신의 비리온 안에 있는 중개효소인 역전사효소reverse transcriptase를 사용해서 이를 해결한다(이 효소는 자연계 어디에서든 볼 수 있지만 이런 일은 자주 일어나지 않는다). HIV의 복제에 필수적인 역전사효소는 항-HIV 약제를 위한 이상적인 목표물이 된다. 왜냐하면 우리 세포에는 이것이 있지도, 필요하지도 않기 때문이다. 이제는 친숙한 이름인 아지도티미딘azidothymidine(AZT) 같은 약들은 이 효소를 억제하도록 개발되었다. 이것은 HIV에 감염된 사람들이 죽을 날만 기다리던 것에서 감당하기 조금 비싸고 평생 가는 까다로운 질병을 감수하는 정도로 상황을 바꾸어놓은 일등공신이다. 아직 분명치 않은 이유로 이 항-역전사효소 약제들은 HIV의 진전을 막지만, 완전히 없애지는 못한다. 그저 건

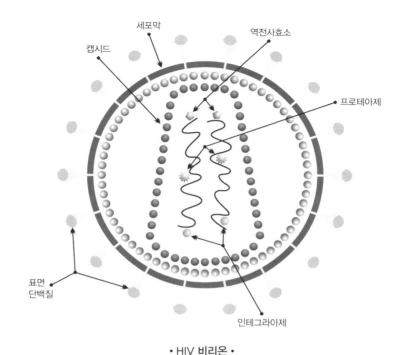

세포막

역전사효소

캡시드

프로테아제

표면
단백질

인테그라아제

· HIV 비리온 ·

강한 삶을 연장해줄 뿐 병을 치료하지는 못하는 것이다.

　그 독특한 생활양식의 또 다른 측면 덕분에 HIV는 항－HIV 약제에 또 다른 목표물을 제공한다. HIV 비리온은 감염된 세포에서 떨어져 나오는 것으로 끝나지 않는다. 안에 있는 여러 개의 바이러스성 단백질이 긴 사슬로 연결되어 있어서 활성을 갖기 위해서는 이것을 각각의 단백질로 잘라야만 한다. 이런 마지막 과정은 HIV를 특별하게 만드는 또 다른 효소의 역할이다. 이 효소는 단백질 전구체를 활성 요소로 나누어야 하는 비리온 안에 들어 있다.

이 두 번째 바이러스 효소는 HIV 프로테아제protease(단백질분해효소)이다. 3장에서 잠깐 언급했지만 프로테아제는 아미노산을 한데 엮어 단백질로 만들고 화학결합을 자르는 효소를 부르는 일반적인 명칭이다. 그래서 우리 자신의 세포 안을 비롯하여 자연계에는 수많은 프로테아제가 있다. 하지만 HIV 프로테아제는 항－HIV 약제가 숙주세포에 해를 입히지 않고 공격해 비활성화시킬 수 있는 독특한 바이러스성 목표물이 될 수 있는 특성이 있다. 가장 효과적인 항－HIV이자 항－에이즈 약제 중 일부인 인디나비르Indinavir나 노비르Novir 같은 프로테아제 억제제가 이런 식으로 작용한다.

HIV는 세 번째 잠재적 목표물인 인테그라아제integrase(통합효소)라는 효소도 갖고 있다. 이것 역시 성숙한 HIV 비리온 안에 들어 있다. 인테그라아제는 HIV의 생명주기에서 DNA 조직이 숙주세포의 게놈 안에 융합되는 단계를 조절한다. HIV 인테그라아제의 활동을 억제하는 방식의 항－HIV 약제는 아직까지 개발되지 않았다.

치료가 되는 대신에 그저 활성을 지연시키며 가격까지 비싼데도 항－HIV 약제들은 끔찍한 에이즈 전염병에 대항해 싸우는 환자와 의사들에게 새로운 희망을 주었다. 하지만 이런 놀라운 약제들의 미래는 별로 밝지 않다. 다른 미생물들처럼 HIV도 변형을 거듭해서 그중 몇 개는 약에 내성을 보이기 때문이다. 사실 HIV의 유전자 기록이 전적으로 RNA 구조에만 쓰여 있기 때문에 이 바이러스는 빠른 속도로 변이한다. RNA 복제 과정의 정확성은 DNA 복제의 정확성보다 상당히 떨어진다. 게다가 RNA 복제 과정에서 생기는 실수는 DNA 복제시의 실수와 다르게 만회할 수가 없다. 그래서 한 개인의 HIV 감염 과정에서도 여러 가지 약물 내성을 가진 HIV 구조가 나타날 수 있다.

다제 치료Multiple drugs therapy는 일반적인 역습의 방법이다. 그 이유는 간단하다. 한 가지 약에 대해 내성이 생길 가능성은 높지만, 동시에 여러 약에 대한 내성이 생기는 것은 굉장히 어렵다. 예를 들어 약물 내성이 100만 번 복제될 때 한 번 꼴로 발생한다면(굉장히 높은 비율이다), 이런 바이러스가 또 다시 100만 개 있어야, 다시 말해 100만의 제곱 개 중 하나가 두 가지 약물에 대한 내성을 갖게 될 것이다. 이것은 거의 불가능한 일이다. 그리고 동시에 세 개의 약에 내성을 가지는 바이러스는 100만의 세제곱 개 중 하나일 것이다. 이럴 확률은 거의 없다. 하지만 우리 모두가 알고 있는 것처럼 많은 것들이 잘못될 수 있다. 현존하는 항－HIV 약물 치료로 에이즈를 묶어놓을 수 있는 기간은 분명히 한계가 있다. 항상 예방이 최선이다.

광견병과 HIV라는 이 두 가지 특히 치명적인 바이러스는 우리에게 바이러스 복제의 복잡함과 동물 및 사람에게 미칠 수 있는 끔찍한 잠재적 영향력을 알려준다. 하지만 우연히 수입한 동물 종이 생태계 재앙의 근원이라면 어떨까? 그 영향력을 약화시키기 위해 바이러스를 사용할 수 있을까? 이것이 오스트레일리아에서 맞닥뜨린 의문이다.

오스트레일리아의 토끼 1억 마리

오늘날 오스트레일리아에는 약 1억 마리의 토끼가 살고 있다. 이 토끼들 하나하나는 포유동물의 개체 수 및 이들이 새롭게 노출된 치명적인 병원성 미생물 사이의 관계에 대해 가장 철저하게 규명한 증거라고 할 수 있다. 이런 관계에 대한 연구는 병원체가 새로운 집단에 전래된 때나 혹은 새로운 병원성 미생물이 출현한 시점 등 최초의 조우 이후 인간과 병원성 미생물이 공진화한 방식에 큰 광명을 드리웠다.

18세기 후반에 유럽인들이 정착을 시작하기 이전에 당시 뉴 홀랜드라 불린 오스트레일리아는 유대류 동물과 단공류 동물들의 땅이었고, 원주민과 그들의 갯과 동물 딩고를 제외하면 태반 포유동물이 없었다. 이주해온 유럽인들이 가축용이나 오락용으로 그리고 감상적인 마음에 젖어 자신들의 동물(포유동물과 조류)들을 데려왔고, 그 가운데 토끼가 있었다. 1859년 한 영국인이 '사냥 장소' 및 '고향의 분위기'를 제공하기 위해서 24마리의 유럽 토끼와 5마리의 산토끼, 72마리의 자고새, 그리고 참새 몇 마리를 오스트레일리아로 수입했다. 토끼는 오스트레일리아의 초원에서 거의 미생물처럼 번식해 위험스러울 정도로 늘어났다. 겨우 6년 만에 오스트레일리아에는 2,200만 마리의 토끼가 생겼다. 이들의 활동 범위는 빠르게 늘어나서 1년에 100킬로미터 이상 확장되었고 50년도 지나지 않은 1907년에는 대륙 전체를 아울렀다. 1930년대에 토끼의 숫자는 7억 5,000만 마리에 달하는 것으로 추산되었다. 안락한 환경에서 풍부한 양분을 공급해준 미생물의 성장 속도처럼 오스트레일리아의 토끼는 기하급수적으로 증가했다. 증가율과 실제 숫자가 함께 올라갔다.

토끼는 곧 역병이 되어 토종 왈라비와 집에서 키우는 양들이 먹을 풀을 모두 없애고, 사방의 토양을 침식시키고, 물웅덩이를 오염시키고, 작물을 훔쳐 먹고, 나무껍질을 갉아먹어 어린 나무들을 고사시켰다. 총으로 쏘고, 덫을 놓고, 독약을 놓는 전통적인 방법으로는 이들의 끊임없는 증가를 막을 수가 없었다. 대륙을 가로질러 수천 킬로미터에 달하는 토끼막이 울타리를 치는 비전통적인 방법도 이들을 억류하는 데 실패했다.

다급해진 오스트레일리아 정부는 남아메리카 토착 미생물인 점액종*Myxoma* 바이러스의 도움을 받기로 했다. 점액종은 토종 토끼들(실비라구스*Silvilagus* 종)에게 감염되면 대수롭지 않은 피부염 정도의 가벼운 병을 일으키지만, 유럽 토끼(오릭토라구스 쿠니쿨루스*Oryctolagus cuniculus*)를 공격할 때에는 점액종증*myxomatosis*이라는 치명적인 질병을 유발한다. 이것은 눈에 잘 보이는 흉측한 혹을 만들고, 곧 머리 주위의 종창, 결막염, 가끔은 시력상실 및 몽롱함, 식욕부진, 발열로 발전한다. 종종 2차적인 박테리아 감염도 일으킨다. 그리고 대체로 13일 이내에 죽는다.

1950년, 전염병을 퍼뜨리기 위한 목적으로 점액종 바이러스에 감염된 토끼들을 오스트레일리아 전역에 풀었다. 그리고 이것은 확실히 효과가 있었다. 모기로 전염되는 바이러스가 빠르고 치명적으로 퍼진 것이다. 2년 만에 대륙의 7억 5,000만 마리의 토끼가 1억 마리로 감소했다. 감염된 토끼의 거의 전부(99퍼센트 이상)가 죽었다. 누군가는 오스트레일리아의 토끼가 멸종되기 직전이었을 거라고 생각할지도 모르겠다. 하지만 그런 일은 일어나지 않았다. 미생물성 전염병은 아주 예민한 집단이 굉장히 치명적인 병원균에 노출되었을 경우라고 해도 거의 멸종에까지 이르게 만들지는 않는다. 숙주와 병원체가 더 강한 상호 내성을 키우게 되는 강력한 선택압이 있기 때문이다. 점액종증의 경우 토끼의 생존 시간이 점차 길어지고 치사율이 약 25퍼센트까지 빠르게 떨어졌다. (숙주와 병원체가 최소한 몇 세기나 공존해온 남아메리카에서는 점액종 바이러스가 토끼를 죽이는 비율이 거의 없다시피 하다는 것을 기억하라.)

오스트레일리아 정부는 점액종증의 치사율이 감소함에 따라 다시 증가하는 토끼의 개체 수를 통제하기 위한 새로운 방법을 찾았다. 1996년에 두 번째 토끼 살해용 바이러스(토끼 칼리시바이러스rabbit calicivirus)가 도입되었다. 이 광대한 실험의 결과는 아직도 불확실하다.

숙주가 바이러스 공격에 더 큰 내성을 갖기 위한 선택압에 부딪힌다는 것은 분명하다. 더 큰 생존 능력을 가진 숙주들은 이 장점을 후손에게 물려준다. 하지만 병원체를 약화시키는 선택압도 존재한다. 병원체는 숙주에 의존해 살아간다. 병원체에게 숙주를 죽이는 선택압은 없다. 병원체가 다른 숙주로 전파되는 동안 더 오래 감염이 지속되는 것(숙주가 더 오래 살아남는 것)이 종으로서 병원체의 전염과 생존에 이득이 된다. 잘 적응한 병원체는 오랫동안 지속되는 약한 감염을 유발한다. 새롭게 발생한 병원체나 새로운 숙주 집단에 전파된 안정된 병원체는 치사율이 굉장히 높다. 그러다가 강력한 선택압의 힘으로 상호내성을 갖는 방향으로 진화하게 된다. 역사적으로 우리 인간이 새로운 병원체에 노출된 본보기도 많이 있다.

인간에게 전파되는 박테리아성 질병인 매독*Treponema pallidum*은 사소한 감염이 절대로 아니다. 처음에는 생식기에 염증을 일으켰다가 없어지고, 천천히 발전해서 대부분의 경우 몇 년이나 지나 치료받지 않은 희생자를 죽음에 이르게 만든다. 하지만 1495년 아마도 신세계에서 건너왔을 매독이 유럽에 처음 등장했을 때에는 '대천연두'라고 불릴 정도로 공포스러웠다. 머리부터 무릎까지 온몸에 염증이 생기고, 환자들의 얼굴에서 살점이 떨어져나갔다. 감염되고 겨우 몇 달 만에 환자는 사망했다. 하지만 이 질병은 겨우 50년 만에 오늘날 우리가 알고 있는 훨씬 덜 무섭고 오래 지속되는 병으로 진화했다.

지난 세기에 맹위를 떨쳤던 결핵*Tuberculosis*에서도 비슷한 적응 방식을 볼 수 있다. 백색 흑사병이라고도 하는 결핵은 결핵균*Mycobacterium tuberculosis* 박테리아 때문에 일어나며 19세기와 20세기 초반 최대의 질병이었다. 희생자는 작가(에밀리와 앤 브론테, 엘리자베스 바렛 브라우닝, 바이런 경, 로버트 루이스 스티븐슨, 헨리 데이비드 소로, 조지 오웰, 랠프 월도 에머슨), 음악가(프레드릭 쇼팽, 니콜로 파가니니), 정치인(시몬 볼리바르, 앤드류 잭슨, 엘리너 루스벨트), 심지어 이야기 주인공(푸치니의 〈라보엠〉 주인공 미미)부터 그보다 덜 유명한 사람들에 이르기까지 수두룩했다. 19세기 이래로 이 질병은 지금까지 매년 1~2퍼센트씩 발병률이 감소하고 있다. 오늘날에는 두려운 질병이긴 해도 별로 많은 사람을 죽이지는 않는 편이다. 예를 들어 미국에서 2004년에 심장병으로 654,092명, 심장마비로 550,270명이 죽은 반면 결핵으로는 711명만이 죽었다.

물론 더 나은 생활조건, 개선된 영양상태, 항 – 결핵 약물의 존재 같은 많은 요소들이 질병을 억제한 것도 사실이지만, 가장 중요한 요인은 박테리아 자체의 유독성이 떨어졌다는 것이다. 예를 들어 항 – 결핵 약물의 도입은 결핵의 감소 곡선에서는 거의 확인하기도 어려울 정도이다.

내가 본 바로는 병원체가 해를 덜 미치는 방향으로 진화하는 동안 숙주 역시 더 강한 내성을 갖는 방향으로 진화한다. 많은 경우 이 두 가지 요인 중 누가 더 중요한지를 결정하기는 어렵다. 하지만 신세계에 도착한 유럽인들의 질병은 숙주의 유전적 내성 정도가 얼마나 중요한지를 보여주는 명백한 증거이다. 이들은 가장 내성이 강한 생존자이자 이 미생물들의 난장판에서 살아남은 사람들의 후손이다. 아메리카 인디언들은 이런 큰 문제를 겪어본 적이 없었다. 미생물들은 유럽인들보다 아메리카 인디언들에게 훨씬 더 치명적이었다.

새롭고 굉장히 위험한 질병은 다른 방식으로도 취약한 집단에게 전파된다. 그중 하나가 종의 장벽을 뛰어넘는 것이다. 이런 종간 도약 바이러스로 가장 유명한 것이 에이즈를 유발하는 HIV이다. HIV는 원숭이에서 인간으로 종의 장벽을 뛰어넘었다. 인플루엔자 바이러스 역시 이런 병원체의 또 다른 예이다. 인플루엔자 바이러스의 원래 고향은 아마 오리였을 것이다. HIV 역시 다른 질병들처럼 점차 완화되겠지만, 인플루엔자는 다른 문제이다. 여러 종류의 새와 돼지에게서 진화한 새로운 바이러스 균주들이 우리 인간에게로 넘어오고 있다.

바이러스가 점액종처럼 질병을 유발하기 위해 고의로 전파되었든, 아니면 질병이 HIV와 인플루엔자처럼 종이나 지리적 경계를 뛰어넘었든, 초기에는 치명적인 결과를 낳을 수 있다. 이제 전염병의 전파를 방지하려는 노력이 어떤 결과를 불러오는지 살펴보자.

토끼를 지켜라

토끼가 모든 곳에서 번성하는 것은 아니다. 스페인의 토끼 집단은 상당히 적은 편이고 스페인 사람들은 토끼를 없애려 하기보다는 지키려고 한다. 스페인 토끼는 유럽 토끼여서 점액종에 굉장히 예민하기 때문이다. 그래서 스페인에서는 이 치명적인 질병으로부터 토끼 집단을 보호하기 위한 여러 가지 방법을 시도했다. 그중 하나가 백신 접종이다. 하지만 백신 접종에는 몇 가지 한계가 있다.

야생 토끼를 통제하느냐 마느냐에 관한 유럽인들의 태도는 나라마다 다르다. 12세기에 북아프리카에서 토끼를 수입해오기 전까지 영국에는 토끼가 없었다. 유럽에서 토끼의 개체 수는 온건하고 안정적이었는데 20세기 초반에 농경 방식이 바뀌면서 갑자기 치솟았다. 그래서 토끼가 심각한 유해동물이 되었고 농부들은 이들을 통제하기 위해 다양한 방법을 사용했다.

토끼는 프랑스에서도 유해한 존재였다. 1952년 여름에 어느 은퇴한 의사가 파리 근교에 있는 자신의 농장에 해를 입히는 토끼를 없애기 위해 점액종을 유발시켰다. 물론 질병은 그의 농장 너머까지 빠르게 퍼져나가 이듬해 가을경에는 프랑스를 넘어 영국에 도착했다. (오스트레일리아에서는 모기가 점액종을 퍼뜨렸지만, 유럽에는 토끼벼룩이었다.) 오스트레일리아에서의 경우처럼 토끼는 거의 다 죽었으나 완벽하게는 아니었다. 영국에서는 약 99퍼센트의 토끼가 사라졌다. 하지만 다시금 토끼와 바이러스는 중도를 향하여 공진화했다. 영국의 토끼 집단은 현재 점액종이 발발하기 전의 절반 정도에 이른다.

점액종은 스페인에도 퍼져서 몇 안 되는 토끼와 이들을 잡아먹는 동물들까지 위협했다. 다른 국가들이 토끼를 통제하기 위해 노력하는 상황에서 스페인의 미생물학자들은 바이러스를 통제하기 위해 신중하게 조제된 백신을 개발했다. 백신은 살아 있는 점액종 바이러스로 여전히 토끼 안에서 증식할 수는 있지만(그래서 면역성을 얻을 수 있다) 독성을 약화시켜 심각한 질병을 유발할 수 없게 만든 것이었다. 게다가 백신에는 토끼의 출혈성 질병 바이러스rabbit hemorrhagic disease virus(RHDV)의 단백질 요소를 만드는 유전자가 담겨 있어서 이 토끼 살해 질병에 대한 면역성도 유발할 수 있었다. 또한 바이러스는 유전적으로 약화되었기 때문에 토끼에서 토끼로의 전염을 딱 한 번 하고 나면 사멸했다. 백신은 이상적인 것 같았다. 왜냐하면 살아 있고, 감염 가능하고, 야생형 점액종 바이러스처럼 토끼 집단에 전파될 수 있으면서도 토끼를 죽이지 않고 보호하는 것이기 때문이었다. 백신의 전파는 약화되었기 때문에 이것을 방출한 지역 인근으로만 제한되었다. 백신은 작은 섬에서 안전성과 유효성 실험을 거쳤다.

물론 이렇게 살아 있고 자가 전파되는 백신을 사용하는 것은 논쟁의 여지가 있다. 만약 이것이 더 널리 전파되는 능력을 갖도록 변이되면(그리고 자연선택은 이런 변이를 선호하는 경향이 있다) 점액종 바이러스와 RHDV의 유용성은 크게 훼손될 것이다. 자연적인 것이든 인공적인 것이든 바이러스를 퍼뜨릴 때 의도치 않은 결과가 나오는 것을 걱정하는 것은 당연한 일이다.

세포성이든 바이러스성 미생물 병원체든 간에 모든 백신은 처음에 살아 있는 것이었다. 1796년 에드워드 제너가 천연두를 통제하기 위해서 개발했던 최초의 백신은 가벼운 우두를 유발하는(그래서 제너가 '소'라는 뜻의 라틴어 'vaca'를 사용한 'vaccine'이라는 단어를 만들게 되었다) 관련 바이러스의 살아 있는 배양액으로 만든 것이었다. 우두에 자주 걸리지만 절대로 천연두의 희생양이 되지 않는 것으로 보이는 농장 하녀들의 손에는 딱지가 앉은 염증 자국이 남아 있고는 했다. 그 딱지를 일부 모아서 백신으로 사용했는데, 이것은 대단히 효과적이었다. 우두는 여전히 천연두를 예방하는 용도로 사용된다. 이 방어력 덕택에 1979년 천연두는 전 세계에서 박멸되었다. 하지만 미국과 러시아, 그리고 비공개적으로 다른 몇 나라에 바이러스가 저장되어 있기 때문에 다시 퍼질 수도 있다는 우려가 있다. 이런 위협 때문에 어떤 사람들은 천연두 예방주사를 다시 시행해야 한다고 생각한다.

19세기에 다른 종류의 생백신, 약독화 백신을 루이 파스퇴르가 개발했다. 이런 백신은 전염병을 통제하는 확실한 수단을 제공해주었다. 이런 백신을 만드는 원리는 다음과 같다. 실제 병을 유발하는 미생물을 최적 이하의 조건에서 배양한다. 미생물이 이런 불편한 조건에 적응하여 약해지고 질병을 유발하는 능력(유독성)을 잃기를 바라면서도 이 병에 대한 면역성을 자극할 수 있을 만큼의 능력을 유지하길 바라기 때문이다. 파스퇴르는 이런 방법을 이용하여 박테리아성 질병인 탄저병과 바이러스성 질병인 광견병에 대한 예방 백신을 개발하는데 성공했다.

약독화 백신을 개발하는 것은 어려운 일이다. 미생물을 약화시키는 것이 무엇인지 불분명하기 때문이다. 그래서 미생물을 약화시킬 방법을 찾는 것은 굉장히 시행착오가 많았다. 파스퇴르는 탄저균*Bacillus anthracis*을 최적 온도 이상에서 한참 배양해서 약화시켰다. 그는 이런 처리법이 왜 탄저균의 독성을 잃게 만드는지 알지 못했지만, 어쨌든 그랬다. 현재는 그 메커니즘이 밝혀졌다. 탄저균을 비롯한 박테리아가 높은 온도에서 자라면 대체로 플라스미드plasmid를 잃게 된다. 질병을 유발하는 탄저균의 독성을 인코딩하는 유전자는 플라스미드 안에 있다. 파스퇴르는 토끼의 뇌에서 증식한 광견병 바이러스를 약화시켰다. 이런 약독화attenuation의 메커니즘은 여전히 미스터리로 남아 있다.

백신 제조의 다음 진보는 공정을 대단히 간소화하는 죽은 미생물을 사용하는 백신(사백신)이다. 질병 유발 미생물을 죽여서 백신으로 이용하는 것이다. 이것은 병을 유발하지 않으면서도 면역성을 갖게 하는 능력은 남아 있다. 하지만 여기에도 단점은 있다. 일반적으로 사백신은 증식하지 않기 때문에 생백신만큼 효과적이지 않다. 이런 백신은 많은 경우 충분한 방어력을 얻기 위해서 보조 접종을 해야 한다.

약독화 백신과 사백신 둘 다 소아마비와의 전쟁에 사용되었고, 전 세계에서 빠르게 승리를 거두고 있다. 조나스 솔크가 개발해 종종 주사용 소아마비 백신Injectable polio vaccine(IPV)이라고도 불리는 최초의 소아마비 백신은 사멸 바이러스 백신이다. 나중에 앨버트 사빈이 개발한 경구 소아마비 백신oral polio vaccine(OPV)은 새끼 햄스터를 여러 차례 거친 바이러스로 개발한 약화 바이러스 백신이다.

백신의 개발과 보급은 항생제의 출현보다 공공보건에 더 크고 대단한 영향을 미쳤다. 이것은 디프테리아, 소아마비, 황열병, 광견병 같은 이전에 두려움을 주던 질병에 대한 공포를 완전히 없앴다. 하지만 모든 위대한 의학의 진보가 그렇듯이 어두운 면도 있다. 질병 같은 부작용이 한 가지 문제이다. 이런 부작용은 불쾌한 부작용을 일으키는 백신 말고 미생물의 면역 자극 단백질만 들어 있는 정제 백신이나 무세포 백신을 사용하면 줄일 수 있다.

백신으로 질병을 통제하는 데 있어서 또 다른 한계는 미생물의 속임수에 있다. 최소한 지금은 성행위로 전파되는 질병인 임질의 원인균인 네이세리아 고노레아Neisseria gonorrheae(임균) 같은 악명 높은 미생물 병원체에 대해 효과적인 백신을 만드는 방법은 밝혀지지 않았다. 이 병원체는 정기적으로, 빠르게, 무작위적으로 표면 단백질을 바꾸는 능력을 갖고 있기 때문이다. 우리의 면역체계는 질병을 방지하기 위해서 이 표면 단백질을 인식하여 방어 항체를 만든다. 하지만 병원체의 표면 단백질이 항상 바뀌면 우리의 면역체계가 따라가지 못한다. 임균은 인코딩 유전자를 발현시켰다 말았다 하는 방식으로 표면 단백질을 바꾼다. 숙주의 면역체계가 임균의 표면 단백질에 대한 방어 항체를 만들 수 있게 될 무렵 이 침입자는 인코딩 유전자를 차단하여 새로운 단백질을 만드는 것이다. 그러면 면역체계가 다시금 일을 반복해야 한다. 이런 사이클이 수십 번 계속된다.

다른 미생물들도 비슷한 속임수를 쓰지만 방법은 다르다. 인플루엔자 같은 어떤 미생물은 인코딩 유전자가 돌연변이하여 급격하게 바뀌거나(유전자 소변이genetic drift) 혹은 같은 세포에 두 개의 인플루엔자 균주가 동시에 감염되어 서로 염색체 일부를 바꾸는(유전자 대변이 genetic shift) 방식으로 변이하고, 그러면 표면 항원도 바뀐다. 다른 미생물 병원체, 특히 플라스모디움 종Plasmodium(말라리아를 유발한다)과 HIV는 복잡한 생활양식 때문에 백신에 의한 통제가 불가능하다.

백신 접종이 만병통치약은 아니지만 스페인의 토끼가 증명한 것처럼 우리나 다른 동물들에게 해를 입히는 미생물에 대한 강력한 무기임은 입증되었다. 백신이 인간의 삶에 끼친 값진 공헌에도 불구하고 여전히 백신 사용과 관련된 우려와 논쟁은 남아 있다. 디프테리아 통제가 특히 유명하다. 디프테리아균Corynebacterium diphtheria에 의해 발생하는 이 치명적인 박테리아성 질병은 히포크라테스가 기원전 4세기에 이 병의 증상에 대해서 언급한 이래 유명한 살인자로 존재해왔다. 디프테리아균의 공포는 20세기까지도 전 세계에서 이어졌다. 이 병에 걸리면 목이 붓고 회색 위막으로 뒤덮이는데, 목의 부기와 위막이 호흡기를 막아서 갑작스러운 죽음을 유발할 수 있다. 디프테리아의 옛 스페인 이름은 garrotillo(질식병)이다. 이것은 늘상 사람들을 위협해왔다. 1920년대에 미국에서 처음 신뢰할 만한 데이터가 모였을 때, 연간 약 15만 명이 병에 걸려 1만 3,000명이 죽는 것으로 알려졌다. 오늘날 인구에 비유하면 3만 7,000명이 죽는 것과 다름없고, 이것은 2008년 미국에서의 교통사고 사망자 숫자와 거의 비슷하다(2만 9,800명). 그러다가 1929년에 파리의 파스퇴르 연구소에서 일하던 가스통 라몬이 혼자서 디프테리아 증상을 유발할 수 있는 단백질인 비활성 디프테리아 독소로 효과적인 백신을 개발했다. 백신이 승인되고 널리 사용되면서 디프테리아는 눈에 띄게 감소했다. 미국에서는 디프테리아 백신을 DTP 백신(디프테리아–파상풍–백일해)의 한 종류로 생후 첫 6개월 안에 신생아에게 접종하기 때문에 2000년부터 2007년 사이에 디프테리아는 겨우 다섯 건만이 보고되었다. 숨을 못 쉬는 디프테리아 환자들의 목에서 급한 경우 위막을 긁어내기 위해서 손톱을 기르곤 했던 소아과 의사들은 이 질병을 한 번도 마주치지 않는 데에 성공했다.

디프테리아는 백신 접종을 통해 통제할 수만 있다. 완전히 박멸할 수는 없다. 하지만 소련의 몰락으로 인한 혼란 속에 소련에서의 백신 접종이 빠르게 감소하고 있다. 1998년 적십자의 계산에 따르면 소련에서 20만 건의 디프테리아가 발병했고 5,000명이 죽었다. 이 때문에 디프테리아는 '가장 많이 부활하는 질병'으로 기네스 기록에 올랐다.

어쨌든 몇몇 사람들은 자신의 아이들이 '과도한 백신 접종'을 하고 있거나 백신이 자폐증의 위험을 높인다고 생각해서 백신 접종을 격렬하게 반대한다. 1930년대 이래로 많은 백신에 수은이 든 보존제(티메로살Thimerosal)를 넣은 것이 문제로 추측되고 있다. 티메로살이 접종 부위에 붉은 자국을 남기는 것 외에는 해롭다는 증거가 전혀 없음에도 불구하고 1999년 정부 기관과 의료 협회, 제조사들은 백신에서 티메로살의 양을 줄이거나 아예 빼는 예방 조치에 동의했다. 2001년 이래 성인용 인플루엔자 백신 몇 종을 제외하면 백신에 티메로살을 첨가하지 않는다. 아이들에게는 티메로살이 포함된 어떤 백신도 접종하지 않는다. 이런 예방조치에도 불구하고 자폐증의 발생 빈도는 감소하지 않고 있다.

백신 접종을 거부하는 데에는 도덕적 갈등이 존재한다. 선진국에서 대부분의 경우 접종을 거부하는 것은 아동이 병에 걸릴 가능성을 별로 높이지는 않지만, 사회 전체에 위험이 될 수 있다. 모두가 면역성을 갖고 있어야 우리 모두 안전하기 때문이다. 75~80퍼센트의 인구가 디프테리아 백신을 접종한 사회에서는(질병에 따라 비율은 다양하다) 백신이 감염의 사슬을 끊기 때문에 백신을 맞지 않은 사람도 보호된다. 하지만 만약 백신 접종률이 75퍼센트 이하라면 그 결과는 백신을 맞지 않은 사람들에게 끔찍한 재난이 될 수 있다.

11

흉악한 박테리아

MARCH OF
THE MICROBES

66

전 세계적으로 약 50퍼센트의 사람들이 헬리코박터 파이로리에
감염되어 있어서 세계 인구의 절반 정도가 위궤양에 취약한 상태이다.
헬리코박터 파이로리 감염은 위암이나 콜레라 같은
더 심각한 질병의 가능성을 높이기 때문에
공공보건에 심각한 문제로 대두되고 있다.

99

Felonious Bacteria

지금까지는 박테리아가 우리와 우리 지구를 돕는 여러 가지 방식에 대해서 강조했다. 물론 박테리아가 공공의 선만을 위해서 일할 리는 없다. 이 장에서는 종종 좋은 결과를 낳기도 하는 이들의 해로운 점에 대해 살펴보겠다.

동안의 비결

어떤 친구가 다른 친구보다 좀더 젊고 생기 있어 보이는 데에는 여러 가지 이유가 있을 수 있지만, 미생물이 생산하는 독소를 아주 엷게 희석시킨 약제 보톡스botox가 그 이유일 가능성이, 사실 아주 큰 가능성이 있다. 수백만 명을 죽인 이 끔찍한 독극물은 최소한 몇 주 정도 주름을 없앨 수 있다.

보톡스botox와 디스포트dysport는 가장 치명적인 물질 중 하나로 알려진 보툴리눔독소botulinum toxin의 상표명이다. 물론 이것이 가장 치명적이라는 데에는 조금 의문의 여지가 있다. '가장 치명적'이라는 이 타이틀을 놓고 미생물이 생산하는 다른 두 치명적인 물질, 디프테리아독소diphtheria toxin와 파상풍독소tetanus toxin가 경쟁하기 때문이다. 보툴리눔독소는 스트리크닌strychnine보다 1만 배 이상 독성이 강하다. 딱 0.1킬로그램 정도면 지구상의 모든 사람들을 죽일 수 있을 정도이다.

보툴리눔독소는 가끔 독성이 잠복하고 있는 음식에서 이름을 딴 보툴리누스균 *Clostridium botulinum*이 만드는 물질이다(보툴리누스는 라틴어로 '소시지'라는 뜻이다). 보툴리누스균은 환경이 조화로운 균형을 맞추도록 만드는 데 공헌하는 게 아니라 우리를 아프게 만들거나 죽이는 해로운 소수의 미생물에 속해 있다. 하지만 우리만이 희생양인 것은 아니다. 이것은 다수의 야생동물들, 특히 물새들을 아프게 만들고 죽인다.

보툴리누스균은 대부분의 병원체 박테리아처럼 우리 몸에 침입하여 거기서 자라 질병을 일으키는 식으로는 우리를 거의 감염시키지 않기 때문에 다른 미생물 살인자들과 구분이 가능하다. 일반적으로 보툴리누스균은 자신이 사는 곳에서 치명적인 독소를 생산할 뿐이다. 이런 독성이 쌓인 것을 우리가 먹게 되면 아프거나 죽는다. 보툴리누스균은 특히 두 가지 성격 때문에 위험하다. 이것은 혐기성이고, 내생포자를 생산한다. 혐기성이라는 것은 이것이 통조림 안이나 '소시지 독소'라는 별명의 이유가 된 소시지 안쪽 같은 무산소 지역에서도 자랄 수 있다는 (그리고 독소를 생산할 수 있다는) 뜻이다. 내생포자를 생산한다는 것은 아주 혹독한 조건에서도 살아남을 수 있다는 뜻이다.

내생포자를 생산하는 박테리아는 양분이 떨어졌을 때 이런 포자를 형성한다. 내생포자는 살기 위해서 양분을 필요로 하지 않는다. 이것은 대사적으로 비활성적이고, 조건이 개선되면 다시 평범한 박테리아 세포로 발아해서 자라나는 능력을 빼면 다른 생명의 징후는 전혀 보여주지 않는다. 그리고 이들은 굉장히 강인하다. 앞에서 알아챘겠지만, 이들은 비활성 상태로 수백 년 혹은 끓는 물에서 몇 시간이나 살아남을 수 있다. 섭씨 121도 이상에 15분 동안 노출시키면 이것을 죽일 수 있는데 이런 조건은 오로지 압력을 가한 용기 안에서만 만들 수 있다. 사실 산업적 통조림 제조 기준은 보툴리누스균의 내생포자를 죽일 수 있는 수준으로 짜여 있다. 이들이 죽으면 다른 유기체도 모두 죽는다. 이런 처리를 견딜 수 있는 박테리아는 아무것도 없다.

얼마 전까지 집에서 통조림을 만드는 것은 여름에 딴 채소들을 구제하는 흔한 방법이었다. 불행히 이것은 종종 악명 높은 보툴리누스 중독의 근원이 된다. 살아남은 내생포자가 산성 배지에서 발아해서는 자랄 수 없기 때문에 토마토는 안전하다. 하지만 콩 같은 중성 식품은 치명적인 독소를 품고 있을 수 있다. 뚜껑을 열었을 때 내용물이 완벽하게 멀쩡해 보인다 해도 약간 맛만 보기만 해도 하루 만에 죽을 수 있다. 사물이 두 개씩 보이다가 시야가 흐려지고, 눈꺼풀이 처지고, 말이 흐려지고, 입이 마르고, 근육이 약화되고, 근육이 마비되고, 숨이 막히다가 결국엔 죽을 수도 있다. 하지만 지금은 미국에서 연간 겨우 100건 정도가 보고되고, 환자들은 집중 치료 및 간호와 호흡기의 도움을 받아 독소의 효력이 떨어질 때까지 버틸 수 있다.

이 질병은 식중독의 하나인 보툴리누스 중독이라고 한다. 미생물 자체가 활동적으로 움직여서 일어나는 것이 아니라 미생물이 생산한 독소의 영향으로 생기는 중독 증상이다. 하지만 식품에서 유래한 보툴리누스 중독은 보툴리누스균이 일으키는 유일한 혼란은 아니다. 진짜 감염이라 할 수 있는 두 가지 종류인 외상성 보툴리누스 중독과 유아 보툴리누스 중독이 더 있다. 외상성 보툴리누스 중독은 혐기성에다 영양분이 풍부한 상처에서 자랄 수 있는 보툴리누스균의 능력 때문에 생긴다. 거기서 생성된 보툴리눔독소가 혈액으로 들어가 식품으로 독소를 섭취했을 때와 같은 결과를 불러온다. 유아 보툴리누스 중독은 오늘날 보툴리누스 중독 사건의 4분의 3을 차지하는데, 보툴리누스균이 유아의 장 내에서 자랄 수 있기 때문에 발생한다. 5주에서 20주 사이의 유아는 다양한 미생물을 감당할 수 있을 정도로 대장이 안정되지 않았기 때문에 중독에 아주 취약하다. 보툴리누스균이 대장에서 자라면 독성을 생성하여 식품으로 독소를 섭취한 것과 같은 결과를 불러온다. 그래서 보툴리누스균이 있을 법한 것들은 유아에게 굉장히 위험하다. 꿀에는 보툴리누스균이 있을 가능성이 아주 높다. 그래서 소아과 의사들이 유아에게 꿀을 먹이지 말라고 충고하는 것이다.

치명적인 결과에도 불구하고 보툴리눔 독소는 두 개의 꽤 평범한 단백질이 아주 부서지기 쉬운 형태로 화학결합을 이루고 있다. 두 개의 단백질에서 시스테인 아미노산 사이에 황과 황이 결합하고 있다.

독성의 치명적인 공격은 굉장히 정확하다. 더 무거운 단백질 성분이 근육과 신경이 접촉하고 있는 부분을 정확하게 찾아 에너지를 투입할 수 있는 능력을 갖고 있다. 보툴리눔독소가 이 정확한 지점에 도착하면 프로테아제(단백질분해효소)인 더 가벼운 단백질이 신경근육 접합부를 공격하고 부수어 신경전달물질인 아세틸콜린이 이것을 연결시키지 못하게 만든다. 아세틸콜린이 없으면 근육이 늘어지고 보툴리누스 중독이라는 끔찍한 결과가 이어진다. 보툴리누스균의 아주 가까운 친척이자 파상풍("입벌림장애lockjaw"라고도 한다)을 일으키는 주범인 클로스트리듐 테타니*Clostridium tetani*는 비슷하지만 근육에 정반대의 효과를 내는 독소를 생성한다. 이것은 근육을 굳어지게 만든다.

보툴리눔독소가 이렇게 강력하기 때문에 생물학적 무기로 쓰일 수 있지 않을까 생각할지도 모르겠다. 다행히도 이것은 산소와 햇빛 아래서 쉽게 비활성화되기 때문에 별로 좋은 후보가 아니다. 대신 이 물질은 미용업계에서 자신의 길을 찾았다. 하지만 여러 가지 용도의 테러리즘에 사용된 적은 있다. 도쿄 지하철에 끔찍한 공격을 계획했던 옴진리교가 보툴리눔독소를 제조하는 설비를 갖고 있었다. 하지만 그들은 독일에서 농약으로 개발된 치명적인 유기인산염이자 신경가스인 사린sarin을 살포했다. 어떤 사람들은 1961년에 CIA가 피델 카스트로가 좋아하는 브랜드의 시가를 보툴리눔독소에 담가 암살을 시도했다고도 주장한다.

보툴리눔독소는 피부과에서 시술하는 보톡스의 재료이다. 이것은 성형외과와 피부과를 통해서 미용업계에서 힘을 발휘하고 있다. 소량으로도 강력한 근육 이완제 역할을 하는 이 물질은 국소경직과 근육의 고통을 처치하는 데에 효과가 좋다. 다른 용도로는 편두통, 전립선 문제, 천식, 비만 등의 치료에도 사용될 수 있다. 아주 조금만 써도 근육이 이완된다는 것이 의료업계에 가장 유용한 능력으로 보인다. 2002년 4월, 보톡스는 미용도구로 미국 식품의약품안전청(FDA)의 승인을 받았고, 이것이 보툴리눔독소의 주요 사용처가 되었다. 주름 근처에 주사하면 주변 근육이 이완되어 주름이 사라진다. 이런 처치는 눈 사이와 목의 주름을 없애 외모를 개선해 더 젊어 보이게 만들어줄 수 있다.

귀를 잡아당기며 우는 아이

아이는 아마 굉장히 고통스러울 것이고 부모의 괴로움 역시 거의 비슷할 것이다. 분명 아이는 귀앓이를 하고 있는 것이고, 굉장히 아플 것이다. 하지만 귀앓이의 이유는 명확하지 않다. 아마도 아이의 중이中耳에 액체가 가득 차 있고, 그것이 빠져나가야 하는 유스타키오관eustachian tube이 막혀 있는 것이리라. 중이에 압력이 높아져서 아픈 것이다. 이런 상태를 중이염otitis media이라고 한다.

이것은 알레르기나 감염 때문에 생길 수 있다. 일반적으로 갑작스러운 발병이나 고통스러운 귀앓이(심각한 중이염)는 감기나 후두염에 이어지는 감염으로 인해 발생한다. 중이는 고막 뒤에 숨겨져 있기 때문에 직접 볼 수 없지만, 이경耳鏡(의사가 귓구멍으로 집어넣는 조명 달린 튜브형 확대경)을 이용해 바깥에서 고막을 보고, 그 안에서 압력이 높아진 것을 확인할 수 있다. 중이 안의 압력이 고막을 바깥쪽으로 부풀게 만들기 때문이다.

중이염은 유아와 아동에게 흔히 나타난다. 아이들의 면역체계가 완전히 발달하지 않아서 유스타키오관이 성인의 것처럼 물을 잘 배출하지 못하기 때문이다. 우리 중 75퍼센트가 세 살 무렵까지 최소한 한 번은 귀의 염증을 앓았을 것이다.

그러면 어떻게 처치해야 할까? 첫 번째 증상은 통증인데, 이것은 의사가 처방해주거나 약국에서 파는 진통제로 줄일 수 있다. 하지만 그 후에 이어지는 감염을 어떻게 해야 할지는 명확하지 않다. 이것이 박테리아 감염이라면 범인은 폐렴균(폐렴사슬알균)일 것이다. 이 박테리아는 두툼한 캡슐에 들어 있어서 프레더릭 그리피스는 이 박테리아를 통해 형질변환 원리를 발견하였고, 그 후 오스왈드 애버리, 콜린 맥리어드, 맥클린 맥카티가 유전자가 DNA로 이루어져 있다는 역사적인 발견을 하게 되었다. 이 박테리아가 아니라면, 그람 음성 병원체인 인플루엔자균*Haemophilus influenza*이거나 모락셀라*Moraxella* 종 중 하나일 것이다. 항생제를 먹어야 할까? 대부분의 소아과 의사들은 특정한 상황에서만 항생제 처방에 동의한다. 아이가 만 2세 미만이거나 39도 이상의 고열이 있을 경우이다. 그때에는 감염이 생명을 위협할 정도로 위험하기 때문이다. 하지만 다른 경우 감염에는 한계가 있다. 약을 먹든 먹지 않든 환자들은 똑같은 속도로 낫는다.

항생제 처방의 위험은 개인뿐 아니라 집단에게도 모두 존재한다. 페니실린 같은 항생제의 독성이 소금 정도밖에 되지 않는다고 해도 장내 박테리아들이 항생제로 인해 크게 변화해서 심각한 장내 질환을 일으킬 수 있다. 또한 아이가 페니실린에 알레르기가 생겨서 나중에 더 중대한 상황에 쓸 수 없는 일이 생길 위험성도 있다. 불필요한 항생제 사용으로 인한 집단적 위험이라면 치명적인 병원체에 내성 균주가 생길 수 있다는 것이다. 이런 균주는 하나나 여러 종의 항생제에 영향을 받지 않기 때문에, 처음 발견했을 때 '경이의 치료제'라고 불렸던 이 귀한 약들을 쓸모없게 만들 수도 있다.

최초로 발견된 항생제 페니실린은 이상적인 화학요법제라는 파울 에를리히의 꿈을 만족시켜주었다. 미생물의 연약한 숙주인 우리에게 해를 입히지 않고 침입한 미생물만을 공격해서 죽이는 '마법의 탄환'이기 때문이었다. 1929년 페니실린이 발견되기 전인 1915년에 사망한 노벨상 수상자 에를리히는 '화학치료의 아버지'라고 여겨진다. 그가 매독을 치료할 수 있는 최초의 화학요법제 살바산을 발견했기 때문이다. 하지만 살바산salvarsan은 '마법의 탄환'에는 미치지 못했다. 인체에 유독했기 때문이다. 페니실린이 정답이었다. 페니실린은 박테리아 세포에서 우리 세포에 없는 핵심적인 부분을 공격해서 죽인다. 이 핵심 목표물은 펩티도글리칸peptidoglycan, 좀더 정확하게 말하자면 박테리아의 세포벽에 존재하는 펩티도글리칸 형태의 뮤레인murein이다. 펩티도글리칸이 손상되면 박테리아 세포가 터지기 때문에 딱 좋은 목표물이 된다. 우리의 세포가 주변 환경과 전해질 농도의 균형을 맞추는 것과 달리 박테리아 세포는 거기에 신경 쓰지 않는다. 대신 농도가 훨씬 높다. 그 결과 이들은 극도로 높은 내부 삼투압, 즉 팽압 turgor을 갖고 있다. 대부분의 박테리아에서 이것은 수백 psi 정도로, 강력한 방어막으로 막아주지 않으면 어떤 세포든 터뜨려버릴 수 있을 정도의 힘이다. 펩티도글리칸이 하는 일이 바로 그것이다. 이 물질은 박테리아 세포 주변으로 그 팽압을 견딜 수 있을 만큼 강한 벽 같은 사슬갑옷을 형성한다.

세포가 자라려면 그 주변 벽 역시 커져야 하는데, 보호막이 심각하게 약해지지 않으면서 확장된다는 것은 꽤나 까다로운 작업이다. 하지만 가능은 하다. 닭장 철망을 상상해보자. 한 번에 하나씩 철사를 자르는 것은 철망을 심각하게 약화시키지 않는다. 그리고 자른 부분에 새 철사를 끼워 넣으면 철망을 늘릴 수 있다. 박테리아 세포벽이 커지는 방법도 바로 그것이다. 효소가 펩티도글리칸 망을 하나 자르고 다른 효소가 즉시 더 큰 단량체를 삽입한다.

페니실린은 이 과정에 끼어든다. 페니실린의 화학 구조가 벽에 삽입되는 새로운 구조 단량체와 비슷하기 때문이다. 어느 시점에서 페니실린은 심지어 새 구조체처럼 행동한다. 새 구조체처럼 페니실린이 삽입 효소에 결합되는 것이다. 하지만 삽입 효소는 다음 단계로 넘어가지 못한다. 페니실린을 벽에 끼워 넣을 수 없기 때문이다. 심지어 떼어내지도 못한다. 그래서 삽입 효소에 결합된 페니실린은 효소를 비활성화시킨다. 한편 절단 효소는 더 많은 펩티도글리칸 벽을 잘라내 박테리아 세포의 팽압을 견딜 수 있는 한계를 넘어설 때까지 벽을 약화시킨다. 그러면 세포가 폭발하는 것이다.

페니실린은 확실히 경이로운 약이다. 거의 모든 박테리아 세포에는 있지만(마이코플라스마 속과 클라미디아 속의 박테리아들은 예외이다) 우리 세포에는 없는 핵심 목표물을 공격한다. 페니실린은 반복적인 노출로 인해 알레르기가 생기는 경우만 아니라면 우리에게 어떤 해도 입히지 않고 박테리아를 죽인다. 제2차 세계대전 때 처음 사용된 페니실린의 영향력은 어마어마했다. 예를 들어 이전에는 두려움의 대상이었던 임질을 아주 쉽고 빠르게 치료할 수 있게 되었기 때문에 군대에서는 성행위를 통해 전파되는 이 병에 걸린 사람들을 통제할 새로운 방법을 고안해야만 했다. 예를 들어 성행위를 고백한 선원들이 24시간 동안 대둔근에 처방약 주입기를 꽂은 채 딱딱한 나무 의자에 앉아 있어야 하는 '임질 오두막' 같은 곳이 생겼다. 페니실린은 또한 상처를 치료하는 데에도 굉장히 효과적이었다. 이전에는 치명적인 감염에 시달렸을 사람들이 손쉽게 치료되었다. 스페인의 거의 모든 투우장 근처에는 까예 알렉산더 플레밍이라는 이름의 길이 있다. 페니실린 덕에 황소에 찔린 사람들이 그저 흉측한 복부 흉터만 가진 채 살아남을 수 있었던 것이다. 페니실린 이전에는 수많은 위대한 스페인 투우사들이 그리 운이 좋지 못했다. 1920년의 호셀리토와 1947년의 마놀레테를 포함해서 말이다.

페니실린이 이렇게 널리 쓰이고 있는데 왜 다른 항생제가 필요한지 궁금할지도 모르겠다. 거기에는 두어 가지 이유가 있다. 첫째, 페니실린은 몇몇 박테리아 세포에서는 목표물까지 도달하지 못한다. 바깥의 보호층을 뚫지 못하기 때문이다. 예를 들어 페니실린은 수많은 그람 음성 박테리아의 외벽을 뚫지 못하고, 결핵을 유발하는 결핵균의 단단한 바깥층을 뚫지도 못한다. 초기의 페니실린 형태로는 이런 중대한 박테리아성 병원균에는 완전히 쓸모가 없다.

둘째, 자연선택은 강력한 힘이고, 결국 페니실린이나 다른 항생제의 공격에 영향을 받지 않는 새로운 박테리아 균주가 나타날 것이다. 집단 내 박테리아 세포 수가 굉장히 많기 때문에(1밀리미터당 수십억 마리가 있는 건 예사다) 미생물 세계에서의 자연선택은 놀랄 만큼 빠르게 이루어진다. 세포 1억 개나 심지어 10억 개 중 하나라도(이것이 보통의 돌연변이 비율이다) 변이하여 어떤 항생제에 내성을 가지게 되었다면, 이 박테리아와 이것의 후손들만이 번성할 것이다. 조건이 이상적이면 몇 시간 안에 박테리아 전체 집단이 이 항생제에 영향을 받지 않거나 내성을 갖게 될 것이다.

박테리아가 항생제 내성을 얻는 유전적인 방법은 세 가지이다. 박테리아는 세포 내부에서 항생제를 펌프질해 방출시킬 수 있다(대체로 들어오자마자 바깥으로 펌프질해 내보냄으로써). 이들은 항생제를 화학적으로 바꾸어 비활성화시킬 수 있다. 그리고 이들은 자기 안에 있는 항생제의 목표물을 변이시킬 수 있다.

뒤의 두 가지 루트를 통해 박테리아 병원체에 페니실린 내성이 전파되고 현재 이 박테리아들이 널리 퍼져 경이로운 신약의 성과를 감소시키고 있다. 가장 빠르게 널리 퍼진 페니실린 내성은 첫 번째 루트를 통한 것이었고, 투우사들을 죽인 상처 감염을 포함한 수많은 인간의 감염성 질병을 일으키는 그람 양성 박테리아 황색포도알균 *Staphylococcus aureus*에 영향을 미쳤다. 황색포도알균은 금세 효소인 페니실리나아제penicillinase(페니실린분해효소)를 만드는 능력을 얻게 되었고, 이 효소는 두 개의 화학적 고리 구조 중 하나를 끊어 페니실린을 빠르게 파괴한다. 1940년대에 페니실린이 임상적으로 사용되기 시작했을 때, 거의 모든 황색포도알균의 균주들은 이에 굉장히 예민해 페니실린으로 치료할 수 있었다. 하지만 이제는 페니실린으로 치료할 수 있는 것이 없다. 페니실리나아제는 우리가 방금 이야기했던 펩티도글리칸 삽입 효소가 돌연변이를 일으켜 탄생한 후손일 것이다. 이것은 페니실린에 달라붙는 선조의 능력을 유지한 채 고리 하나를 비활성화시키는 능력까지 갖게 되었다.

알 수 없는 이유로 또 다른 중요한 박테리아 병원체 집단인 황색포도알균 속은 페니실리나아제를 만들어 페니실린 내성을 갖게 되는 방향으로 진화하지 못했다. 이 속의 박테리아들은 페니실린에 여전히 민감하고, 이들이 일으키는 전염병은 수 년째 약으로 치료가 가능하다. 하지만 자연선택의 힘을 영원히 거부할 수는 없을 것이다. 황색포도알균 종에서 내성이 있는 균주들이 이제 나타나기 시작한 상황이다. 그래서 자연적인 한계가 있는 중이염을 치료할 때 선량한 몇몇 소아과 의사들이 페니실린을 처방하지 않으려 하는 것이다.

폐렴균(폐렴사슬알균)이 포함된 사슬알균 속에 페니실린 내성이 생기게 되는 경우는 항생제 내성에서 세 번째 루트를 따라간다. 항생제의 세포 목표물을 돌연변이로 바꾸는 것이다. 페니실린의 경우 이 목표물은 박테리아 세포의 펩티도글리칸 벽 안에 새로운 유닛을 삽입하는 효소이다. 왜 이런 내성이 이렇게 천천히 발달하는 것일까? 여러 가지 돌연변이는 고농도의 페니실린에서 삽입 효소 내성을 키우게 된다. 그리고 박테리아는 한 종류 이상의 삽입 효소를 갖고 있다. 그래서 사슬알균 균주들이 페니실린에 충분한 내성을 가져 경이적인 신약을 임상적으로 쓸모없게 만들기 전에 온갖 돌연변이가 일어나야 한다. 사슬알균의 페니실린 내성은 차례차례 천천히 일어나지만, 일어난다는 사실만은 분명하다. 결국 내성은 생기게 된다.

그리고 이야기는 여기서부터 더욱 잔혹해진다. 박테리아가 첫 번째나 세 번째 루트(항생제를 비활성화시키거나 세포 밖으로 펌프질해서 내보내는 것)로 내성을 갖게 되면 이 새로운 능력을 빠르게 다른 박테리아들과 공유하게 된다. 내성이 인코딩된 유전자가 플라스미드에 전달되고, 이 플라스미드가 접합을 통해 다른 박테리아로 옮겨지는 것이다. 그러고 나면 이 접합된 내성 인코딩 플라스미드가 수많은 다른 박테리아에 빠르게 널리 퍼진다. 몇몇 내성 인코딩 플라스미드는 여러 종류의 항생제에 대한 내성을 인코딩한다. 그래서 어떤 항생제 내성 박테리아 균주든 널리 내성을 퍼뜨리는 근원이 될 가능성이 있는 것이다. 그렇기 때문에 한때 목숨을 구해주던 귀한 항생제가 현재 수많은 질병을 치료하는 데 거의 쓸모가 없어진 이유가 항생제를 남용했기 때문만은 아니다. 예를 들어 닭이나 돼지를 더 건강하게 혹은 더 빠르게 키우기 위해 항생제를 먹일 경우 그들 안에 있는 무해한 박테리아에서 생긴 항생제 내성 유전자가 플라스미드로 전달되어 우리가 나중에 마주치는 병원체에까지 전파될 수 있다. 어디서 발생했든 항생제 내성은 다른 박테리아에게 빠르게 전파될 수 있다.

처음 페니실린이 임상학적으로 쓰인 것은 그람 양성 박테리아가 유발하는 감염성 질병을 치료하는 데에만 대체로 한정되어 있었다. 여기에는 여드름과 충치 같은 가벼운 것부터 식중독, 괴저, 폐렴, 성홍열, 탄저병 등의 심각한 것들까지 포함된다. 제2차 세계대전 기간 중에 항생제에 대해 더 집중적으로 연구하게 되었고 후에, 다른 더 다재다능한 항생제들도 발견되었다. 이런 연구는 페니실린을 화학적으로 조절하는 것에 집중되었다. 그래서 아목시실린amoxicillin, 디클록사실린dicloxacillin, 엠피실린ampicillin 같은 이름의 더 발전된 페니실린 들이 나오게 되었다.

페니실린은 생합성에 유연한 반응을 보인다. 이들은 한 쌍의 고리 구조에서 하나에 사슬이 달린 형태이다. 고리 구조는 모든 페니실린과 동일하지만, 사슬 구조가 다르다. 고리 구조가 페니실린의 활성에 핵심적인 부분이지만, 사슬은 이것을 조절하고 변화시킬 수 있다. 예를 들어 위산이나 이들이 침투할 미생물에 대한 내성을 결정한다. 이런 다양성은 제2차 세계대전 때 페니실린이 상업적으로 개발되면서 여러 가지 방식으로 발견되었다. 페니실린 생산은 두 명의 화학자 에른스트 보리스 체인과 하워드 월터 플로리의 지도 하에 알렉산더 플레밍이 페니실린을 발견했던 영국에서 시작되었다. 이 세 사람은 1945년에 노벨상을 받았다. 그들이 생산한 화합물의 곁사슬은 후에 페니실린 F라고 명명되었는데 5−탄소 펜테닐 그룹을 갖고 있다. 현재 이런 형태의 페니실린은 더 이상 사용되지 않는다. 전쟁의 위급함 속에서 더 연구 개발을 한다는 것이 영국에서는 비실용적이었기 때문에 프로젝트는 미국 일리노이 주 피오리아에 있는 농무부 산하 북부 지역 연구소로 넘어갔다.

피오리아의 과학자들은 제조 공정을 조금 바꾸었다. 이들은 박테리아 성장용 배지를 그 지역에서 나는 재료들로 만들었다. 그중 하나가 옥수수 습식도정 과정의 중간산물인 옥수수 침지액Corn steep liquor이다. 그들은 새로운 공정에서 다른 생성물질이 나온다는 사실에 깜짝 놀랐다. 페니실린 F 대신 벤질benzyl 곁사슬이 달린 페니실린 G가 나온 것이다. 옥수수 침지액에는 아미노산 페닐알라닌phenylalanine이 풍부하고, 또한 여기에도 벤질 곁사슬이 달려 있다. 페닐알라닌의 곁사슬은 생합성 과정에서 페니실린으로 전환된다. 이렇게 생합성 과정이 유연한 덕분에 배지에 곁사슬의 전구체만 첨가해줌으로써 생합성 페니실린을 만들 수 있게 되었다. 그중 하나인 페니실린 V는 상당히 유용하다. 위산에 내성이 있어서 경구 투약이 가능하다. 그리고 곧 페니실린의 곁사슬을 첨가하거나 화학적으로 조절하여 더 큰 생합성 페니실린 그룹을 만들 수 있다는 사실이 밝혀졌다. 여기에는 메티실린methicillin과 옥사실린oxacillin 같은 페니실리나아제 내성 페니실린, 엠피실린, 아목시실린, 카베니실린carbenicillin처럼 그람 음성을 포함한 다양한 숙주들에게 효과가 있는 넓은 스펙트럼의 페니실린이 포함된다.

미생물의 항생제 생산 능력을 향상시키기 위한 대량 스크리닝

screening도 빠른 성공을 거두었다. 그중 최초이자 아마 가장 놀라운 발견은 1943년 러트거스 대학에서 앨버트 샤츠와 셀먼 웍스맨이 찾은 스트렙토마이신streptomycin일 것이다. 이 박테리아의 특성은 대단했다. 그람 음성 박테리아와 결핵균에 모두 활성이 있었던 것이다. 처음으로 무시무시한 백사병(결핵은 초기에 흑사병에 빗대 백사병이란 이름으로 불렀다 ― 옮긴이) 결핵을 효과적으로 치료할 수 있게 되었다. 하지만 스트렙토마이신은 제8 뇌신경을 공격해서 종종 청력을 잃게 만드는 심각한 문제가 있다. 그래도 많은 환자들이 기꺼이 청력을 잃는 위험을 무릅쓰고 자신들의 위험한 병을 고치려 한다.

페니실린은 알렉산더 플레밍이 상처 감염균인 황색포도알균을 연구하기 위해 사용하던 플레이트가 우연히 오염되면서 생긴 균류(페니실륨 노타툼*Penicillium notatum*)에서 생산된 것이지만, 스트렙토마이신은 박테리아 방선균류(스트렙토마이시스 그리세우스*Streptomyces griseus*)가 만드는 것이다. 방선균류는 토양에 사는 미생물로, 흙냄새의 원인이 되는 균이다. 웍스맨이 토양 미생물학자이고 거기 사는 방선균류에 굉장히 관심이 있었기 때문에 자신의 학생이었던 샤츠에게 토양에서 항생제를 생산하는 방선균류를 찾아보라고 지시했다. 그리고 샤츠는 결핵의 끔찍한 영향력을 잘 알고 있었기 때문에 이 방선균의 항생제 생산 능력을 결핵균에게 테스트해보았다. 이것은 굉장히 위험한 모험이었다. 왜냐하면 실험 도중에 결핵에 감염될 수도 있고, 치료제도 아직 없었기 때문이다. 하지만 그는 스트렙토마이신을 보상으로 얻었다.

이런 용감한 행동으로 수많은 제약회사의 실험실에서 열렬한 항생제 탐색 작전이 시작되었고, 특히 이것은 토양의 방선균류에 집중되어 금세 화려한 성공으로 이어졌다. 우리 인간의 세포와는 굉장히 구조가 다른 미생물 세포의 여러 가지 목표물을 대상으로 하는 굉장히 효과가 좋고 유해성은 낮은 항생제들이 여럿 발견되었다. 이미 보았듯이 페니실린의 목표물인 펩티도글리칸은 우리 세포에 전혀 존재하지 않기 때문에 이상적인 목표가 된다. 하지만 페니실린만이 박테리아의 이런 취약 부분을 공격하는 유일한 항생제는 아니다. 세팔로스포린cephalosporin과 밴코마이신vancomycin 같은 다른 항생제들도 박테리아 세포벽 합성을 저해한다. 세팔로스포린은 페니실린과 비슷한 방법을 사용하지만 밴코마이신은 다른 전략을 사용한다. 이것은 펩티도글리칸을 밀봉하는 효소와 결합하지 않고 효소가 벽을 봉할 때 사용하는 새로운 펩티도글리칸 단일체에 결합한다. 이런 활동 메커니즘으로 박테리아가 내성을 만드는 것이 굉장히 어렵다는 사실 역시 밝혀졌다. 1958년에 도입된 밴코마이신은 황색포도알균를 포함하여 대부분의 그람 양성 박테리아에 여전히 효과적이다.

박테리아 세포의 다른 구조들도 단지 이것들이 다르다는 이유만으로 항생제의 목표물이 된다. 그중 가장 으뜸가는 것은 두 부분으로 이루어진 박테리아 리보솜이다. 스트렙토마이신과 테트라사이클린tetracycline은 더 작은 부분을 비활성화시키고, 에리스로마이신erythromycin과 클로람페니콜chloramphenicol은 큰 부분을 공격한다. 굉장히 효과적인 항생제인 리팜핀rifampin은 DNA와 RNA를 전사하는 박테리아 효소(RNA 폴리메라아제)를 비활성화시킨다. 모든 세포에

DNA를 전사하는 RNA 폴리메라아제가 있긴 하지만 박테리아에 있는 것은 진핵생물과 고세균에 있는 것과는 근본적으로 다르다. 이미 예상하고 있겠지만 고세균은 다른 항균성 항생제와 마찬가지로 리팜핀에 영향을 받지 않는다.

바시트라신bacitracin 같은 특정 항생제들은 세포막에 있는 독특한 박테리아 구성요소를 공격한다. 박테리아와 진핵생물의 세포막이 별다른 차이가 없기 때문에 이 항생제들은 흔히 특별한 경우에만 사용된다. 이것들은 조직적으로 사용하기에는 너무 유해하다.

항생제로 여겨지지 않는 여러 가지 합성 항균제들 역시 박테리아에만 존재하는 목표물을 공격한다. 박테리아와 비슷한 형태인 퀴놀론quinolone은 DNA를 복제하는 데 참여하는 효소 DNA 선회효소gyrase의 작용을 저해한다. 트리메토프림trimethoprim과 술폰아미드sulfonamide 같은 다른 굉장히 유용한 항균제들은 비타민 엽산의 합성을 저해한다. 박테리아 대부분이 엽산을 갖고 있기 때문에 이들은 굉장히 선택적으로 작용한다. 하지만 우리에게는 엽산이 없다. 우리는 음식을 통해 비타민 B를 섭취해야 한다.

항생제와 항균제의 대성공 덕에 지나친 도취감이 퍼졌다. 많은 사람들은 인간이 박테리아성 질병과의 오랜 사투에서 마침내 승리했다고 여겼다. 감염성 질병 분야의 유명 전문가들 여러 명이 전쟁에 이겼다고 선언했다. 하지만 몇몇 사람들은 루이 파스퇴르의 "마지막까지 살아남는 것은 미생물일 것이다Messieurs, c'est les microbes qui auront le dernier mot"라는 유명한 말을 기억했다.

균류가 일으키는 질병에 대한 효과적인 치료제는 별로 많이 발견되지 않았고, 바이러스가 유발하는 질병에 대한 것은 하나도 발견되지 않았다. 효과적인 항균성 항생제에 내성을 가진 박테리아 균주들은 이미 속속 생겨나고 있다. 새로운 발견 사이사이로 반걸음쯤 느리게 이에 내성을 가진 박테리아 균주가 나타나고 있는 것이다. 이들이 빨라질수록 연구자들이 펼치는 경주는 점점 더 힘들어진다. 새로운 항생제는 굉장히 찾기가 어렵기 때문이다. 새로운 항생제를 발견하는 빈도는 이미 발견된 항생제의 수와 비교할 때 로그 함수적으로 감소하고 있다. 자연계의 화학요법제 저장고가 비어가고 있는 게 분명하다.

겨우 100여 개의 토양 방선균을 조사하다가 스트렙토마이신을 생산하는 균주를 찾았지만, 발견 빈도와 이미 발견된 것들의 비율을 보건대 이제는 새로운 항생제를 생산하는 균주 하나를 찾으려면 1억 개의 방선균을 조사해야 한다. 이것은 엄청나게 어려운 일이다. 그러니 인간과 감염성 질병의 기나긴 전쟁이 끝나려면 한참 먼 것 같다. 하지만 긴 진화의 자취 어딘가에서 미생물의 후손이라 할 수 있는 인간은 혁신의 능력을 얻었다. 이 역시 대단한 능력이다. 인간은 또한 돈을 벌어주는 물건에 끌리는 성격도 갖게 되었지만, 불행히 새로운 항균제를 찾는 데 있어서 이윤이라는 동기는 그리 크지 않다. 발견 과정에서 굉장히 돈이 많이 들고, 효과적인 항균제의 사용처는 제한되어 있기 때문이다. 고혈압이나 다른 만성병을 치료하는 약은 계속 먹을 수 있지만, 효과적인 항균제는 한 번만 쓰면 충분하기 때문이다.

황색포도알균, 폐렴사슬알균, 결핵균 같은 병원균에 항생제 내성

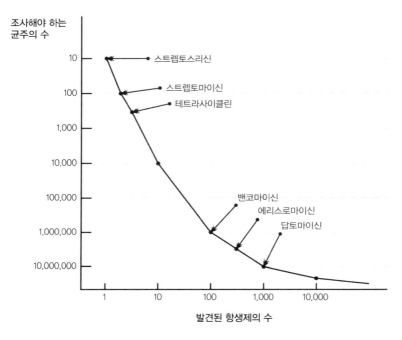

새로운 항생제의 발견 빈도는 총 항생제 발견의 로그 함수이다. 여러 종의 항생제들이 무작위적인 방선
균 속에서 발견되는 빈도를 화살표로 표시했다.

이 생길지도 모른다는 우려와 위험, 영향력 때문에 새로운 항생제나
대체 항생제를 찾기 위한 노력이 강화되고 있다. 이전에는 병원에 있
는 동안에만 감염되는 것으로 알려졌던 메티실린 내성 황색포도알균
감염은 이제 사회 전체로 퍼져나가고 있다. 그중 일부는 치명적이다.
이미 미국에서는 에이즈보다 황색포도알균으로 죽은 사람들이 더 많
다. 더 큰 우려는 심각한 황색포도알균 감염을 치료하는 데 사용하는
일차적 대체품인 밴코마이신에 내성을 가진 황색포도알균이 등장하

고 있다는 것이다. 최초의 밴코마이신 내성 균주는 1996년 일본에서 발견되었다. 아마도 항생제를 생산하는 능력을 기준으로 미생물을 조사하는 전통적인 방법과는 다른 새로운 방법을 찾아봐야 할지도 모른다. 가능성이 있다고 보이는 한 가지 방법은 암 치료에서 이미 성공적으로 사용되고 있는 방법과 비슷하다. 미생물의 표면 항원을 목표물로 하는 항체에 대단히 치명적인 부분을 부가하는 것이다. 항체는 치명적인 부분이 활동을 할 정확한 장소로 운송한다. 이렇게 하면 현존하는 유독 약제를 좀더 널리 사용할 수도 있을 것이다.

울고 있는 아이에게서 미생물을 관찰하는 것은 우리의 삶에 항생제가 얼마나 강력한 영향을 미치는지, 그리고 현재 이들이 얼마나 위태로운 상황인지, 이것을 언제 쓰고 언제 쓰지 말아야 할지 딜레마라는 사실을 상기시켜준다.

직장인의 반복적인 복통

비교적 최근까지 고위 임원 사이에서 나타나는 반복적인 복부 통증은 영광의 상처이자 열정적인 성격과 힘겨운 직업에 뒤따르는 당연한 결과로 여겨졌다. 이들은 이 통증이 자신의 성실함과 열정에 대한 증거라고 여겼다. 하지만 이것을 그렇게 가볍게 취급해서는 안 된다. 왜냐하면 위장이나 십이지장 내부에 염증이 생기는 위궤양은 엄청난 고통과 출혈, 심지어는 위암까지도 일으킬 수 있기 때문이다. 위궤양의 근원이 완전히 이해되기 전에는 환자가 이를 감당하고 궤양을 치료할 수 있도록 가끔 항우울증 약을 처방하기도 했다. 그리고 의사들은 종종 궤양의 원인으로 매운 음식이나 술을 들먹였다.

이 병을 진단하려면 끝에 카메라가 달린 관을 삼켜 위장병 전문의들이 위와 십이지장 벽을 검사할 수 있게 하는 내시경 검사가 꼭 필요하다. 궤양 환자에게는 눈에 띄는 염증이 있다. 가끔 궤양이 암성인지 알아보기 위해 내시경을 사용해 위벽을 약간 절제해서 생검 biopsy을 해보기도 한다. 궤양이 발견되었든 되지 않았든, 대체로 위장 내의 위산 생성을 억제하는 히스타민 차단제 타가메트tagamet를 처방한다. 가끔은 위장 보호제이자 진통제인 비스무트 서브살리실레이트bismuth subsalicylate(펩토 비스몰pepto-bismol)을 처방할 때도 있다. 일반적으로 환자들은 잠시 나아지지만 여섯 달 정도 후에 비슷한 증상으로 다시 돌아온다. 어떤 위궤양 환자들은 평생 순한 음식만을 먹고 살기도 한다.

1980년대 초에 오스트레일리아의 병리학자 J. 로빈 워런은 위궤양 환자들로부터 채취한 생검 조직 다수에서 독특한 모양의 박테리아 세포를 발견했다. 그는 위장병 전문의인 동료 배리 마셜에게 박테리아 세포와 위궤양 사이의 이 명확한 연관관계를 조사할 가치가 있을지 의논했다. 실제로 둘은 연관관계가 있었고, 워런은 결국 이 박테리아를 실험실에서 배양하는 데 성공했다. 그는 이 박테리아를 헬리코박터 파이로리라고 이름 붙였다. 하지만 둘의 인과관계는 명확하게 증명되지 않았다. 헬리코박터 파이로리를 죽이는 항생제가 환자의 위궤양을 치료했다는 사실도 위궤양 연구 및 치료 분야의 선구자들을 납득시키지는 못하고 있다.

독일의 미생물학자이자 내과의사인 로베르트 코흐는 100년 전에 연관관계와 인과관계 사이의 딜레마에 대해 이미 지적한 바 있다. 1880년대에 그는 결핵균이 결핵을 일으키는지에 관한 연구를 수행하고 있었다. 건강한 실험동물에게 결핵균 세포를 투여하자 동물들이 결핵을 일으킨 다음에야 그와 다른 과학자들은 결핵균와 질병 사이에 인과관계가 있다는 사실을 받아들였다. 하지만 워런은 헬리코박터 파이로리와 위궤양에 관한 자신의 연구에 적합한 실험동물을 찾지 못했다. 그가 실험한 돼지들은 헬리코박터 파이로리를 투여해도 아무런 병을 일으키지 않았기 때문이다.

물론 마셜의 관심은 헬리코박터 파이로리가 인간에게 위궤양을 일으키는가 하는 것이었다. 그러면 실험을 해봐야 하지 않겠는가? 그래서 그는 수억 마리의 헬리코박터 파이로리 세포가 들어 있는 액체를 마셨다. 마신 지 대엿새가 되던 날 그는 아침에 토를 하고 입냄새를 풍기기 시작했다. 일주일 후 그의 위장은 '납덩어리'처럼 느껴졌다. 여드렛날 생검 결과 헬리코박터 파이로리 세포가 붙어 있는 위궤양 초기 상태가 확인되었다. 14일째에 그는 아내에게 자신이 한 일을 고백했다. 아내는 그에게 항생제를 먹으라고 했고, 그는 먹었다. 이렇게 실험은 끝났다.

1984년 마셜은 《오스트레일리아 의학 저널》에 자신의 실험을 보고하여 대부분의 과학자들에게 헬리코박터 파이로리가 위궤양을 일으킬 수 있다는 사실을 납득시켰다. J. 로빈 워런과 함께 그는 2005년 이 발견으로 노벨 생리·의학상을 수상했다. 이 무렵 의학계의 의견은 완전히 바뀐 상태였다. 스트레스가 위궤양을 일으키는 것이 아니라 (악화시키기는 하지만) 독특한 나선형 미생물이 일으키는 것이다. 그리고 항생제를 먹으면 이를 치료할 수 있다.

하지만 다른 많은 질병의 경우 감염과 그 결과는 즉각적으로 나타나지 않는다. 통증이나 구토 같은 첫 번째 위궤양 징후와 감염 사이에 몇 년의 간격이 있을 때도 있다. 위산이 과도하게 생산되는 것도 위장 손상이 계속되는 이유일 것이다. 그리고 스트레스 같은 다른 요인도 분명히 관계가 있다. 또한 헬리코박터 파이로리 감염과 위궤양의 관계도 아직은 확실치 않다. 약 30퍼센트의 미국인들이 감염되었지만 그중 10퍼센트만이 위궤양을 일으킨다. 그럴 때에는 헬리코박터 파이로리를 제거하는 항생제를 복용하면 효과적으로 치료할 수 있다. 전 세계적으로 약 50퍼센트의 사람들이 헬리코박터 파이로리에 감염되어 있어서 세계 인구의 절반 정도가 위궤양에 취약한 상태이다. 헬리코박터 파이로리 감염은 위암이나 콜레라 같은 더 심각한 질병의 가능성을 높이기 때문에 공공보건에 심각한 문제로 대두하고 있다. 어떤 사람들은 백신이 이를 공격하는 최상의 방법이라고 믿는다. 2주 동안 세 종류의 약제(메트로니다졸, 테트라사이클린, 칼리스로마이신이나 아목실린 중에서 두 개의 항생제, 그리고 산 보호제나 위벽 보호제 하나)를 복용하면 환자의 90퍼센트가 회복된다. 하지만 이 약제들은 비싸고 전 세계에서 사용하기가 어렵다. 흥미롭게도 위궤양에 대한 펩토 비스몰의 효과는 현재 상당히 좋다. 통증을 완화시켜줄 뿐만 아니라 헬리코박터 파이로리까지 죽이기 때문이다.

위궤양의 원인이 미생물이라는 추론은 언제나 가능성이 낮게 여겨졌다. 어떻게 미생물이 배터리 산만큼 낮은 pH를 가진 인간의 위장이라는 환경에서 살아남아 번성한단 말인가? 헬리코박터 파이로리는 거기서 안락한 미생물적 환경을 만들어 적응했다. 이 박테리아는 우레아제urease(요소분해효소)를 만든다. 퇴비 더미에 관해 이야기할 때 보았듯이 우레아제는 요소를 분해하여 이산화탄소와 암모니아를 생성한다. 암모니아는 염기성이다. 헬리코박터 파이로리는 요소를 만들어 자신의 주변에 있는 위산을 중화시킨다.

헬리코박터 파이로리 감염을 확인하는 새로운 방법은 입김을 검사하는 것이다. 이것은 모든 경우에 96~98퍼센트 정확성을 보인다. 테스트의 정확도는 환자의 위 안에 우레아제가 있는지에 달렸다. 환자에게 방사성(^{14}C) 탄소로 표기한 요소를 조금 투약한다. 환자가 헬리코박터 파이로리에 감염되어 있으면 박테리아의 우레아제가 투약된 요소를 암모니아와 방사성 이산화탄소로 분해하고, 이것이 환자의 입김에서 탐지되는 것이다.

헬리코박터 파이로리는 현재 위궤양의 가장 흔한 요인으로 여겨지지만, 이것만이 원인은 아니다. 아스피린과 이부프로펜ibuprofen 같은 진통제를 과량으로 사용하는 것도 위궤양을 일으킬 수 있고, 흡연과 과도한 알코올 섭취, 그리고 당연히 스트레스 같은 요인도 위궤양의 원인이 된다. 하지만 바쁜 CEO 및 위궤양 같은 고통을 겪고 있는 다른 많은 사람들이 원치 않는 미생물의 숙주가 되어 있다는 사실도 분명하긴 하다.

치과의사의 드릴

치과의사가 충치를 치료하기 위해 드릴을 들어올린다. 윙윙 거리는 드릴 소리는 아무도 좋아하지 않는다. 당신이 환자라면 아마도 간접적일지라도 특정 미생물인 스트렙토코쿠스 뮤탄스 _Streptococcus mutans_ 박테리아의 서식지 때문에 이 드릴을 마주하고 있을 것이다. 이 젖산 박테리아가 치아에 구멍을 만들 수 있는 유일한 존재는 아니지만, 이 녀석이 주범일 가능성이 높다. 충치는 상습적이지만 치료 가능한 스트렙토코쿠스 뮤탄스의 박테리아성 감염으로 인해 생길 수 있다. 이 박테리아를 연구했던 사람들은 이것이 돌연변이 균주라고 생각한다. 왜냐하면 세포가 대부분의 스트렙토코쿠스 세포처럼 둥근 게 아니라 타원형이기 때문이다.

스트렙토코쿠스 뮤탄스의 또 다른 균주는 치과 미생물학자들이 종을 나누거나 이것들을 스트렙토코쿠스 뮤탄스 집단이라고 부를 만한 어떤 다른 특성이 있는 모양이다. 어쨌든 간에 스트렙토코쿠스 뮤탄스의 모든 균주들은 우리가 설탕이나 자당을 섭취했을 때에 우리 치아에 구멍을 뚫는, 오로지 이 박테리아에만 주어진 것 같은 특성을 공유하고 있다. 젖산 박테리아로서 스트렙토코쿠스 뮤탄스는 대사 에너

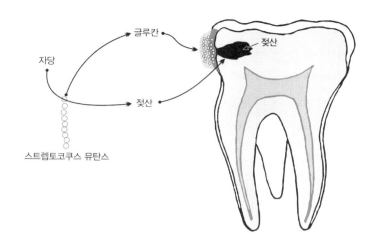

• 스트렙토코쿠스 뮤탄트가 충치를 만드는 과정 •

지를 필요로 하고 당분을 발효시켜 대사전구체로 만든다. 그리고 발효에 전적으로 의지하는 다른 모든 미생물처럼 스트렙토코쿠스 뮤탄스도 성장을 위한 충분한 대사 에너지를 얻기 위해 발효 생성물을 다량으로 만든다. 스트렙토코쿠스 뮤탄스와 비슷한 박테리아들이 생성하는 생성물 젖산은 강한 산성으로 우리 치아를 보호하고 있는 표면 에나멜을 녹일 수 있다. 특히 산이 치아 표면에서 바로 생성될 때에는 더 쉽다. 그것이 스트렙토코쿠스 뮤탄스가 치아에 단단히 들러붙어서 하는 일이다.

젖산은 치아 표면을 부드럽게 만든다(탈염한다). 젖산에 노출된 시간이 짧으면 침의 구성성분이 손상분을 완전히 복구한다(염화한다). 게다가 침은 약 알칼리성이기 때문에 소량의 젖산을 중화할 수 있다.

그래서 침은 자연적이고 대단히 효과적인 충치와의 싸움꾼이다. 메타암페타민methamphetamine 사용자들이 겪는, 치아가 망가질 정도로 심각한 충치는 충치를 방어하는 침의 중요성을 보여주는 비극적인 본보기이다. 메타암페타민은 침의 생성을 방해하여 입을 건조하게 만들기 때문에 치아가 고농도의 젖산에 노출되는 동시에 초기 손상을 복구해줄 방법이 없다.

젖산을 중화하지 못한 채 오랜 시간 노출되면 에나멜에서 약해진 부분이 분해되고, 그 안으로 젖산이 들어가 더 연약한 상아질 아랫부분을 공격할 구멍을 만든다. 젖산은 상아질을 부수고 치과의사들이 깨끗하게 청소하고 드릴로 다듬을 구멍을 형성한다. 치과의사가 은색 아말감이나 플라스틱, 금을 비롯한 다른 적당한 물질로 젖산의 추가 공격에 노출된 치아 내부를 보호하기 위해 그 구멍을 막지 않으면, 구멍이 계속해서 커져 치아 뿌리로 들어가 그 아래의 조직에 이르러 종기(박테리아 감염 주머니)를 형성할 수 있다. 그러면 치아를 뿌리째 뽑아내는 것 같은 훨씬 다급하고 엄청난 치과 치료가 필요해진다.

모든 당분은 충치를 유발하는 젖산을 만들 수 있을 뿐만 아니라, 스트렙토코쿠스 뮤탄스는 또 다른 물질인 글루칸glucan(다량의 포도당 분자들이 달라붙어 사슬을 형성한 것)을 만들 수 있다. 이것은 끈적끈적한 다당류로 스트렙토코쿠스 뮤탄스에 독특한 충치 형성 능력을 부여한다. 하지만 스트렙토코쿠스 뮤탄스는 오로지 하나의 당분, 자당에서만 글루칸을 형성할 수 있다. 이당류인 자당을 분해해서 그 구성성분인 포도당과 과당으로 만드는 효소 글루코실트랜스페라아제

glucosyltransferase를 합성하고 분비하여 글루칸을 만든다. 효소가 자당을 절단하면 이것은 당분의 절반인 포도당과 결합하여 글루칸 분자를 형성하고, 나머지 절반인 과당을 방출하여 스트렙토코쿠스 뮤탄스 세포가 젖산으로 발효시킨다. 글루칸은 두 가지 방식으로 충치를 악화시킨다. 우선 치아 표면에 달라붙어 스트렙토코쿠스 뮤탄스 세포가 치아에 달라붙을 수 있게 해준다(세포 표면에 있는 특수한 글루칸 - 결합 단백질을 통해서). 둘째로 글루칸은 두꺼운 장벽을 형성해 침이 치아 표면에서 이것을 중화시키고 에나멜을 복구하지 못하게 만든다.

스트렙토코쿠스 뮤탄스가 치아 위에 자리를 잡고 나면 과일의 과당이나 유제품의 젖당 혹은 여러 음식의 포도당에 이르기까지 어떤 당분이든 스트렙토코쿠스 뮤탄스가 발효시켜 젖산으로 만들 수 있기 때문에 충치를 형성할 수 있다. 곡물에 있는 전분 역시 침에 있는 효소(아밀라아제)에 의해 포도당으로 전환되고, 스트렙토코쿠스 뮤탄스가 이것을 젖산으로 전환시키기 때문에 충치를 만들 수 있다. 달리 말해서 우리가 섭취하는 대부분의 음식들이 스트렙토코쿠스 뮤탄스만 있으면 충치를 형성할 수 있는 것이다. 우리가 이런 음식을 섭취할 때마다 젖산 형성이 한 시간 이상 계속된다. 놀라운 일은 아니지만 먹는 빈도와 충치 형성 사이에는 강한 상관관계가 있다. 간식을 먹는 습관은 우리의 허리둘레에만 영향을 미치는 것이 아니다.

고고학적 기록은 식생활과 충치에 대해 설득력 있는 이야기를 해준다. 사실 이것은 오래된 질병이다. 100만 년 전의 두개골에 있는 치아에도 충치의 흔적이 뚜렷하다. 충치의 발생 빈도는 신석기 시대에 증가했는데 탄수화물을 포함한 식물성 음식이 인간의 음식에서 큰 비중을 차지하게 되었기 때문이다. 아메리카 인디언의 역사 역시 비슷한 이야기를 해준다. 유럽 식민주의자들이 도착하고 아메리카 인디언들이 더 많은 옥수수를 먹기 시작하면서 충치 발생이 증가했다.

하지만 곡물류를 먹으면서 충치가 증가했다는 상관성에도 불구하고 청동기 시대는 충치 발생률이 낮은 편이었다. 하지만 충치의 발생률은 자당의 풍부한 공급원인 사탕수수가 유럽에서 흔해진 1000년경에 급격하게 증가했다. 대부분의 식물들은 설령 달콤한 것이라 해도 자당이 조금만 들어 있다. 예를 들어 80퍼센트 정도가 당분인 꿀에는 겨우 1퍼센트의 자당이 들어 있을 뿐이고 포도에는 전혀 없다. 반면 사탕수수와 사탕무에 든 거의 모든 당분은 자당이다. 분유를 포함하여 달콤한 서구식 음식이 퍼지면서 충치는 세계적인 전염병이 되었다. 중국에서는 다섯 살 아이들의 75퍼센트에게 충치가 있다.

스트렙토코쿠스 뮤탄스가 충치를 유발하는 핵심 균이라는 증거는 대단히 확고하다. 실험동물, 주로 쥐에서 스트렙토코쿠스 뮤탄스와 충치의 상관관계를 확인하는 연구를 수행한 바 있다. 우리들 대부분은 어린 나이에 아마도 대부분의 경우 부모님과의 뽀뽀를 통해서 스트렙토코쿠스 뮤탄스에 감염된다. 물론 충치를 예방하는 확실한 해결책은 스트렙토코쿠스 뮤탄스가 입에 들어오지 않게 하거나 들어온 것을 제거하는 것이다. 이런 통제 방법은 실험동물을 상대로 연구되고 있으며 상당한 결과를 보였다. 대단히 흥미롭고 유망해 보이는 방법은 식물이 가진 정상적인 수의 빙핵세균ice-nucleating bacteria을, 식물의 표면에서 같은 자리를 차지하지만 얼음 결정을 만들지 않는 비슷한 박테리아로 바꾸어 냉해로부터 보호하는 것과 유사한 방법이다. 또 다른 유익한 방법은 살모넬라*Salmonella* 감염으로부터 어린 병아리를 보호하던 방법이다.

스트렙토코쿠스 뮤탄스를 대체할 미생물을 개발한 플로리다 대학교의 J. D. 힐먼은 이 방법을 '대체요법replacement therapy'이라고 불렀다. 그는 임상적으로 추출한 스트렙토코쿠스 뮤탄스에서 특정 유전자를 제거함으로써 잘 번식하지만 젖산은 생성하지 않고 치아 표면의 특정한 위치를 점유하여 입 안에서 일반적인 수준의 개체 수를 유지하는 스트렙토코쿠스 뮤탄스를 만들었다. 하지만 그는 자리를 점유하고 다른 것들을 몰아내는 방법 이상을 해냈다. 대체 균주에 굉장히 특수한 항생제 같은 단백질을 주입해서 다른 스트렙토코쿠스 뮤탄스 균주를 죽이게 만든 것이다. 이런 굉장히 특수한 킬러 단백질을 란티바이오틱스lantibiotics라고 하는데 그람 양성 박테리아의 세계에 전반적으로 퍼져 있다. 힐먼의 균주에서 생성된 것처럼 이들은 미생물 간의 전쟁에서만 그 치명성을 드러낸다. 몇몇은 약 30년간 유제품을 보존하는 데 사용되었다.

쥐에게 생긴 충치에 힐먼의 대체법을 실험해보았더니 대단히 성공적이었다. 어린 쥐에게 스트렙토코쿠스 뮤탄스의 대체 균주를 주었더니 충치가 발생할 만한 자당이 많은 음식을 먹여도 평생토록 충치가 생기지 않고 보호되었다. 사람을 대상으로 한 실험은 진행 중이다. '스트렙토코쿠스 뮤탄스와 대체요법Streptococcus mutans and replacement therapy'의 첫 글자를 따서 'SmaRT'라고 이름붙인 이 요법은 치과의사가 변화된 스트렙토코쿠스 뮤탄스 용액을 치아 표면에 발라주기만 하면 된다. 그러고서 5분 후에 환자에게 집에 가서 유전적으로 조절된 박테리아가 환자의 치아에 단단히 달라붙을 수 있도록 설탕이 들어간 음식을 먹으라고 충고한다. 이것은 쥐와 마찬가지로 사람의 경우에도 충치에 대한 영구적인 보호막이 되어줄 것이다.

충치를 제거하는 또 다른 방법은, 구강보건 전문의로 이루어진 전 세계적인 대책위원회가 앞으로 25년 동안 세계의 어린이들을 상대로 계획한 백신 접종이다. 현재까지 평가된 대부분의 백신의 목표물은 스트렙토코쿠스 뮤탄스가 분비하는 글루칸을 형성하는 효소 글루코실트랜스페라아제glucosyltransferase이다. 그래서 침 안에 항체 생성을 자극하도록 만들어진 구강 스프레이로 분사하는 이 백신은 예방책이며, 아이들이 스트렙토코쿠스 뮤탄스에 감염되기 전인 어린 나이에 해주어야 한다.

불소 이온(F^-)을 물에 타거나 치약이나 양치액을 통해서, 혹은 치과 치료를 통해서 치아 표면에 도포하는 것도 잘 알려진 충치 예방법이다. 이것은 스트렙토코쿠스 뮤탄스를 통제하는 대신 치아의 에나멜 표면을 단단하게 만들어 젖산의 파괴적인 공격에 대한 내성을 강화시킨다. 도포된 불소는 치아의 에나멜에 있는 수산화인회석hydroxyapatite의 수산화기를 대체하여 이것을 훨씬 단단하고 젖산에 더 내성이 강한 불소인회석fluorapatite으로 바꾼다. 다른 방식으로 불소를 널리 도포하기 전에 수행되었던 연구를 보면 도시의 상수도에 불소를 0.7~1.2ppm 정도로 소량 첨가했을 때 연간 시민 1인당 겨우 몇 센트 가격으로 충치 발생률이 40~60퍼센트가량 감소했다. 2002년에는 미국인 67퍼센트가 불소를 첨가한 물을 공급하는 동네에서 거주했다. 고농도의 불소는 치아를 얼룩덜룩하게 만들고 특정 쥐약의 주요 활성화물이라는 이유로, 또는 정부의 관리에 대한 일반적인 불신을 이유로 여전히 상수도에 불소를 첨가하는 것은 논쟁의 대상이 되고 있다. 구강보건 전문의로 이루어진 세계 대책위원회의 목표가 이루어지면 조만간 언젠가는 질병 목록에서 치아라는 미생물 발견지는 지워져버릴 수도 있을 것이다.

사과 주스로 옮겨지는 대장균

일반적으로 무해한 실험실의 단골일꾼 대장균도 끔찍한 결과를 낳을 수 있다. 대장균 O157:H7은 혈변을 일으키기로 유명하다. 그리고 이것은 더욱 심각한 질병인 용혈요독증후군hemolytic uremic syndrome(HUS)으로 발전할 가능성이 있다. 이것은 신부전 및 다른 합병증을 일으킬 수 있고 아이들이나 노인의 경우에는 죽음에까지 이를 수도 있다.

대장균의 이름 뒤에 흔히 따라오는 기묘한 숫자와 알파벳은 대장균의 수많은 균주들을 구분하기 위한 것이다. 대장균의 다양한 균주들은 전통적으로 세포 바깥에 있는 특정 단백질의 형태가 조금씩 달라지는 것에 따라서 구분된다. 설령 이 단백질들 간의 차이가 아주 미세하다 해도 항체에 따라 드러나는 차이는 굉장히 클 수 있다. 특정 균주가 분리된 같은 균주를 상대로 하는 항체에 반응을 하는지 하지 않는지만 보면 된다. 이들을 구분하는 데 항체가 사용되기 때문에 세포 표면에 노출된 단백질을 항원antigen이라고 부르고 구분된 균주를 혈청형serotype이라고 한다. 'H'라는 알파벳은 독일어 'hauch'(호흡)의 머리글자로 세포의 편모에 있는 단백질을 일컫는다. 'O'(독일어로 '없다'는 뜻의 'ohne'의 머리글자이다. 편모가 없는 세포에서 발견되기 때문이다)는 세포 바깥 표면에 있는 다당류를 말한다. 그래서 문제의 균주 O157：H7은 혈청학적으로 일곱 번째로 파악된 편모 단백질 형태와 157번째 바깥쪽 표면 다당류를 갖고 있기 때문에 이런 이름을 갖게 되었다.

대장균은 작업하기 쉽고 안전하고 대단히 유연한 대사기능을 갖고 있기 때문에 유전학과 생화학 연구의 핵심 미생물로 비길 데 없는 인기를 얻었다. 공기가 있으면 이 박테리아는 유기호흡으로 대사 에너지를 얻고, 공기가 없으면 여러 종류의 무기호흡 중 하나를 선택하거나 또는 산소 대체물이 없을 경우 발효를 통해서 에너지를 얻을 수 있도록 대사기능을 전환시킨다. 대장균은 이 모든 것을 다 할 수 있다. 광합성을 제외하면 알려진 모든 방식으로 대사 에너지를 얻을 수 있는 것이다. 과학자들은 근본적인 생물학적 측면들(대사기능, 생화학, 분자 구조, 유전학)이 놀랄 만큼 통일성을 갖고 있다는 것을 깨닫고서 가장 접근하기 쉬운 유기체를 연구하는 데 열중하기 시작했다. 대장균은 인기를 얻었다. 우리가 잘 알듯이 유명하면서도 지나치게 광범위한 대장균의 유전자 발현 방식으로 노벨상을 받은 자크 모노는 이런 말을 했다. "대장균에서 사실인 것은 코끼리에서도 더욱 확실하게 사실이다."

대장균에 대한 관심은 스스로 촉매제가 되었다. 대장균에 대해 더 많이 알게 될수록 더 연구하기가 쉬워지고, 더 많은 것을 더 쉽고 빠르게 알 수 있게 되었다. 대장균에 대한 집단적 과학 연구는 굉장히 많은 보상을 남겨주었다. 일반 생물학에 대한 우리의 기초적인 지식 중 놀랄 만큼 많은 부분이 우리 및 냉혈동물을 포함한 다른 동물들의 장내 미생물 중에서 눈에 잘 띄지 않고 굉장히 소수에 불과한 이 박테리아에 대한 집중적인 연구를 통해 얻은 것이다. EcoCyc.org는 방문할 만한 가치가 있는 웹사이트이다. 현재 이 박테리아에 대해서 알려진 풍부하고 거의 완전한 정보를 엿볼 수 있는 곳이기 때문이다. 이 박테리아의 4,576개 유전자 거의 모두의 기능이 밝혀져 있다. 반면 우리는 인간이 몇 개의 유전자를 갖고 있는지조차 정확히 알지 못한다.

대장균에 관해 이렇게 많은 것들이 알려져 있기 때문에 이것은 생물공학에서 없어서는 안 될 도구가 되었다. 어떤 이유로든 조작하고 연구해야 하는 유전자들은 거의 항상 우선 대장균 안에 복제해 넣는다. 그리고 인간의 성장 호르몬과 인슐린 그리고 특정 항체들 같은 치료에 필요한 인간의 단백질 다수도 인간의 유전자를 삽입한 대장균 균주를 다량 배양하여 만들어진다.

왜 대장균일까? 이것은 자주 나오는 질문이지만 대답하기가 어렵다. 이미 보았듯이 이 박테리아는 용도가 다양하고 연구하기 쉽지만, 이것만 그런 것은 아니다. 처음에는 대장균이 우리의 장내에서 확인하기 쉬웠기 때문에 인기를 얻기 시작했던 것으로 보인다. 대장균은 젖당을 발효시킬 수 있다(별로 많은 박테리아가 할 수 있는 일은 아니다). 또한 섭씨 45도에서 증식할 수 있다(우리의 장내에 사는 미생물 대부분이 못한다). 그리고 쉽게 준비할 수 있는 배지(에오신 메틸렌 블루, EMB 아가)에서도 알아보기 쉬운 새카만 색깔의 군집을 이루며 자란다. 그리고 이 군집은 당분에서 금방 탐지할 수 있는 산을 상당량 생성한다. 그렇기 때문에 대장균은 수돗물이 하수로 인해 오염이 되었는지 어떤지를 확인하는 유용하고 적절한 박테리아로 여겨진다. 그 원리도 간단하다. 대장균은 우리 장내에 거주하는 미생물이다. 이것이 수돗물에서 발견되면 분명히 하수를 통해 유입되었을 것이다. 대장균이 없다는 것은 미생물로부터 안전한 물이라는 법적 기준이 되었다. 모든 대학의 세균학과에서는 학생들에게 물이 안전한지 확인하는 방법을 가르치기 위해서 대장균을 배양한다.

　대장균이 명성을 얻게 된 다음 단계는 1950년대 초, 매디슨의 위스콘신 대학교의 젊은 의대생 조슈아 레더버그가 당시만 해도 상식을 벗어난 걸로 여겨졌던 질문을 확인해보고 싶어 하면서 시작되었다. 박테리아가 유전자를 교환할 수 있을까? 그들이 교배를 할까? 세균학과의 배지에서 대장균을 증식시킬 수 있었기 때문에 그는 이것으로 실험을 해보기로 했다. 실제로 그는 이 배양균들이 접합적 교배를 통해서 유전자를 서로 교환한다는 사실을 알게 되었다. 이 세기적인 발견은 대장균 균주 사이에서 유전자를 교환할 기회를 만들어주었고, 그 덕분에 염색체 내에서 유전자의 위치를 파악하고 각각의 유전자 구성과 세포 내에서 이들의 기능을 연구할 수 있는 기회를 주었다. 레더버그가 발견한 대장균의 교배 행위는 이 미생물을 실험 생물학에서 최고의 유기체로 만들어주었다. 그때부터 대장균은 모든 세포 유기체 중에서 가장 철저하게 파악된 박테리아로서 현재의 위치를 점유하게 되었던 것이다.

하지만 대장균에게도 어두운 면은 있다. 대장균 균주 대다수가 완벽하게 무해하고, 심지어 장내 벽에서 시겔라Shigella(이질균)나 살모넬라(위장염균) 같은 병원체가 좋아하는 자리를 미리 점유함으로써 우리를 병으로부터 보호해주는 이점까지 갖고 있지만, 대장균의 몇몇 균주는 병원체이다. 이 균주들은 병독성 요소(질병과 감염을 일으키는 능력을 갖는 요소)를 인코딩하는 플라스미드를 갖고 있다.

대장균이 일으키는 가장 흔한 질병은 요로 감염인데, 창자의 대장균이 가장 흔한 원인이다. 대장균 균주는 다른 면에서 건강한 사람들에게 요로 감염을 일으키는 원인의 90퍼센트를 차지한다. 요로 감염을 일으키는 대장균 균주는 바깥 표면에 플라스미드가 인코딩한 섬모를 갖고 있고, 이 섬모는 방광 표면에 있는 수용체 단백질에 결합해서 소변의 흐름에도 씻겨 내려가지 않을 정도로 단단하게 달라붙는다. 여자들은 요로 감염의 가장 흔한 희생양이다. 여성의 요도가 더 짧기 때문이다. 정기적으로 요로 감염이 재발하는 몇몇 여자들은 요로에 대장균 수용체가 더 많기 때문일 수 있다.

플라스미드를 갖고 있는 대장균 균주는 또한 여행자의 설사라고 알려진 병과 영아설사infant diarrhea를 비롯한 여러 종류의 설사를 일으키기도 한다. 영아설사는 유아가 겪는 주된 병 중 하나이고 개발도상국에서는 죽음에 이르는 병이기도 하다. 달라붙는 특징과 더불어 설사를 일으키는 균주들은 열저항 독소heat stable와 열민감 독소heat labile라고 불리는 두 가지 플라스미스 인코딩 독소 중 하나 또는 그 이상을 생성한다.

하지만 1982년에 발견되기 시작하여 오염된 햄버거를 통해 위장병을 일으켰던 대장균 O157:H7은 알려진 다른 대장균 균주들과는 전혀 다르다. 이것은 이전에 알려진 대장균의 병원체 균주처럼 단순히 추가적인 플라스미드만 더 갖고 있는 것이 아니다. 유전자 자체가 근본적으로 다르다. 이 균주의 염색체는 더 커서 다른 박테리아 균주에서는 발견되지 않는 유전자 1,000여 개가 더 있다. 실험실에서 가장 흔하게 사용되는 균주인 대장균 K-12의 염색체는 4,576개의 유전자를 인코딩한다. 대장균 O157:H7은 5,476개의 유전자를 인코딩한다. 대장균 O157:H7이 덜 갖고 있는 것도 있다. 이 균주는 섭씨 45도에서 증식하지 못하고, 당알코올 솔비톨solbitol을 양분으로 사용하지도 못한다. 이 두 가지 능력은 대부분의 다른 대장균 균주들이 모두 갖고 있는 특성이다. 대장균 O157:H7 균주가 획득한 위험한 특성이라면 질병을 일으키는 시가독소*shigalike toxin*(시겔라가 만드는 것과 비슷한 독소)를 갖고 있다는 것이다. 이 독소는 장 내벽에 심각한 손상을 입혀 혈변을 일으킨다. 대장균 O157:H7은 심각한 위장병을 일으키는 오래된 박테리아 병원체 시겔라에서 인코딩 유전자를 얻었을 것이다.

1982년 햄버거로 인한 위장병 유행을 일으킨 대장균 O157:H7의 감염 출처는 감염된 소로 추적되었고, 광범위한 발병 범위는 햄버거가 광범위하게 팔렸기 때문으로 여겨진다. 햄버거는 커다란 통에서 만들어진 다음 전국으로 배송되기 위해서 조금씩 나뉜다. 얼마 지나지 않아 가축들이 이 대장균 균주를 갖고 있음이 밝혀졌다. 몇몇 무리에서는 거의 대다수가 갖고 있었다. 햄버거는 소의 분변 때문에 오염되었을 것이다. 이후 몇 년간 대장균 O157:H7로 인한 전염병 사건이 몇 차례 더 일어났다. 대부분의 경우 이것 역시 오염된 햄버거 때문이었고 딱 한 경우에만 오염된 살라미Salami(이탈리아산 드라이 소시지) 때문이었다.

1996년 병에 들어간 사과 주스에서 대장균 O157:H7이 발병한 것은 감염의 새로운 루트를 보여주었다. 가축들이 사과 과수원에 방목되었고, 주스를 만들기 위해 모은 낙과 중에 오염된 것이 있었던 모양이다. 주스는 살균 처리되지 않았다. 그 공정이 자연의 순리를 거스른다고 여겨졌기 때문이다. 발병으로 인해 수십 명의 아이들이 용혈요독증후군을 일으켰고, 그중 한 명은 사망했다. 용혈요독증후군은 완치 불가능한 신부전을 일으킬 수 있다. 미국에서 이 병은 현재 아동 신부전증의 주요 원인이다.

그 후로 대장균 O157:H7 감염은 줄기콩, 토마토, 시금치, 다른 포장된 야채를 포함한 신선한 야채들을 통해서도 일어났다. 박테리아가 야채의 표면에 단단히 달라붙어 있어서 세척을 해도 제거되지 않는 것이다. 몇 가지 과정을 거쳐 박테리아 세포가 보균 동물에서 야채로 옮겨졌고, 2002년부터 2006년 사이에 이런 발병이 열 차례 보고됐다. 또한 대장균 O157:H7은 우유로 전파될 수도 있으며, 오염된 물에서 수영을 해도 전염될 수 있다.

2006년 미국 전역으로 이 병이 퍼진 원인은 중부 캘리포니아 해변에서 수확하여 포장한 어린 시금치 때문인 것으로 추적되었다. 이것은 대규모 발병으로 이어졌다. 26개 주 이상에서 200명 이상의 사람들이 병을 앓았다. 출처는 어디였을까? 오염된 시금치가 자랐던 밭은 가축들이 들어오지 못하게 촘촘하게 울타리가 쳐져 있었다. 병을 일으킨 것으로 의심되는 동물은 야생 돼지로 다른 곳과 마찬가지로 캘리포니아 중부에 흔한 동물이다. 야생 돼지는 자신들이 좋아하는 시금치를 먹기 위해서 쉽게 울타리 아래로 구멍을 뚫고 들어올 수 있다. 물론 작은 설치류나 새 같은 다른 동물들도 범인일 수 있다.

한 번 발병이 시작되면 사람들끼리의 직접적인 접촉으로 전파된다. 특히 아이들의 경우에는 어린이집에서, 노인들은 양로원에서 쉽게 퍼진다. 시겔라 SPP. 같은 박테리아는 굉장히 감염성이 높기 때문에 전파를 멈추기가 어렵다. 감염된 환자가 사용한 변기에는 수많은 박테리아 세포가 있고 박테리아 세포가 열 개만 있어도 병을 전파시킬 수 있다고 여겨진다.

대장균 O157:H7에 감염된 대부분의 사람들은 사소한 증상만을 겪고 금세 회복된다. 그래서 많은 경우 보고되지 않고 넘어간다. 이렇게 넘어간 사람들이 있음에도 불구하고 대장균 O157:H7은 태평양 북서부에서 박테리아성 설사의 원인으로 살모넬라 다음으로 꼽힌다. 미국에서 연간 7만 5,000건이나 일어나고 있으며 이 중 대다수가 입원이 필요하다. 대장균 O157:H7은 선량한 대장균의 이름을 대단히 더럽히는 존재이다.

이 병은 그저 증상을 완화하는 것 말고는 치료법이 없다. 환자들은 수분을 계속 공급하고 편안하게 쉬어야 한다. 항생제 치료는 추천하지 않는다. 대장균 O157:H7이 많은 항생제에 민감하지만, 죽어가는 박테리아 세포가 더 많은 독소를 방출하여 환자의 상태를 악화시킬 수 있다. 이모듐Imodium 같은 지사제 역시 비슷한 이유로 피해야 한다.

대장균 O157:H7이 든 사과 주스는 40여 년 전에는 존재하지 않았을 새로운 미생물에 관심을 갖게 해주었다. 이것은 우리에게 새로운 미생물이 얼마나 빨리 진화할 수 있으며, 현대 인간의 삶에서 이들이 얼마나 빠르고 널리 퍼질 수 있는지를 상기시켜주었다. 미생물의 세계는 우리의 세계와 마찬가지로 계속해서 변하고 있다. 대장균 O157:H7은 아마도 평범하고 무해한 대장균 균주가 다른 박테리아성 병원체인 시겔라 종 같은 다른 박테리아로부터 유전자를 전파 받음으로써 진화하게 되었을 것이다. 대장균 O157:H7의 DNA를 분석해본 결과 박테리아성 바이러스(파지)가 유전자 전달을 도맡고 있으며 이것은 형질도입transduction을 통한 전달이라는 것을 추측할 수 있었다.

병원체로서 미생물의 역할은 우리 모두 잘 알고 있다. 이들은 우리의 생활방식과 우리의 수명에 큰 영향을 미친다. 하지만 지구의 날씨와 지질에 미치는 영향은 별로 알려져 있지 않다. 다음 장에서는 이들이 지구에 미치는 영향에 대해서 한 번 살펴보겠다.

12
지구의 모양을 조각하다

**MARCH OF
THE MICROBES**

“

대사 에너지를 얻기 위해 무기화학반응을 수행할 때
화학독립영양세균은 최종 산물로 황산을 만들고,
이 황산이 동굴을 더 넓힌다.
이 과정에서 박테리아는 성장하고, 복제하고, 생체 폐기물을 만든다.
태양이 비치는 대부분의 지구 환경에서 주된 생산자가
남세균, 조류, 식물인 것처럼, 이들은 동굴처럼 태양이 비치지 않는
어두운 환경에서의 주된 생산자이다.

”

Shapers of the Planet

　

크기는 작지만 몇몇 미생물들은 굉장히 큰일을 한다. 이들은 우리의 날씨와 지구의 지형, 지구의 환경을 결정한다. 이 장에서는 미생물들이 벌이는 이런 큰일을 한 번 살펴보겠다.

눈을 만드는 미생물

눈이 얇게 깔린 언덕에서 풍성하게 눈을 쏟아내는 기계의 모습은 스키 애호가들이 반기는 장면일 뿐만 아니라 바람 부는 날에는 불꽃놀이에 버금갈 정도로 보기에도 좋다. 물과 압축공기가 분출구에서 쏟아져 나와 조그만 눈송이들의 폭포를 만들어내는데, 대부분 이 조그만 눈송이에는 의도적으로 슈도모나스 시린자이*Pseudomonas syringae* 박테리아 세포 하나씩이 추가되어 있다. 박테리아 세포, 정확히 말해 박테리아 시체들은 분출구로 들어가는 물에 건조 파우더를 섞어 슬러리 상태로 첨가된다.

방사선 살균 건조 박테리아 세포로 만든 파우더는 상업적으로 만들어져 스노맥스Snomax라는 상표를 달고 1파운드씩 포장되어 팔린다. 1파운드짜리 하나면 최소한 10만 갤런의 물을 처리하기에 충분하다. 이 박테리아의 표면에는 눈송이를 만드는 데 중추 역할을 하는 조핵제가 되는 강력한 힘을 가진 특정 단백질이 있다. 이 조핵 단백질은 자연계에서 굉장히 드물다. 오로지 슈도모나스 시린자이와 대여섯 개도 안 되는 몇몇 친족들만이 조핵 단백질을 갖고 있는 것으로 알려져 있다.

이 미생물계의 모래사장에서 바늘 찾기 같은 발견 이야기는 다양한 과학적 탐구가 가끔은 한 점에서 만난다는 흥미로운 사실을 보여준다. 이 발견은 30여 년 전 와이오밍과 위스콘신에 있는 두 미생물학자 집단이 전혀 다른 현상에서 자극을 받아 동시에, 그러나 각각 찾아낸 것이다.

와이오밍 그룹은 희귀한 기상학적 현상에서 영감을 얻었다. 그들이 사는 반건조 기후대에서는 비가 굉장히 귀하기 때문에 강우량을 신중하게 감시하는데, 그들과 다른 사람들은 식물로 뒤덮인 지역이 좀더 황량한 지역에 비해 비가 많이 온다는 사실을 알게 되었다. 물론 여기서 즉각 원인과 결과에 대한 질문이 나온다. 비가 식물을 많이 자라게 한 걸까, 그 반대일까? 식물의 이파리에 있는 뭔가가 폭풍이 치기 전 바람에 날려 올라가 요오드화은silver iodide처럼 구름을 응집시키고 조핵제 역할을 한다는 기상학자들의 가설은 사실로 밝혀졌다. 곧 미생물학자들은 이파리에 있는 조핵제가 가끔 식물에 질병을 일으키기도 하는 슈도모나스 시린자이로, 어느 이파리에나 있는 박테리아임을 알아냈다. 이런 조핵제는 수증기를 응집시켜 빗방울로 만드는 동시에 얼음 결정을 형성하는 중심점이 된다.

위스콘신의 미생물학자들은 옥수수 모종에 식물 부스러기가 많이 묻어 있으면 봄에 냉해 피해가 훨씬 커지는 전혀 다른 현상을 보고 연구를 시작했다. 이런 부스러기가 경작할 때 우연히 묻은 것이든 고의적으로 묻힌 것이든 간에 미생물학자들의 실험 결과는 동일했다. 모종들은 똑같은 결말을 맞이했다. 부스러기들을 분류하다가 이파리에 사는 박테리아 슈도모나스 시린자이가 활성제임이 또 다시 밝혀졌다. 여기서는 수증기를 물방울로 응결시킨 것이 아니라 얼음 결정을 응집시키는 조핵제 역할을 해서 냉해를 입혔다.

냉해frost damage라는 단어가 암시하는 것처럼 저온 그 자체가 식물에 해를 입히는 것은 아니다. 얼음결정이 해를 입히는 것이다. 얼음결정이 형성되면 세포막을 뚫고 식물 세포를 찢어서 파괴한다. 조핵제가 없으면 어는점인 섭씨 0도에서도 얼음이 생기지 않을 수 있지만(과냉각 현상) 얼음 자체는 그 온도에서 녹는다. 조핵제가 전혀 없는, 심지어 먼지(조핵 능력이 낮다)조차 없는 완벽하게 순수한 물은 영하 40도에서도 얼지 않은 채 차가워질 수 있다. 그래서 어는점보다 조금 낮은 봄철의 기온이 옥수수 모종에 영향을 미치지 않는 것이다. 물이 얼지 않기 때문이다. 하지만 식물 부스러기가 붙어 있는 이 모종들은 거기에 있는 슈도모나스 시린자이가 세포를 망가뜨리는 얼음 결정을 만드는 핵이 되기 때문에 냉해를 입는다.

영하 5도 아래에서는 슈도모나스 시린자이가 없어도 냉해를 입는다. 왜냐하면 식물 자체에서 만든 것을 비롯하여 좀 기능이 떨어지는 조핵제들이 더 이상의 과냉각을 막기 때문이다. 하지만 0도에서 영하 5도 사이에서는 이파리 어디에나 존재하는 슈도모나스 시린자이 세포가 식물에 얼음결정을 만들어 냉해를 입히는 원인이다.

슈도모나스 시린자이의 조핵 능력은 박테리아의 바깥쪽 표면에 위치한 특정 단백질 빙핵활성단백질Ice Nucleation Activity(InaX) 때문인 것으로 관찰 결과 확실하게 밝혀졌다. InaX 때문이라는 가장 강력한 증거는 '아이스 마이너스'라고 알려진 InaX가 없는 돌연변이 균주와 슈도모나스 시린자이와 가까운 친족관계이지만 역시나 InaX가 없는 박테리아 종들에게서는 조핵 활동이 일어나지 않는다는 것이다. 더 설득력이 있는 것은 InaX를 인코딩하는 유전자(*ina*X)가 일반적으로 조핵 능력이 없는 박테리아 대장균에 전이되었을 때 조핵 능력이 생긴다는 것이다. 그렇기 때문에 확실하게 박테리아의 조핵 능력은 InaX를 만드는 능력에 달려 있다.

슈도모나스 시린자이의 얼음결정을 형성하는 능력은 앞에서 말했듯이 제설기에서 실용적으로 사용할 수 있다. 설령 습도가 낮거나 영하 0.5도 정도로 온도가 높더라도 이들은 효과적으로 눈을 만든다. 지역의 강우량을 늘리기 위해서 구름을 응집시켜 비를 만드는 InaX의 능력을 이용해볼까 고려해본 적이 있다. 하지만 슈도모나스 시린자이의 아이스 마이너스 돌연변이 균주는 실제로 제설의 반대 역할, 즉 얼음 결정이 형성되지 못하게 해 식물을 냉해로부터 보호하는 데 성공적으로 사용되었다. 일반적으로 식물의 이파리에 있는 얼음 결정을 만드는 슈도모나스 시린자이 균주가 아이스 마이너스 균주(InaX를 유전적으로 만들지 못하는 균주)로 대체된다. 일반적인 미생물 중 일부만 대체된다고 해도 어느점 이하에서 식물의 이파리에 생기는 냉해가 그 이파리에 있는 아이스 플러스 슈도모나스 시린자이 세포의 숫자와 비례하기 때문에 도움이 된다. 식물의 표면에서 같은 생태학적 위치를 놓고 경쟁하는 아이스 마이너스 균주를 식물에 뿌려주면 거기에 있는 아이스 플러스 세포들의 숫자를 줄일 수 있고, 덕분에 냉해가 없는 온도 범위가 몇 도 더 내려가 많은 작물에 중대한 이득을 준다. 아이스 마이너스 균주는 아이스 플러스 균주보다 월등한 것은 아니다. 그저 이파리 표면에서 자리를 차지하여 아이스 플러스 균주가 그 자리에 만들어지는 것을 방지할 뿐이다.

슈도모나스 시린자이가 강력한 조핵제 역할을 하는 것이 오로지 세포 표면에 있는 특정 단백질 때문이라는 것은 의심의 여지가 없다. 이 단백질에서 다른 활성이나 기능은 전혀 발견되지 않았다. 이미 보았듯이 이 단백질을 만들지 못하는 돌연변이 균주(아이스 마이너스)는 다른 면에서는 능력의 감소를 전혀 보이지 않는다. 이들은 부모 균주(아이스 플러스)와 마찬가지로 식물의 이파리 표면에 자리를 차지하고 번성한다. 그렇다면 왜 InaX처럼 굉장히 특수하게 분화된 단백질을 만드는 능력이 생긴 것일까? 이것은 낮은 온도에서 식물의 세포를 부수어 이파리 세포에서 유출되는 영양이 더 풍부한 내부 물질을 통해 슈도모나스 시린자이의 부족한 영양분을 채우는 선택적 이득이라 할 수 있다.

1990년대 초에 수행된 실험에서 어린 감자에 아이스 마이너스 균주를 분사하자 훌륭한 결과를 볼 수 있었다. 야생형 아이스 플러스 균주의 숫자가 50분의 1로 감소하고 그날 밤의 냉해가 80퍼센트나 감소한 것이다. 하지만 이런 효과적인 기능에도 불구하고 이 방법은 상업적인 성공을 거두지는 못했다. DNA 재조합 기술을 이용해야만 아이스 마이너스 균주를 만들 수 있기 때문이다. 피할 수 없는 자연적 사건으로 인해 주변 환경에서도 유전적으로 기능이 동일하고 유전자 역시 동일한 균주들이 종종 나타나기는 하지만, 이 새로운 기술을 제대로 승인하려면 현장 실험을 5년 이상 할 지원자가 필요하다. 안 좋은 결과가 나오지는 않았지만, 그래도 대중이 DNA 재조합으로 만들어진 미생물을 두려워하는 탓에 이 방법의 상업화는 중단되었다. 수 세기 전부터 자연적으로 일어난 유전자 조작으로 원래와는 전혀 다른 작물을 먹고 살고 있음에도 불구하고 '유전자 조작'이라는 말에 흥분하는 것은 흥미로운 일이다. 우리가 주로 먹는 곡물인 쌀, 밀, 옥수수의 선조는 오늘날의 엄청난 인구를 감당할 수 없을 정도로 비리비리한 것들이었다. 옥수수의 선조라 할 수 있는 테오신테의 경우에는 현대의 후손들과 닮은 곳이 거의 없다. 이 모든 문명의 성과는 유전자 조작의 덕택이다.

하지만 아이스 마이너스 박테리아에 대한 연구는 헛된 일이 아니었다. 그 덕에 식물에 살고 있는 슈도모나스 시린자이를 제거해 냉해를 방지하는 방법을 알게 되었기 때문이다. 곧 슈도모나스 시린자이의 아이스 마이너스 균주와 거의 비슷하게 슈도모나스 시린자이 아이스 플러스 균주를 효과적으로 제거하는 친족 관계의 자연 발생 박테리아 슈도모나스 플루오레센스 *Pseudomonas fluorescens*를 발견하게 되었고, 슈도모나스 플루오레센스는 이런 목적으로 널리 사용되었다. 2004년에 5만 파운드의 냉동 건조한 슈도모나스 플루오레센스 세포가 식물의 냉해를 방지하기 위해 팔렸다. 이것은 아마 가장 대규모로 사용된 생물학적 통제제일 것이다.

해로운 미생물을 대체하는 데 무해한 미생물을 이용하는 것이 전례가 없는 일은 아니다. 앞 장에서 이야기했듯이 이 방법은 충치를 치료하는 데에도 사용되었다. 또한 미국 농무부에서는 병아리가 살모넬라에 감염되는 것을 통제하는 친생물학적 방법을 개발하기도 했다. 병아리들에게 건강한 어린 닭들의 배 속에서 발견한 박테리아 혼합물을 주입하자 살모넬라 감염 사례가 90퍼센트에서 10퍼센트로 줄어들었다. 이 간단하고 효과적인 처방은 냉해 통제법과 거의 같은 방식으로 작용한다. 무해한 미생물이 주변에서, 이 경우에는 병아리의 장내에서 자리를 차지하여 원치 않는 균, 이 경우에는 치명적인 병원체가 증식하지 못하게 만드는 것이다.

슈도모나스 플루오레센스처럼 자연적으로 존재하든 아니면 슈도모나스 시린자이 아이스 마이너스 균주처럼 인간이 조작했든, 미생물은 자연계에서 경쟁하는 여러 가지 전략을 갖는 방향으로 진화하며 이

전략 중 다수가 의도적으로든 아니든 우리의 삶과 환경, 심지어는 매일의 날씨에 영향을 미친다.

바다 위의 하얀 뭉게구름

성실한 미생물 관찰자라 해도 바다의 미생물이 바다 위에 떠 있는 구름을 유발한다는 사실을 알면 놀랄 것이다. 하지만 그들이 구름을 형성한다는 증거는 많이 있다.

주로 와편모충류와 바다의 식물 플랑크톤을 이루는 이들의 친족들인 특정 진핵 미생물(원생생물)은 바다 위에 구름을 만드는 연속적인 사건을 일으킨다. 배의 자취를 따라 빛을 내는 작은 와편모충류에 대해서는 이미 살펴보았다. 와편모충류는 바다의 식물 플랑크톤 대다수를 이루는 단세포 광합성 원생생물이라는 독특한 집단이다. 이들은 독특한 생김새와 나선형의 비비 트는 듯한 동작 때문에 현미경으로 보면 금방 알아볼 수 있다.

이 부유 미생물은 복사열의 파괴적인 영향력으로부터 몸을 보호하기 위해 디메틸술포니오프로피오네이트dimethylsulfoniopropionate(DMSP)라는 황이 포함된 물질을 생성한다. DMSP는 활발하게 자라는 어린 세포 안에 남아 세포를 단단하게 유지해준다. 세포는 복사열이 더 강해지고 물의 온도가 올라가 더 강한 방어막이 필요할 경우 더 많은 DMSP를 축적하는 것으로 대응한다. 하지만 세포가 나이 들고 노화되면 DMSP 일부를 황화디메틸dimerthy sulfide(DMS)로 전환시키고, DMSP와 DMS 둘 다 세포에서 새어나간다. 주위의 박테리아는 DMSP를 흡수하여 DMS로 전환시킨다. 그래서 결국에 와편모충류가 생산한 모든 DMSP는 DMS가 된다. 그리고 DMSP와 다르게 DMS는 휘발성이라 대기로 올라간다. 미생물이 생성한 다량의 DMS(연간 5,000만 톤 이상으로 추정된다)가 바다에서 대기 중으로 상승하는 것이다. 거기서 복사열이 DMS를 나노 크기의 황산염 입자로 전환시켜 수증기를 응집시키는 에어로졸aerosol을 형성하여 구름을 만든다. 한번 구름이 형성되면 에어로졸은 이것이 응축되어 물방울로 변하는 속도를 늦춰 이들을 안정시킨다. 그래서 미생물이 구름을 형성하고 더 오래 유지시키는 것이다.

구름은 지구를 차갑게 만들어 우리의 기후에 영향을 미친다. 지구 표면에 그늘을 드리우고 복사열을 반사시켜 대기 중으로 돌아가게 만든다. 구름이 많아지는 것은 지구 온난화의 영향을 조금 중화시키기는 하지만 완전히 막지는 못한다. 실제로 이들이 온난화를 막는다는 증거도 있다. 바다가 따뜻해지면서 와편모충류와 관련된 원생생물이 증가하여 숫자가 더 많아지고 북쪽으로 더 멀리까지 진출한다는 것이다. 생명을 유지할 수 있도록 지구 생태계의 균형을 유지하는 미생물의 성향을 보여주는 또 다른 예이다. 미생물이 만드는 구름은 자동으로 조절되고 자극−반응의 루프를 움직인다. 햇살이 더 강해지면 와편모충류의 스트레스도 증가한다. 그래서 더 많은 양의 DMSP를 생산하고, 이것이 더 많은 구름을 만든다. 햇살이 약해지고 관련된 와편모충류의 스트레스가 감소하면 이들은 DMSP를 덜 만들어 구름 형성도 감소하게 된다.

표면에서 180미터 정도 깊이까지, 햇살이 비치는 바다 표면을 점유하고 있는 식물 플랑크톤은 다른 환경적 균형을 맞추는 행위를 주도하는 주요 참여자이다. 이들은 계절에 따라 50퍼센트에서 90퍼센트의 산소를 대기에 공급한다. 그리고 이들 전체는 이산화탄소를 가장 많이 사용하는 주 사용자이다. 대기 중 수십억 톤의 이산화탄소가 바다 밑바닥에서 가라앉은 식물 플랑크톤의 잔해로 이루어진 탄소 함유 물질 안에 갇혀 있다. 식물 플랑크톤 원생생물 중 큰 집단의 하나인 인편모조류coccolithophore는 이산화탄소를 가두는 데 특히 인상적인 역할을 한다. 이들의 세포는 이산화탄소로 직접 만들어진 아름다운 모양의 탄산칼슘($CaCO_3$) 비늘로 둘러싸여 있다. 이 바깥쪽 세포 표면이 바다 밑바닥에 가득 쌓이고 나면 석회암이나 이회질층으로 변한다. 영국 남부 도버의 그 유명한 하얀 절벽이 이 미생물들의 잔해를 보여주는 예이다.

식물 플랑크톤의 수가 증가하면 더 많은 이산화탄소를 사로잡고 지구 온난화를 완화시킬 수 있다. 이들을 풍부하게 만드는 한 가지 방법은 바다에 철분을 첨가하는 것이다. 바다의 식물 플랑크톤은 이 핵심 영양분의 존재 여부에 따라 성장이 제한되기 때문이다. 남반구 바다가 이런 증식을 하기에 가장 좋은 장소이다. 남반구의 바다는 식물 플랑크톤이 필요로 하는 다른 핵심 영양분, 특히 질소가 풍부하기 때문이다. 실험 결과 철분을 첨가하는 것이 실제로 식물 플랑크톤의 밀도를 높여준다는 것이 확인되었다. 하지만 이렇게 이산화탄소를 사로잡는 방법은 식물 플랑크톤이 모두 바다 밑바닥에 가라앉지 않는 이상 일시적인 것이다. 대부분의 경우 식물 플랑크톤이 죽으면 박테리아에 의해 대사되고, 탄소 부분이 다시 이산화탄소로 전환되어 대기 중으로 재방출된다. 실험을 해보았더니 바다 밑바닥에 격리되었던 식물 플랑크톤의 탄소 부분이 실망스러울 정도로 적은 것으로 드러났다(겨우 몇 퍼센트 정도). 실험은 계속되었지만 많은 과학자들이 이런 식으로 지구 온난화를 늦추는 방법이 커져가는 위기에 대한 굉장히 사소한 지연책에 불과하지 않을까 두려워하고 있다. 그리고 예상치 않았던 부정적인 환경적 결과도 있다.

와편모충류 역시 해양 생물 사이에서 중대한 공생자이다. 이들 중 한 집단은 해파리, 해삼, 산호, 몇몇 대왕조개류 같은 해양 생물들과 상호 공생관계를 이룬다. 광합성을 통해서 와편모충류는 동물에게 유기 영양분을 공급하고, 동물들은 와편모충류에게 살 곳을 제공해준다. 와편모충류와 산호 사이의 관계는 다음 장에서 보겠지만 특히 환경적 스트레스에 예민하다. 그리고 이 스트레스는 역시나 DMS를 방출시킨다.

와편모충류와 특정 대왕조개(T. 기가스 같은 트리다크나 종) 사이의 공생관계는 그 경제적 중요성 때문에 특히 관심을 끈다. 남태평양과 인도양의 얕은 산호초에 토착하고 있는 이 조개류는 폭은 1.2미터까지 자라고 무게는 200킬로그램 이상 자라기도 한다. 수명도 100년 이상이라고 한다. 물론 이런 커다란 생물체는 전설을 달고 있기 마련이다. 수영하는 사람들을 공격해서 사로잡아 익사시킨다든지, 6킬로그램짜리 거대 진주를 만든다든지 하는 것 등이다. 진주에 관한 이야기는 사실일 수 있지만, 살인마 조개에 대한 이야기는 별로 신빙성이 없다. 조개는 바다 밑바닥에 고정되어 있고, 설령 와편모충류가 자리한 외투막을 햇볕에 쪼이기 위해서 낮에 껍질이 열린다고 해도 밤이나 외투막을 건드릴 경우에는 껍질이 닫힌다. 껍질이 닫히는 동작이 상당히 느리기 때문에 아무리 느린 사람이라고 해도 조개껍질이 닫히기전에 빠져나올 수 있을 정도는 된다. 하지만 발을 잡힌 채 껍질이 닫혔다면 아마 잡힌 사람은 물속에서 빠져나갈 수 없을 것이다.

일본 열도의 원주민은 이 조개를 식량으로 삼았고 히메자코라고 부르며 굉장히 귀한 요리로 평가한다. 그 결과 개체 수가 급감해서 이

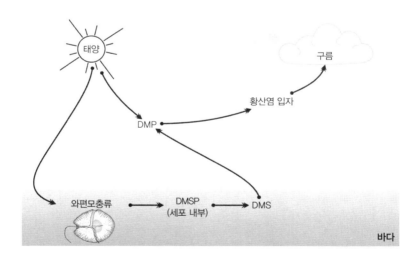

• 구름을 만드는 미생물 •

종은 현재 위기종으로 여겨진다. 대왕조개는 수산업계에서 굉장히 매력적인 동물이고 여러 남서태평양 국가들은 이미 만들어져 있는 시장에 공급하기 위해 조개 양식업에 큰돈을 투자하고 있다. 대왕조개의 살 속에는 와편모충류가 풍부하게 공생하고 있기 때문에 먹이를 줄 필요가 없기 때문이다. 이 조개들은 알려진 생물체 중에서 광합성만으로 스스로 먹이를 해결할 수 있는 유일한 동물이다.

하지만 이런 수산업의 모험은 중대한 문제에 부딪쳤다. 조개와 공생하는 와편모충류가 생산하는 DMSP가 야생 및 양식 조개의 세포에 들어가는 것이다. DMSP 자체는 위험하거나 문제가 되지 않지만, 거기서 유래되는 DMS는 악취와 불쾌한 맛을 내서 판매에 문제를 일으키게 된다.

미생물의 한 종인 와편모충류와 이들이 생산하는 DMSP는 바다의 환경과 그 위의 날씨에 영향을 미치고 지구의 기후에까지 영향을 준다. 다음의 미생물 관찰지에서는 지구의 대기뿐만 아니라 지질을 바꿔놓는 미생물에 대해서 보게 될 것이다.

서오스트레일리아의 붉은 절벽

이 화려한 미생물을 관찰할 수 있는 곳은 세계에 많이 있다. 미국 중서부 철강 산업을 지탱하는 미네소타 주의 대규모 철광 매장지도 그러하지만, 가장 아름다운 곳이라고 하면 서오스트레일리아의 카리

지니 국립공원일 것이다.

이 매혹적인 붉은 바위는 그 장엄함이 좀 떨어지긴 해도 세계 곳곳에서 찾아볼 수 있다. 왜냐하면 25억 년 전 이들을 만들었던 사건은 미생물이 유발한 지구 대기의 변화였기 때문이다. 산소를 생성하는 남세균이 20억 년 동안 산소가 없던 지구에 갑자기 늘어나면서 지구는 서서히 산소를 포함한 대기를 얻기 시작했다.

그러면서 모든 것이 바뀌었다. 활동적으로 유기호흡이 가능해지면서 동물, 궁극적으로 인간을 만들게 되는 진화의 새롭고 주요한 도구를 선사했다. 하지만 다시금 미생물이 이것을 주도했다. 이들은 유기호흡을 하도록 진화된 첫 번째 생물이었다. 우리가 이것을 확신하는 이유는 모든 호기성 진핵 유기체, 원생생물, 식물, 동물들이 유기호흡을 하는 것이 세포 내 미토콘드리아의 구조 덕택이기 때문이다. 그리고 미토콘드리아가 오래전에 사로잡힌 박테리아의 후손이라는 부인할 수 없는 여러 가지 증거도 있다. 가장 강력한 증거는 분자적인 것이지만, 미토콘드리아가 갖고 있는 DNA가 대부분의 박테리아와 마찬가지로 원형 구조라는 것 역시 언급할 가치가 있다. 난자가 미토콘드리아를 갖고 있고 훨씬 작은 정자에는 없기 때문에 동물들은 모계로부터 이 DNA를 물려받는다.

또한 미토콘드리아는 그람 음성 박테리아처럼 이중막으로 둘러싸여 있다. 그래서 진핵생물의 유기호흡 능력은 식물과 조류가 광합성을 하는 능력과 마찬가지로 그들이 사로잡은 박테리아에 의존하고 있다. 몇몇 원생생물은 유기호흡을 하는 미토콘드리아가 없기 때문에

그럴 능력이 없다. 배낭여행자들의 원수인 람블편모충Giardia lamblia
이 그중 하나이다. 이 미토콘드리아 없는 원생생물이 선先미토콘드리
아 박테리아를 미처 사로잡지 못했던 것인지, 아니면 미토콘드리아가
쓸모없는 짐이 되어버리는 혐기성 환경에서 살면서 박테리아를 잃은
더 진화된 형태인지 관찰하는 것은 흥미로운 일이다. 이 딜레마에 대
한 의견은 여전히 엇갈린다. 현재 우세한 의견은 이 원생생물들이 실
은 호흡을 할 박테리아를 사로잡지 못한 원시 진핵생물의 후손이라는
쪽이다.

처음에 지구 대기에 산소가 풍부해진 것은 환경적 재앙이었다. 어
떤 사람들은 이것을 당시 존재했던 생명체 모두에 대한 대학살이라
고 부르기도 한다. 그때까지 생명체들은 무산소 환경에 맞춰 진화해
왔다. 대사적으로 유용하다고는 하지만, 산소는 굉장히 유독한 물질
이다. 산소와 산소가 만드는 대사산물인 과산화수소(H_2O_2)와 활성산
소(O_2^{2-}) 같은 것들은 유기체의 분자 구성을 망가뜨린다. 산소의 불가
피한 공격을 감내하기 위해서 모든 호기성 생물들은 자신을 방어하는
복잡한 형태로 진화했다. 여기에는 가장 유독한 형태의 산소를 파괴
하는 반응을 촉진시키는 효소를 생산하거나 이미 입은 피해를 복구하
는 메커니즘 등이 포함된다. 물론 완벽한 성공을 거두지는 못한다. 노
화를 대부분 산소가 유발하는 손상으로 인해 축적되는, 치료 불가능
한 질병이라고 주장하는 이론도 있다.

엄격하게 무기호흡을 하는 일부 미생물들, 즉 산소가 발생하기 이
전의 환경에서 살던 미생물의 후손으로 현재 지구의 수많은 혐기성

지역에서 버티고 있는 이 미생물들은 공기에 조금만 노출되어도 즉시 사망한다. 이들을 연구하는 실험실에서는 혐기성 밀폐용기 혹은 혐기성 방을 마련한다.

산소를 생산하도록 진화된 남세균이 이 대학살을 유발했다. 서오스트레일리아의 붉은 절벽을 비롯한 다른 곳의 붉은 철광이 그 증거이고, 이 절벽의 지질학적 위치는 이 중대한 사건이 언제 일어났는지를 알려준다. 지구의 지리적 일기장인 암석은 대기의 변화를 명확하게 영원히 기록한다. 대기의 이산화탄소와 기후 변화에 대해 우리가 미친 영향이 암석에 어떻게 기록될 것이고, 누가 이것을 보게 될까 궁금해하는 사람들도 있다.

하지만 눈에는 덜 띄지만 산소를 포함하게 된 대기가 끼친 대단히 긍정적인 영향, 즉 대기로 인해 만들어진 성층권 오존층을 간과해서는 안 된다. 자외선(UV)을 흡수하는 이 방어막이 없었으면 지구는 훨씬 적대적인 환경이 되었을 것이다. 어떤 사람들은 여과되지 않은 강렬한 자외선을 직접 받았다면 생명체가 존재할 수 없었을 거라고 말한다. 자외선은 세포 구성요소, 특히 DNA에 굉장히 치명적이다. 그래서 모든 호기성 유기체들은 오늘날의 낮은 자외선 레벨이 입히는 손상까지도 처리하는 DNA 복구 메커니즘을 갖고 있다. 몇 가지는 상당히 정교하다. 예를 들어 손상 정도와 위치를 파악하고, 손상된 DNA 섬유를 잘라 반대편 DNA를 정보처로 삼아 기능성 DNA로 대체한다. DNA 손상의 선택적 압력이 DNA 구조 자체를 구체화한다는 설득력 있는 증거도 있다. 여기서는 RNA에서 발견되는 핵산 염기 우라실Uracil(U)이 자외선에 덜 민감한 티민Thymine(T)으로 대체된다.

그래서 붉은 바위에는 우리 지구에 산소 기체가 풍부해지게 된 역사가 기록되어 있다. 지구상에는 철분을 포함한 바위가 크게 두 종이 있다. 호상철광층banded iron formation과 적색층red beds이다. 하지만 이들을 통해 산소와 산소 유입에 대한 이야기를 풀어놓기 전에 우선 무기화학에 대해서 조금 알아보자.

지구상에는 철이 아주 많다. 이것은 우주에서 여섯 번째로 풍부한 광물이고 지구상에서는 네 번째로 풍부하다. 철은 두 가지 산화물 형태로 존재한다. 제1철이라고 불리는 2가 철(Fe^{2+})과 제2철이라고 불리는 3가 철(Fe^{3+})이다. 제1철로 만들어진 화합물은 옅은 초록색이고 수용성이 강하다. 제2철 화합물은 일반적으로 수용성이지만 예외인 산화 제2철은 물에 거의 녹지 않는다. 산화철, 혹은 녹이라고도 불리는 산화 제2철은 붉은색이다. 그리고 제1철은 산소 기체를 만나 산화되어 산화 제2철이 될 수 있다.

지구상에서 가장 오래된 산화 제2철의 지질학적 형태인 호상철광층은 25억 년 전, 남세균이 우세해지면서 다량의 산소를 만들기 시작한 직후에 형성되었다. 이 철광층은 그 이름이 뜻하는 것처럼 밝은 색 철분이 부족한 지역과 구분되는, 붉은색 철분이 풍부한 호 모양의 암석이다. 이들은 주로 철광석으로 구성되어 있고, 산소가 없던 당시의 강한 환원적 환경에서 풍부했던 제1철이 다량 함유된 얕은 바다에 산화 제2철이 침전되어 만들어진 퇴적암이다. 암석이 호 모양을 띠게 된 것은 이 과정이 때때로 중단되었기 때문인데, 지질학자들은 아직 그 원인을 만족스러울 정도로 파악하지 못했다. 아마도 그 시기에 지구가 극도로 추워서('눈덩이 지구 현상') 남세균의 산소 생산이 중단되었거나 바다에 있는 제1철과 산소와의 접촉을 막는 얼음판이 생겼기 때문으로 추정된다. 호상철광층은 오늘날에는 형성되지 않는다.

호상철광층이 형성될 당시 지구의 대기에는 산소가 거의 없었다. 남세균이 산소를 생성하자마자 바다 속의 제1철 화합물이 이를 끌어들여 산화 제2철을 형성했기 때문이다. 지구의 철 공급량은 산소를 모두 고갈시킬 정도로 엄청났다. 오늘날에도 대기 중에 자유롭게 존재하는 산소보다 산화 제2철의 형태로 갇혀 있는 산소의 양이 훨씬 더 많다.

그러다가 약 20억 년쯤 전에 바다의 제1철 공급량이 감소하며 새롭게 생성된 산소가 대기 중에 넘쳐나기 시작해 결국 현재의 21퍼센트에 도달하였고, 당시 존재하던 미생물에게 진화적 가능성을 높이는 긍정적인 결과와 재앙 같은 영향을 동시에 미치게 되었다. 대기 중에 산소가 증가하게 된 시기는 최초로 나타난 적색층의 연대쯤으로 기록되어 있다.

적색층은 굉장히 귀중한 미생물 관찰지이고 서오스트레일리아는 특히 아름다운 적색층의 모습을 보여준다. 하지만 이런 것을 볼 수 있는 곳이 서오스트레일리아은 아니다. 최근에 나는 글레이셔 국립공원의 애벌랜치 호수 산책로에서 뚜렷한 호상철광층을 발견했다. 철광층은 지구의 진화사에서 중대한 사건을 명시하고 있으며, 지질학적으로 미생물의 영향력을 알려준다. 다음 번 미생물 관찰지에서는 미생물이 지구의 지질 형태를 바꿔놓은 또 다른 방식에 대해 알아보겠다.

칼스배드 동굴 방문

　뉴멕시코에는 80개 이상의 동굴들로 이루어진 대단히 유명하고 사람들로 북적이는 석회암 동굴지대가 있다. 그중에서 칼스배드 동굴은 믿기 어렵겠지만 다른 많은 석회암 동굴과 마찬가지로 미생물의 작품이다. 칼스배드 동굴은 1930년에 국립공원으로 지정되었고, 1995년에는 세계자연유산으로 지정되었다. 주 동굴은 그 크기와 아름다움, 그리고 엄청난 박쥐 떼로 유명하다. 깊이는 450미터가 넘고 종유석과 석순, 석주(종유석과 석순이 만난 것), 그리고 이름으로 모양을 짐작할 수 있는 커튼석, 동굴진주, 연잎, 동굴팝콘 등의 다른 구조물들이 화려하게 장식되어 있는 커다란 방들이 있다.

　칼스배드 동굴은 100만여 마리의 멕시코 꼬리박쥐와 그보다 좀 적은 여섯 가지 다른 종의 집이자 은신처이다. 꼬리박쥐는 낮에는 0.1제곱미터당 300마리씩 달라붙어 동굴의 완벽한 어둠 속에서 사냥할 능력이 없어 꼼짝 못하는 포식자들로부터 몸을 보호한다. 그리고 해질녘이 되면 곤충을 배불리 먹기 위해 동굴에서 빠르게 우르르 쏟아져 나온다. 가끔은 겨우 20분 만에 커다란 나선형 군집을 이루며 빠져나오기도 한다. 그런 다음 제각기 흩어져 곤충을 사냥하러 간다. 밤 사이에 수차례 곤충을 사냥하여 배를 불린 다음 이들은 새벽에 각각 혹은 작은 무리로 나뉘어 돌아온다. 돌아오는 모습은 나름의 방식으로 떠날 때와 마찬가지로 장관이다. 박쥐는 동굴 입구에 도착하면 날개를 접고 어둠 속으로 독특한 소리를 내며 뛰어든다. 현재는 박쥐들의 쇼를 거의 여름철에만 볼 수 있다. 10월 말경이나 11월 초에는 벌레가 더 풍부한 남부 멕시코 지역으로 이동하기 때문이다.

칼스배드 동굴이 형성된 과정에 관한 일반적인 내용은 비교적 오래전에 알려졌다. 하지만 미생물에 의존하고 있는 부분은 나중에 알려졌다. 동굴은 내륙 바다에서 침전된 다량의 방해석(탄산칼슘, $CaCO_3$의 결정 형태) 퇴적물로 만들어진 것이다. 이후 바닷물이 증발하고 지질학적 힘으로 방해석 덩어리가 위에 덮인 소금과 석고(황화칼슘 수화물, $CaSO_4$)를 뚫고 지표면 바로 아래까지 들려 올라간다. 그 후에 지표면이 갈라지며 황화수소를 포함한 물이 그 사이로 스며든다. 황화수소(H_2S)는 산화되어 황산(H_2SO_4)이 되고, 황산이 암석의 방해석과 반응하여 방해석을 석고와 탄산(H_2CO_3)으로 분해한다. 탄산은 물에 굉장히 잘 녹고 석고는 적당히 녹는다. 방해석은 불용성이다. 그래서 계속해서 스며드는 물은 석고를 녹이면서 구멍을 만들게 되고 이것이 결국 동굴이 된다. 우리 기준에서 본다면 100년에 겨우 5센티미터 정도 동굴이 형성된다는 것은 무척 느린 일이지만, 광대한 지질학적 시간에 비추어볼 때에는 상당히 빠른 속도이다. 장식은 천천히 생긴 것으로 50만 년 전, 동굴이 거의 다 형성된 후 우기에 시작되었다. 산성수가 방해석을 조금씩 녹이고 동굴 안에서 증발하여 우리가 감탄하는 아름다운 형태로 재형성된 것이다.

석회암 동굴이 형성되는 과정에서 미생물이 맡은 핵심적인 역할은 계속해서 활발하게 넓어지고 있는 동굴 연구를 통해 비교적 최근에 밝혀졌다. 여기에는 와이오밍 주 빅혼 카운티의 케인 동굴, 뉴멕시코의 레추기야 동굴, 이탈리아의 프라사시 동굴 등이 포함된다. 미생물들은 석회암 부식의 직접적인 원인이다. 이들은 균열을 만들고 함락공을 형성하고 지하수 통로를 만들어 지질학자들이 카르스트karst라 부르는 지형을 형성한다. 하지만 어떻게 그러는 것일까? 결정적인 단계는 황화수소가 황산으로 산화되는 부분이다. 최근까지 이 과정은 자발적인 것이거나 비생물적인 것으로 여겨졌다. 하지만 이제는 그렇지 않다는 사실이 밝혀졌다. 산화는 미생물이 일으키는 것이다.

이 작용을 하는 미생물은 독립영양세균(자가양분섭취)으로 모든 전구체, 즉 유기 양분을 대기 중의 이산화탄소로 만드는 미생물 종에 속한다. 빛 에너지로 대사 과정을 수행하는 남세균과 식물 같은 광합성 독립영양세균photoautotroph이라는 독립영양생물에 대해서는 여러 차례 이야기한 바 있다. 이 동굴과 다른 곳에서 찾을 수 있는 황화수소 산화 박테리아는 화학독립영양세균이다. 이들은 대사 에너지를 화학반응에서 얻는 미생물 종에 속하기 때문이다. 이들은 우리가 광산의 산성 배출수와 퇴비 더미에서 보았던 것과 같은 독립영양세균이다. 화학독립영양세균이라는 이름은, 확정된 것은 아니지만, 무기화학반응을 통해 에너지를 얻는다는 뜻이다. 인간과 같은 종속영양세균(다른 데서 양분을 섭취하는)이라는 유기체는 유기화학반응을 통해 대사 에너지를 얻는다. 우리는 이산화탄소로부터 우리의 대사전구체를 만들 필요가 없다. 우리에게는 이런 목적으로 사용하는 유기 화합물이 있기 때문이다.

대사 에너지를 얻기 위해 무기화학반응을 수행할 때 화학독립영양세균은 최종 산물로 황산을 만들고, 이 황산이 동굴을 더 넓힌다. 이 과정에서 박테리아는 성장하고, 복제하고, 생체 폐기물을 만든다. 태양이 비치는 대부분의 지구 환경에서 주된 생산자가 남세균, 조류, 식물인 것처럼, 이들은 동굴처럼 태양이 비치지 않는 어두운 환경에서의 주된 생산자이다. 이런 방식으로 이들은 동굴 내부에 미생물 매트를 형성하는 다른 미생물들의 성장을 돕는다. 이들은 에너지를 오로지 황화수소에서만 얻는 복잡한 자신들만의 미생물 생태계를 형성한다. 이 과정에는 햇빛이 필요하지 않다. 여러 가지 면에서 이 생태계는 바다 밑바닥의 열수공 근처에서 번성하는 미생물 생태계와 비슷하다.

달리 말하자면 이 미생물 1차 생산자들은 무기 화합물인 황화수소로 유기호흡을 해서 대사 에너지를 얻는다. 그 의미는 이들이 황화수소뿐만 아니라 산소 공급원도 필요로 한다는 의미이지만, 동굴 안의 일부 물속에서는 산소 공급이 그리 원활하지 않다. 미생물은 이 문제 역시 해결했다. 산소가 아닌 질산염을 산화제로 삼아 무기호흡에 의존하는 것이다. 황화수소(H_2S)와 질산염(NO_3^-)은 산화되어 황산(H_2SO_4)과 아질산염(NO_2^-)이 되며 대사 에너지를 방출한다.

미생물은 햇빛이나 유기 영양분의 도움 없이 자신들이 갖고 있는 대사적 수단만을 이용하여 동굴을 만든다. 동굴을 파면서 이들은 복잡한 지하 생태계에 양분을 공급하지만 이들이 가장 크고 가장 명확한 영향을 미치는 것은 지구 그 자체이다. 놀라운 일은 아니지만 황산의 생성 및 이로 인한 동굴 형성은 햇살이 없는 우리 발밑에서 이루어지고, 그렇기 때문에 생명체에도 굉장히 중요하다. 한때는 대부분의 생명체에게 적대적으로 여겨졌던 환경인 동굴이 돌을 깎고 다듬는 미생물의 능력 덕택에 기능하는 생태계를 유지시켜주게 된 것이다. 당연하게도 한때는 전혀 다른 분야였던 지질학과 미생물학도 지금은 겹쳐 있다. 지질미생물학geomicrobiology이라는 단어도 이제는 확실하게 자리를 잡았다.

흙냄새

갓 갈아놓은 비옥한 토양에서는 흙냄새라고밖에는 말할 수 없는 독특한 냄새가 난다. 모든 사람들이 흙냄새에 익숙할 것이다. 이 역시 미생물이 유발하는 것이다. 냄새 자체는 굉장히 강렬한 냄새를 풍기는 지오스민geosmin(흙냄새라는 뜻)이라는 비교적 간단한 탄소 12개짜리 이중고리구조 때문이다. 보통 사람들은 공기 1리터 중에 이 분자가 4나노그램(1그램의 1조 분의 4)만 있어도 냄새를 느낄 수 있다. 이것은 0.00052ppm의 농도로 가스레인지에서 가스가 샐 때 사람이 느낄 수 있도록 천연가스에 첨가하는 굉장히 악취가 심한 화합물인 메틸메르캅탄의 농도(0.0011ppm)의 절반에도 못 미친다.

몇 가지 남세균과 다른 몇 개의 유기체들 역시 지오스민을 만들지만 흙냄새는 대부분 토양 안에서 자라는, 흔히 방선균류라고 알려진 악티노박테리아Actinobacteria에서 나온다. 이 박테리아는 페트리 접시 안의 간단한 배지 표면에 아무 흙이나 희석한 액체를 발라주기만 하면 쉽게 키울 수 있다. 이 배지 표면에서 자라는 대부분의 군집들은 방선균이다. 이들은 오렌지색, 노란색, 파란색, 자주색의 아름답고 다양한 파스텔 톤으로 나타난다. 이들 모두가 지오스민을 만들기 때문에 모두 다 흙냄새를 풍긴다. 방선균('방사성 균류')라는 이름이 암시하는 대로 이들은 균류의 몇 가지 특성을 갖고 있다. 이들의 세포는 긴 관상이어서 고체 배지 안으로 뚫고 들어가 서로 엉킨 덩어리 형태를 이루고 있으며 배지 표면에서 포자층을 형성한다. 만약 색깔과 냄새 외의 증거가 필요하다면, 바늘로 방선균 군집을 건드려 그 응집성을 확인하면 알 수 있을 것이다.

지오스민은 향긋한 흙냄새의 원인이기도 하지만 음용수나 생선, 비트, 심지어는 와인 같은 특정한 음식을 먹을 때에는 별로 좋지 않다. 몇 가지 섬유상 남세균 종은 저장고의 물에 지오스민을 비롯한 다른 불쾌하고 악취 나는 화합물인 2-메틸이소보네올2-methylisoborneol(2-MIB)을 첨가하는 주범으로 확인되었다. 이런 오염은 심각한 문제이다. 이 두 화합물이 음용수를 처리하는 통상의 방법으로는 사라지지 않기 때문이다.

남세균은 또한 경험상 배스, 송어, 철갑상어, 틸라피아 같은 양식 민물 생선에서 흙냄새인 지오스민 냄새와 맛을 풍기는 원인이기도 하다. 평소 좋아하던 생태학적으로도 우호적인(다른 물고기를 먹지 않는 채식주의 물고기이다) 틸라피아를 샀는데, 마치 진흙탕에 튀긴 것 같은 맛이 났던 적도 있다.

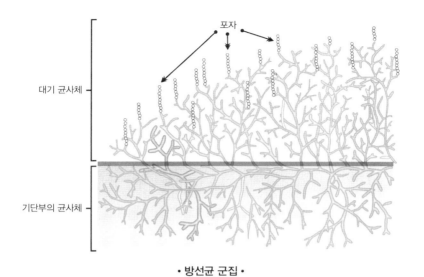

지오스민은 또한 와인에 '코르크' 냄새(때로는 습한 지하실 같은 냄새라고도 한다)를 나게 한다고도 한다. 우아한 레스토랑에 있는 소믈리에가 코르크를 내미는 이유가 바로 이것이다. 이런 냄새를 내는 것은 코르크에서 자라는 균으로 보인다. 비트는 스스로 지오스민을 만들고 껍질에 농축시키곤 한다.

어쨌든 방선균은 지오스민의 가장 유명한 생산자이고 흙냄새를 내는 가장 큰 원인이다. 이들이 왜 이런 냄새를 만드는지는 아직까지 미스터리이다. 하지만 방선균은 독특한 화합물을 만드는 데 선수이다. 이들은 우리가 이미 이야기한 바 있지만 항생제의 주요 생산자이고, 왜 이들이 생명을 구해주는 이런 화합물을 만드는지 역시 명확하게 밝혀지지 않은 상태이다.

요세미티 산책

요세미티 골짜기나 다른 삼림지대를 산책하는 것은 가벼운 미생물 관찰을 하기에 적격이다. 이런 곳들은 미생물 관찰 기술을 연습하고 늘리는 데에 좋은 곳들이다.

요세미티 골짜기에서 미생물 관찰자들에게 가장 인상적인 관찰지 중 하나는 장엄한 화강암 벽을 타고 내려오는 여러 개의 검은 줄이다. 이것들은 남세균이다. 광합성 세균인 이들은 햇빛에서 대사 에너지를 얻을 수 있으며 이산화탄소로부터 대사전구체를 만들 탄소를 얻는다. 그리고 대기 중의 질소를 고정시킬 수도 있다. 남세균은 광물 공급원만 있으면 되는데 이것은 화강암에서 얻을 수 있으며, 물은 봄에 이쪽 경로로 흐른다. 그래서 그 무렵에는 번성한다. 그러다 휴면세포 상태로 여름의 열기와 건조함, 겨울의 차가운 기온을 견디고 이듬해 봄에 물과 온기가 되돌아오면 다시 자라게 된다.

적당한 계절에 개울 근처에서 모래땅 위로 루피너스가 자라는 모습을 볼 수 있다. 그중 하나의 뿌리를 살펴보면 뿌리혹을 발견할 수 있다. 이 뿌리혹 하나를 칼로 잘라보면 5장에서 이야기한 콩과 식물의 뿌리혹에서처럼 리조비아 종에 속하는 질소고정 박테리아가 활동하고 있다는 뚜렷한 증거로 새빨간 내부를 확인할 수 있다. 그 근처에서는 화수(줄기 끝에 뭉쳐나는 포자엽)를 가진 자작나무의 친척인 오리나무를 발견할 수 있을 것이다. 이들 역시 뿌리에 프란키아frankia 속에 속하는 질소고정 박테리아가 있어서 주변을 더욱 비옥하게 만들어준다. 협곡 벽에 있는 검은 줄무늬 남세균도 질소를 고정시키는 데 약간 공헌을 한다.

가장자리 초원에 있는 작은 로지폴Lodge pole 소나무들은 현재 초원인 곳에 줄줄이 늘어서서 숲을 이루고 있다. 이 나무 중 일부에는 지난겨울의 눈과 균류의 공격을 받은 상처가 있을 것이다. 낮은 가지 몇 개에는 검게 변색된 이파리들이 매달려 있다. 이것이 이 지역에서 처음 눈이 녹으며 형성된 따뜻하고 습한 구멍내에서 균류가 자랐던 증거이다. 지금은 사라지고 없을 작년의 작물이 떨어뜨린 낙엽성 이파리들은 사실 셀룰로오스 분해 미생물, 즉 협력해서 작업하는 균류와 박테리아 연합체들에 의해 식물을 키우는 질소 및 광물 성분으로 전환된 것이다.

늦봄에는 자낭균류와 담자균류의 자실체 덩어리인 버섯을 볼 수 있다. 몇 개는 경험 많은 버섯 애호가들이 기꺼이 채집해서 먹는 그물버섯일 수도 있고, 몇 개는 독이 있고 때로는 치명적인 독버섯일 수도 있다. 작은 안내서와 경험 많은 채집가가 어느 것이 어느 것인지 구분하는 것을 도와줄 것이다. 조금만 공부하면 어떤 숲이든 강가든 산책을 하는 모든 곳이 미생물 관찰을 하기에 좋은 곳임을 깨닫게 될 것이다.

13

인간과 친숙한 미생물

**MARCH OF
THE MICROBES**

"

대부분의 미생물들은 우리에게 별 해를 끼치지 않지만,
몇몇은 우리를 상당히 아프게 만든다.
편모충은 병을 일으키는 것으로 확인된 최초의 미생물 중 하나이고,
친족 관계의 미생물인 와포자충은 질병을 일으킨다고 가장 최근에 인지된 원생생물이다.
미토콘드리아가 없는 원시 원생생물은
미생물학의 초창기부터 사람들을 매료시켰고 지금도 계속되고 있다.

"

원생생물은 일반적으로 일종의 잔존 미생물, 균류와 단세포 조류를 제외한 나머지 진핵 미생물들로 이루어져 있다고 규정된다. 운동성 있고 광합성을 하지 않는 것들은 한때 분류학적으로 나뉘어 원충protozoa이라고 불렸다. 그 이름이 여전히 쓰이긴 하지만 유기체 집단 사이의 관계를 규정하는 현대적인 분자 이론에서는 이를 채용하지 않는다. 몇 개의 광합성 원생생물과 비광합성 원생생물은 상당히 가까운 친족관계이기 때문이다. 나머지라는 지위에도 불구하고 원생생물은 외형과 활동 면에서 굉장히 흥미로운 미생물 집단이다.

이들은 보통의 박테리아보다 종종 열 배 가까이 크기 때문에 일반적인 실험실 현미경으로 이들의 복잡한 세포 구조를 확인할 수 있다. 몇 개는 맨눈으로도 보일 정도라서 미생물이라는 이름을 무색하게 만든다. 모두 염색도 필요 없이 일반 현미경으로 명확하게 보이기 때문에 우리는 이들을 살아 있는 채로 관찰할 수 있다. 이들이 헤엄을 치고, 갑자기 멈추거나 몸을 돌리고, 가끔은 서로를 잡아먹는 흥미진진한 활동을 확인할 수 있는 것이다. 고등학교 생물 수업 시간에 현미경으로 관찰하는 연못 안의 생물체들은 대부분 원생생물이다. 우리는 이들과 생명의 나무에서 진핵생물군의 가지를 공유하고 있다. 이들의 진화사는 원핵 미생물보다 우리들에게 더 가깝다.

지금까지 여러 가지 원생생물을 살펴보았지만, 여기서는 우리 삶에 직간접적으로 영향을 미치는 원생생물을 좀더 보도록 하겠다.

초록색과 하얀색 산호초

북위 30도와 남위 30도 사이의 비교적 얕은(30미터 깊이 이내) 열대 바다에서 스노클링을 하다 보면 어디든 산호초를 지나치게 된다. 미국 서해안만은 예외이다. 그곳의 바다는 바다 깊은 곳에서 올라오는 차가운 물과 그쪽을 지나는 한류 때문에 상당히 차갑다. 산호는 온도가 섭씨 16도 이하로 내려가는 물에서는 자라지 못한다. 또한 비슷한 이유로 아프리카 서해안에도 거의 존재하지 않는다. 산호초 주변을 스노클링 하다 보면 이들의 색깔이 다양하다는 것을 눈치 챌 수 있다.

하얀 얼룩이 있는 산호는 초록색보다 훨씬 더 아름답지만, 이런 산호는 대부분의 경우 죽을병에 걸린 것이다. 양분을 공급하는 공생관계의 미생물, 대체로 배가 지나간 길에서 빛을 내거나 구름을 형성하는 진핵 미생물(원생생물)과 같은 집단에 속하는 한 종 이상의 와편모충류를 잃고 있는 상태이다.

단단한 돌 같은 산호초(경산호)는 여러 가지 형태를 이루는데 이들의 이름도 종종 그 형태를 반영한다. 콜리플라워 산호, 레이스 산호, 가지 산호, 뇌 산호, 쌀 산호, 버섯 산호 등이 그 예이다. 연산호는 다양한 형태를 이룰 수 있다. 산호의 색깔 역시 갖고 있는 와편모충류의 종류와 이들이 내는 빛의 강도와 질에 따라 노란색부터 초록색, 푸르스름한 색에서 갈색에 이르기까지 다양하다. 대부분의 광합성 미생물의 경우와 마찬가지로 와편모충류가 갖고 있는 빛 채집 색소 구조가 다양해서 자신들이 쬐는 빛을 최대한 활용하기 위해 다양한 색깔을 지니게 된다.

건강한 산호에 색깔을 주는 와편모충류는 해양 동물과 공생관계를 이루는 것이 전문인 갈충조(주산셀러zooxanthellae)라는 군에 속해 있다. 하지만 주산셀러 군의 몇몇 종은 대부분의 다른 와편모충류처럼 독립생활을 할 뿐 절대로 공생관계를 이루지 않는다. 독립생활을 하는 종 중에서도 여러 가지가 산호 및 조개, 갯민숭달팽이, 편형동물, 말미잘, 연체동물, 해면, 해파리 같은 다른 해양동물들과 공생을 한다. 독립생활 상태에서 주산셀러는 두 개의 편모를 가진 여느 와편모충류 같은 모양을 하고 있다. 한 개의 편모는 세포 몸통의 홈을 감싸서 특유의 바싹 조이는 듯한 모양을 만든다. 이들은 독립생활을 할 때 다른 미생물을 흡수해서 양분의 일부를 삼는다.

하지만 주산셀러가 공생관계를 이루면 이들은 편모와 그 특유의 형태를 잃는다. 자신과 숙주에게 양분을 공급하기 위해서 오로지 광합성에만 전념하는 특징 없는 타원형 세포가 된다. 주산셀러와 산호의 공생은 산호의 번성과 심지어는 생존까지 이 양분 공급원에 달려 있기 때문에 최근에 집중적인 연구 대상이 되었다. 산호는 바다 생태계에 중대한 영향을 미친다. 해양학자들은 이것을 바다 생태계가 손상되는 초기 경고로 여긴다. 광산 안의 카나리아처럼 이들은 환경오염의 영향을 가장 먼저 보여준다.

폴립polyp이라고 불리는 산호 각 개체는 꽤 작고 눈에 띄지 않는 말미잘 같은 동물이다. 각각의 폴립은 지름이 겨우 몇 밀리미터에 불과하고 길이는 그 2~3배 정도이다. 위쪽 끝에는 중앙의 입을 둘러싼 상대를 쏘는 촉수들로 둘러져 있다. 산호는 이 촉수를 이용해서 다양한 종류의 식물 플랑크톤을 잡아먹는다. 하지만 산호의 주요 양분은 폴립이 구하는 것이 아니다. 이들은 조직 안쪽에 자리하고 사는 와편모충 공생체에게 양분을 공급받는다. 이 공생은 산호만큼이나 와편모충류에도 득이 된다. 산호는 와편모충류에 집과 광합성을 할 수 있는 고농도의 이산화탄소를 제공하고, 그 대가로 와편모충류는 산호에게 탄수화물과 아미노산을 포함한 양분을 공급한다. 산호 폴립은 유전적으로 동일한 개체들이 원형질로 가득한 관coenosarc으로 서로 연결되어 양분과 와편모충류 공생체를 서로 교환하며 커다란 군집을 이루어 함께 산다. 경산호의 폴립은 자라면서 아름다운 모양의 탄산칼슘으로 이루어진 돌 같은 외형질을 형성한다.

시간이 흐름에 따라 이 산호 폴립 군집들은 생태학적·지리학적으로 큰 영향을 미치는 대형 산호초를 만들었다. 산호초는 물고기, 조류, 불가사리, 말미잘, 그리고 물론 미생물을 포함한 광대하고 복잡한 다른 생물체 사회에 은신처를 제공해준다. 질소고정 남세균은 특히 이 공동체에서 중요한 일원이다. 이들은 영양분이 부족한 열대 바다에서 공급량이 적은 필수 양분인 사용 가능한 질소를 공급하여 산호초의 건강과 번식에 큰 도움을 준다. 곧 보겠지만 다른 박테리아들은 산호초에 안 좋은 영향을 미친다. 이들은 산호초의 중요한 양분 공급원인 와편모충류 공생체를 공격하고 가끔은 죽이기도 한다.

산호는 공생하는 와편모충류에게 필요한 빛을 받으면서도 물에 잠겨 있어야 하는 자신들의 상태를 만족시키기 위해서 비교적 얕은 물에만 산다. 따라서 대체로 열대 섬의 해안가에 형성되고, 산호초와 해안 사이에는 나름의 특수한 생태계인 초호가 만들어진다. 태평양 같은 특정 지역에서는 섬 자체가 가라앉아 텅 빈 초호를 둘러싼 원형의 산호초만이 남아 있는 경우도 있다. 환초라고 불리는 이런 섬 없는 산호초에는 비키니, 미드웨이, 콰잘레인이 있고, 제2차 세계대전과 그 이후에 벌어진 사건들 때문에 유명해지게 되었다. 콰잘레인은 초호의 길이가 약 100킬로미터에 이르는 세계에서 가장 큰 환초로 1944년 1월 3,500명의 일본 방어군 중 51명만이 살아남은 격전지였다.

보초는 환초와 섬의 관계처럼 내륙과 동일한 관계를 갖고 있다. 내륙이 계속적으로 침강하면 산호초와 본토 사이에 큰 해협이 형성된다. 이런 산호초 중 가장 큰 것이 오스트레일리아 북부의 그레이트 배리어 리프로, 길이가 2,000킬로미터 정도이다. 이런 거대한 산호초라면 굉장히 오래되었을 것 같지만, 전 세계의 산호초들은 1만 년이 채

되지 않았다. 모두가 지난 빙하기 이후에 만들어진 것들이다. 하지만 모든 산호초들이 계속 자라는 것은 아니다. 몇몇 산호초들은 회색이나 하얀색으로, 더 이상 생명을 유지하고 있지 못하다.

위기의 하얀 산호초는 산호 폴립이 숙주의 표면에 자리한 주머니로부터 와편모충류 공생체를 능동적으로 방출하는 '표백'이라는 과정을 거치고 있는 것이다. 어떤 종류의 환경적 스트레스든 와편모충류의 광합성 생산성을 떨어뜨릴 수 있고, 그 결과 폴립이 폴립 내에 있는 집에서 양분을 공급하는 파트너들을 제거하기 시작하는 것이다. 도심지와 농장 지역 근처의 산호초는 오염물질과 하류를 따라 산호초로 흘러내려온 퇴적물로 스트레스를 받는다. 지구의 오존층이 얇아지면서 더 강해진 자외선도 산호의 스트레스 요인이다.

과도한 생선 남획도 산호의 표면에서 자라는 조류를 갉아먹는 채식성 물고기의 숫자를 줄이기 때문에 산호초를 망가뜨릴 수 있다. 물고기가 적어지면 조류가 늘어나 산호를 가리고 와편모충류가 광합성을 효과적으로 하지 못하게 만든다. 와편모충류가 식량을 생산하지 못하면 산호 폴립은 이들을 쫓아낸다. 가정용 어항에서 기르는 작은 열대성 물고기와 사람이 먹기 위해 잡는 특정 물고기들은 산호초에서 조류를 없애주는 중대한 공헌자들이다. 최근 몇 년간 굉장히 낭비적인 방식으로 양쪽 물고기들이 모두 대량으로 남획되었다. 예를 들어 쉽게 잡으려고 산호초 주변의 물에 시안화물을 첨가하여 물고기를 마취시키는 것은 상당히 흔한 일이 되었다. 물고기들은 대부분 이런 것을 견디지 못한다.

하지만 바닷물이 따뜻해지는 것도 와편모충류가 살기 힘들어지는 주요 원인으로 보인다. 이로 인해 산호는 와편모충류를 쫓아내고 표백된다. 일시적인 온도 상승이 엘니뇨 때문인지, 아니면 장기적인 지구 온난화의 결과인지 모르지만 바다의 수온이 단 몇 달 동안 겨우 몇 도만 올라가도 산호를 표백시킬 수 있다. 표백된 산호 일부는 와편모충류 공생체를 다시 얻고 회복되지만, 표백 기간이 길어지면 다수의 산호가 죽는다. 1980년부터 시작된 표백의 빈도와 범위가 전 세계적으로 점점 넓어지고 있다. 오염 및 질병과 함께 표백은 1995년부터 2005년까지 세계의 산호초 중 16퍼센트를 죽였다.

최근에 산호의 표백이 적응 기법 중 하나라는 이론을 뒷받침하는 강력한 증거가 나왔다. 표백은 산호의 생존을 위한 진화적 선택이라는 것이다. 만약 산호의 공생체 파트너가 양분을 공급하는 일을 만족스럽게 하지 못하면 산호는 이들을 쫓아내고 이후에 더 나은 양분 공급자를 구하게 된다. 이런 식으로 산호는 변화하는 환경에 적응하는 것이다. 이 과정은 굉장히 진화된 것이고 정교한 것이며, 이전의 환경적 문제로부터 산호가 살아남는 것을 도와주었을 것이다. 이런 적응은 환경적 공격을 견뎌내는 방향으로 진화하는 미생물의 뛰어난 능력을 기반으로 한다. 미생물에게 항생제의 공격으로부터 살아남기 위해 빠르게 진화하는 능력이 있음은 앞에서 살펴봤다. 하지만 산호와 이들의 공생 파트너가 겪고 있는 오늘날의 연속적인 환경적 공격은 이런 적응 계획이 성공하기 어려울 정도로 빠르고 광범위하다. 환경 변화의 가속도가 산호와 와편모충류가 적응할 수 있는 진화적 능력을 앞서간다.

어느 국제적인 과학자 컨소시엄에서는 최근 산호초가 완전히 사라지기보다는 변화할 것이라는 결론을 내렸다. 하지만 여전히 산호초가 입는 손상은 크고 앞으로도 계속 커질 것이다. 같은 컨소시엄에서 산호초가 전 세계적으로 심각한 수준으로 감소되고 있으며, 완벽한 산호초는 하나도 남지 않았다는 결론을 내렸다. 남아 있는 산호초 중에서 60퍼센트 가까이가 2030년이 되기 전에 사라질 것이다. 산호초를 구하려면 지구 온난화를 늦추거나 막아야 하고, 어획금지구역 등 어류 보호구역을 설정해야 한다. 이렇게 하면 산호 유충과 다 자란 산호가 근처의 어획 지역으로 전파되어 은신처 역할을 해줄 수 있을 것이다.

산호가 마주하고 있는 또 다른 환경적 위협 요인도 있다. 이것은 미생물적인 것이다. 약화된 산호는 흑환병black band disease과 노란반점병, 혹은 황환병 같은 박테리아성 질병의 발발에 취약하다. 카리브 해에 창궐했던 황환병은 사람들에게 치명적인 콜레라를 일으키는 비브리오 콜레라 박테리아와 가까운 친족인 비브리오 속의 박테리아 종이 일으킨 것이다. 흥미롭게도 이 박테리아는 산호와 공생하는 와편모충류 파트너를 공격하여 이들의 세포벽을 분해시킨다. 산호 자체는 공격하지 않는다.

하얀 산호는 아름답기는 해도 이것은 바다의 풍요로움이 크게 위협받고 있다는 전조이다. 우리는 그저 약간의 개입으로 미생물 진화가 빠르게 이루어져 전 세계의 풍부한 산호초 생태계를 살릴 수 있기만을 바라는 수밖에 없다.

붉은 바다

적조는 미국의 동서 해안을 포함하여 지구상의 수많은 장소에서 여름 동안 대단히 빈번히 나타나는 현상이다. 바다의 넓은 지역이 대증식bloom이라 불리는, 색깔이 있는 식물 플랑크톤의 대규모 증식으로 뒤덮인다. 색을 띤 바다는 해양 생물과 조개류를 좋아하는 사람들 모두에게 위험 신호이다.

적조 때 발견되는 미생물 일부는 물고기를 대량으로 죽일 수 있는 강력한 독성을 생산한다. 적조가 인간에게 미치는 위험은 대체로 간접적인 것이다. 굴, 조개, 가리비, 홍합 같은 여과섭식형 연체동물들은 별 영향을 입지 않지만 다량의 독성이 축적되어 포식자에게 해를 입히거나 치명적일 수 있다. 이 미생물 관찰지는 서양 속담의 기반이 된다. 바로 영문 명칭에 'r'이 없는 달에는 해산물을 먹지 말라는 것이다. 여름철에 따뜻해진 물은 해산물에게 독성이 있을 위험을 높인다. 이 금언은 민물 생선에도 적용된다. 유독한 식물 플랑크톤의 증식은 바다에만 한정된 것이 아니기 때문이다. 이들은 내륙에서도 비슷한 재난을 일으킨다.

적조는 인류사 전반에 걸쳐 일어났으며 두려움의 대상이 되어왔다. 성경에 나오는 이집트의 역병 중 하나도 바로 이 적조라는 것을 분명하게 알 수 있다. "강의 모든 물이 핏빛으로 변하였다. 그리고 강물에 있던 물고기들이 모두 죽었다. 강물에서는 악취가 풍겼으며 이집트인들은 강물을 마실 수가 없었다."(《탈출기》7 : 20−21)

'적조'라는 말은 사실 오해의 여지가 있는 단어이다. '적색'과 '조수'라는 두 단어 모두 부적절하다. 유독성 증식을 하는 식물 플랑크톤 대다수는 와편모충류이고, 이 미생물은 하얀색과 초록색 산호에 대해 이야기할 때 본 것처럼 색깔이 다양하다. 사실 빨간색 외에도 초록색, 오렌지색, 갈색으로 대증식 현상을 보인다. 그리고 영향을 받는 모든 물이 조수인 것도 아니다. 그래서 과학자들이 선택한 단어는 유해 조류 번성harmful algal bloom(HAB)이다. 물론 이 말에 불길한 느낌이 빠져 있기는 하다. 적조를 유해 조류 번성이라고 부르는 데에는 또 다른 문제가 있다. 조류라고 여겼던 미생물이 지금은 원생생물로 분류되었기 때문이다. 게다가 규조류와 남세균을 포함한 다른 미생물들 역시 유독성 증식을 유발시킨다. 나이 많은 과학자들 몇 명만이 여전히 남세균을 남조류라고 부른다.

해양 증식을 하는 이 모든 미생물들은 바다의 식물 플랑크톤 일부이다. 이 책의 다른 부분에서 보았듯이 식물 플랑크톤 사회는 굉장히 넓고 복잡하며, 지구 생태계에도 대단히 중요하다. 우리들의 생존도 이들에게 달려 있다. 식물 플랑크톤은 광합성 과정에서 사용 가능한 모든 이산화탄소의 절반 정도를 소모하기 때문에 바다의 생산성과 기후 변화의 균형을 맞추는 데에 핵심적인 구성 요소이다. 이미 식물 플랑크톤 속에서 5,000종 이상의 미생물을 확인했고 빠른 속도로 새로운 것들을 파악하고 있다. 이 중 몇 십 가지 정도만 HAB를 일으킨다.

그 영향력 정도는 다양하다 해도 HAB는 일반적으로 두 가지 중 한 종류이다. 하나는 독소를 생산하여 해를 입히는 미생물로 이루어진 것이고, 다른 하나는 그저 대량으로 증식했기 때문에 해를 입히는 것이다. 후자는 물고기의 아가미를 틀어막아 아프게 만들거나 죽인다. 더 문제가 되는 것은 이들이 바닷속이나 내륙에서 산소를 고갈시켜 물고기를 대량으로 죽이는 것이다. 광합성 원생생물로 이루어졌든 남세균으로 이루어졌든, HAB는 건강하고 햇빛을 잘 받으면 산소를 생성한다. 하지만 밤이면 산소 생성을 멈추고, 대신 호흡을 해서 산소를 소모하거나 때로는 완전히 고갈시키기도 한다. 상황이 안 좋으면 증식한 박테리아들도 죽고 호흡하는 박테리아들이 HAB의 미생물들을 공격한다. 그러면서 주변의 산소를 전부 다 소모한다.

독소를 생산하는 미생물 떼는 유해할 정도의 밀도까지 이르러서는 안 된다. 몇몇은 가장 유독한 물질로 알려진 것들이다. 이들은 여과섭식 쌍각조개류에 의해 농축되어 인간에게까지 전달된다. 물론 가끔은 수영을 하거나 직접 섭취하거나 아니면 그저 HAB 물보라에 노출된 것만으로 중독되기도 하지만 말이다. 고래, 바다사자, 바다코끼리 같은 해양 포유동물들 역시 영향을 받고 몇몇 새들도 마찬가지이다.

HAB와 관련된 질병은 독소가 유발하는 주된 증상들로 구분한다. 신경독성, 마비, 설사, 심지어 기억상실도 있다. 특정 미생물들은 특정 독소를 생산하고 이들은 같은 장소에서 반복적으로 증식하는 경향이 있다. 예를 들어 브레비톡신 A brevitoxin A를 생산하는 와편모충류 짐노디니움 브레베Gymnodinium breve의 증식으로 발생하는 적조는 조건이 맞다면 항상 플로리다 만 연안에서 발생한다. 카리브 해, 하와이, 괌에서 더 넓게 퍼지는 것은 시가테라 식중독으로 시가톡신

ciguatoxin과 마이토톡신maitotoxin을 방출하는 다양한 갑주형 와편모충류로 인해 생기는 것이다. 북부 지역에서는 마비성 갑각류 독성을 유발하는 삭시톡신saxitoxin을 방출하는 와편모충류의 영향을 받는다. 또 특정 규조류(슈도－니치시아 spp. *pseudo-nitzschia spp.*)는 도모산을 방출하여 희생자에게 망각성 패독을 일으킨다. 와편모충류인 디노피시스 spp. *dinophsis spp.*는 전 세계적으로 오카다산을 방출하여 설사성 패독을 일으킨다.

같은 지역에서 재발하는 이유는 아마도 와편모충류의 휴면세포인 포낭cyst의 구조 때문일 것이다. 계절이 끝날 무렵이면 이들은 생식세포(생식체)를 형성하여 짝을 짓고 포낭을 생성한다. 포낭은 밑바닥으로 가라앉아 미생물의 생물학적 보관소를 만들었다가 조건이 다시 적절해지면 발아하여 대증식을 일으킨다. 최근 몇 년간 HAB의 빈도와 강도가 증가하고 있다는 사실에는 의문의 여지가 없다. 이유는 여러 가지가 있다. 당연히 지구 온난화 탓도 있고, 사람들의 거주지와 농장에서 나오는 질소와 인산염이 풍부한 유출수가 증가한 탓도 있다.

우리는 이미 HAB를 일으키는 주된 미생물 집단 중 두 개(와편모충류와 남세균)는 여러 번 보았지만, 세 번째(규조류)는 보지 않았다. 이들은 식물 플랑크톤을 이루는 가장 규모가 큰 집단 중 하나이다. 규조류를 구분하는 특징이라면 유리를 만드는 주재료인 실리카(수화 이산화규소, SiO_2)로 이루어진 독특하고 굉장히 아름다운 형태의 세포벽이다. 규소는 지구상에 가장 풍부한 물질로 그 산화 형태인 무수규산silica은 자연계 어디에서나 발견된다. 이것은 육지와 비열대지방 바다

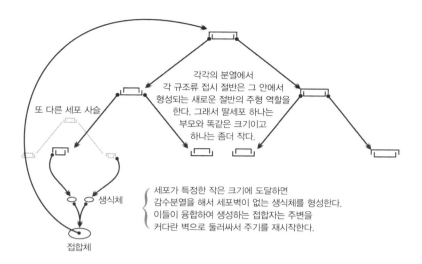

각각의 분열에서
각 규조류 접시 절반은 그 안에서
형성되는 새로운 절반의 주형 역할을
한다. 그래서 딸세포 하나는
부모와 똑같은 크기이고
하나는 좀더 작다.

또 다른 세포 사슬

생식체

세포가 특정한 작은 크기에 도달하면
감수분열을 해서 세포벽이 없는 생식체를 형성한다.
이들이 융합하여 생성하는 접합자는 주변을
커다란 벽으로 둘러싸서 주기를 재시작한다.

접합체

• 규조류의 흥미로운 라이프 사이클 •

모래의 주요 구성성분이다. 석영, 수석, 오팔 같은 광물에도 무수규산
이 들어 있다. 하지만 무수규산은 생물학적 구조면에서 상당히 희귀
한 구조를 갖고 있다. 규조류, 쇠뜨기(속새류), 그리고 몇 가지 해면만
이 잘 알려진 예외이다.

규조류의 무수규산 벽은 판막 혹은 껍질frustule(라틴어로 '반으로 잘
린'이라는 뜻)이라는 두 개의 나뉜 판으로 이루어져 있다. 이 껍질은 두
개로 자른 페트리 접시나 약상자처럼 딱 들어맞는 형태로 하나가 다
른 하나와 살짝 겹친다. 비팽창 무수규산 벽으로 둘러싸인 규조류 세
포의 분열 복제는 굉장히 어려운 일이지만 의외의 방법으로 해결된
다. 세포 분열 중에 절반의 벽 각각이 거기 들어맞는 새로운 절반을

만드는 원형 역할을 한다. 물론 이는 분열할 때마다 자손 세포의 평균 크기가 점점 더 작아진다는 의미이다. 세포 크기가 기능적 한계에 도달하면 이 과정이 처음부터 다시 시작된다. 어떤 세포들은 무수규산벽에서 빠져나와 생식체가 되어 융합하여 접합체를 형성한다. 이 접합체는 새롭고 더 큰 페트리 접시 형태의 세포벽을 주위에 두르고 있다.

규조류는 생명체를 모든 위급한 상황에서 구원해준다. 다른 생명체들은 이들을 잡아먹고, 이들은 수많은 성장을 저해하거나 치명적인 사건들로 인해 사망한다. 죽은 후에는 다른 생명체들처럼 부패하지만, 이들의 세포벽은 거의 파괴가 불가능하다. 이 세포벽은 바다 밑바닥과 내륙 하천 밑바닥에 두툼하게 쌓이고, 지각의 움직임에 따라 고르게 분배된다. 이런 규조류 세포벽이 쌓인 것은 규조토 *diatomaceous* 나 키셀구르 *kieselguhr* 라고 알려져 있는데 중요한 거래 대상이다.

여러 사용처 중 가장 유명한 것은 1880년대에 알프레트 노벨이 고안하여 그에게 부를 안겨준, 다이너마이트이다. 규조토는 인류의 업적에 대해 수여하는 세계에서 가장 유명한 상의 재정적인 뒷받침을 해주게 되었다. 다이너마이트는 굉장히 폭발적이고 불안정하고 위험한 니트로글리세린을 규조토 안에 넣어 안정화시키고 이동할 수 있게 만든 것이다. 사용하기가 대단히 쉽기 때문에 이것은 20세기 초반 노사분쟁을 진압하는 끔찍한 새로운 무기로 사용되었다. 싸고 저장하여 이동하기 쉽고 사용하기도 비교적 안전한 다이너마이트는 화약이 봉건체제를 뒤흔든 것과 비교하여 '다이너마이트 숭배'라는 분위기를 조장했다.

규조토가 상업용으로 사용되는 또 다른 예는 바퀴벌레를 퇴치하는 데 효과적인 달콤한 연고 타입의 약을 만드는 분야이다. 가루 형태인 규조토는 개미와 빈대 같은 다른 해충들도 진압할 수 있다. 규조토는 벌레의 외피를 마모시키고 건조시켜 환경 친화적인 방법으로 이들을 죽인다. 벌레들은 규조토에 대한 내성을 키우지 못했고, 사람을 포함한 다른 동물들은 여기에서 안전하다. 포유동물에게는 전반적으로 무해하고, 심지어 사료가 덩어리지는 것을 막기 위해서 동물 사료에 첨가하기도 하지만, 피부를 건조하게 만들고 반복적으로 섭취할 경우 규폐증silicosis을 일으킬 수도 있다.

사람들이 규조토를 사용한 것은 최근의 일이 아니다. 고대 그리스인들은 건축 재료이자 연마제로 규조토를 사용했다. 규조토를 가루로 갈아버리지 않고 세포벽이 뭉쳐 있는 덩어리 상태로 채취하면 건축 재료나 단열재로 사용할 수도 있다. 다량의 규조토는 시멘트를 만들 때도 사용된다.

규조토를 비상업적이고 즐거운 방향으로 사용하려면 현미경으로 들여다보면 된다. 수영장을 깨끗이 하는 데 사용되는 규조류가 든 여과조제나 규조토를 포함한 살충제로 규조토 현탁액을 만든다. 이제 현미경을 들여다보자. 염색 등의 특별한 준비 같은 것은 필요치 않다. 그 결과는 대단히 훌륭하다. 규조류가 이루는 수많은 다양한 형태들을 볼 수 있을 것이다. 방추형, 원형, 타원형, 왕관형, 햇살과 비슷한 모양에 복잡한 팔찌 같은 모양에 이르기까지, 이들의 다양성은 거의 끝이 없을 정도이다.

전 세계적으로 규조토의 퇴적량은 어마어마해서 지표면 수십 미터 아래에 수백 제곱킬로미터 너비의 하얀색, 밝은 베이지색, 회색, 혹은 (드물게) 검은색 층을 이루고 있다. 대부분의 퇴적층은 표면에 드러나 있지만, 중국의 몇몇 퇴적층은 땅속에 있다. 최대 생산지는 미국인데, 연간 65만 톤을 채굴한다. 중국은 두 번째로 35만 톤을 생산한다. 미국의 생산량 대부분은 캘리포니아와 네바다 주 사이의 경계 근처에서 나온다. 가장 큰 단일 생산 지역은 캘리포니아주 롬폭이다.

규조토를 이렇게 대량으로 쓰고 있음에도 불구하고 전 세계의 매장량이 워낙 많기 때문에 당분간 고갈될 염려는 없다. 규조류는 수억 년 동안 지구에서 증식했고 이들의 세포벽은 분해되지도, 파괴되지도 않는다. 다른 미생물처럼 규조류는 인류에게 그 유용함을 증명하였으나 다음으로 보게 될 미생물에 대해서는 그런 식으로 말할 수가 없을 것 같다.

설사, 복통, 유황성 입 냄새로 고생하는 아이

이 증상은 미생물학의 초기부터 미생물학자들을 매료시킨 원생생물(임상의들은 여전히 원충이라고 부른다)인 람블편모충*Giardia lamblia* 때문일 가능성이 높다. 인간에 미치는 영향과 이들 자체의 흥미로운 생태 때문에 학자들은 여전히 이들에게 매료된다. 편모충 세포 다수는 어린아이의 소장 위쪽 벽에 달라붙는다. 왜 편모충이 범인일 가능성이 높은 걸까? 설사와 복통의 원인은 여러 가지가 있지만, 감염과 항상 동반되는 것이 아닌 독특한 유황성 입 냄새가 범인을 알려준다.

편모충의 존재와 설사의 관계에 대한 우리의 지식은 미생물학의 역사만큼이나 오래되었다. 1681년 네덜란드의 포목상이자 아마추어 현미경 사용자 그리고 아마 최초의 미생물학자라 불러도 될 인물인 안토니 판 레이우엔훅Antony van Leeuwenhoek이 손수 만든 이동식 현미경을 통해 자신의 배설물을 관찰하여 편모충을 발견했다. 설사에 시달리던 레이우엔훅은 굉장한 호기심을 느꼈다. 그는 이전에 후추의 날카로운 모서리 또는 자신의 이에서 긁어낸 내용물, 운하를 흐르는 물에 있는 생물체들을 찾아보는 데에도 현미경을 사용하곤 했다. 그는 날카로운 모서리가 후추의 짜릿한 맛을 설명하는 것이 아니라는 결론을 내렸지만 이에서 긁어낸 내용물과 운하의 물은 '미소동물animalcules'들이 가득한 환상적인 동물원이라는 사실을 알게 되었다. 이번에 그는 자신의 병을 일으킨 원인에 관심을 갖게 되었고, 런던 왕립학회에 특유의 신선하고 쉬운 스타일의 보고서를 제출했다. 그는 "작은 생물체들, 몇 개는 혈구보다 좀더 크고 몇 개는 좀 작지만 모두가 똑같은 모양새이다. 이들의 몸통은 폭보다 길이가 좀더 길고, 평평한 배에 여러 개의 발이 달려 있어서 깨끗한 배지와 다른 혈구 속에서 꿈틀거리며 움직인다. 마치 벽을 타고 올라가는 쥐며느리를 보는 것 같은 느낌이다. 다만 이들은 발을 빠르게 움직이기는 하지만 나아가는 속도는 상당히 느리다"라고 서술했다.

레이우엔훅이 본 것이 편모충이라는 사실은 거의 의심의 여지가 없다. 끊임없이 움직이는 편모가 빠르게 동작하지만 전진하는 속도는 굼

뜨다. 레이우엔훅은 이 작은 생물체를 자신의 병과 연관시켰다. 루이 파스퇴르가 질병의 세균설을 내놓기 300년 전의 일이다. 레이우엔훅이 걸린 전염병은 별로 드문 것도 아니고 장기적으로 건강에 큰 영향을 주지도 않는다. 그는 아흔 살까지 살았다. 오늘날에도 이 전염병은 여전히 흔하다. 편모충은 세계에서 가장 자주 발견되는 장내 원충 기생충이다. 이 기생충은 개발도상국에서 인구의 20퍼센트 정도가, 나머지 국가에서는 5퍼센트 정도까지 감염성을 보인다. 미국 질병통제예방센터(CDC)에서는 미국에서 연간 10만에서 250만 건이 일어난다고 추정한다.

이렇게 세계적으로 유행하긴 하지만, 편모충은 특히 설사를 방지하기 위해서 정수필터를 지참하라고 장려되는 미국 서부 산맥 지역의 배낭 여행자들에게 설사의 원인으로 지나치게 자주 비난을 받는다. 캠핑을 하는 동안 많은 사람들이 지저분하게 지내는 것이 실은 더 큰 주범일 것이다. 산에서 설사로 고생을 한다는 것이 편모충의 증거는 아니다. 그보다는 동료 여행자로부터 옮은 대장균이나 살모넬라, 캄필로박터*Campylobacter* 같은 박테리아 때문일 것이다. 수질에 관한 20년 연구계획의 일환으로 캘리포니아 시에라 네바다의 호수와 하천의 물을 광범위하게 채취해 확인한 로버트 더렛은 이 지역에는 편모충이 굉장히 드물어서 배낭 여행자가 하루에 평균 1,000리터의 물을 마셔야 병에 걸린다고 결론을 내렸다. 보건부에서도 이에 동의했다. 여행자 48명을 대상으로 조사한 결과 두 명만이 편모충에 감염된 것 같다고 대답했고, 이들도 자신들의 걱정을 증명할 만한 데이터를 제

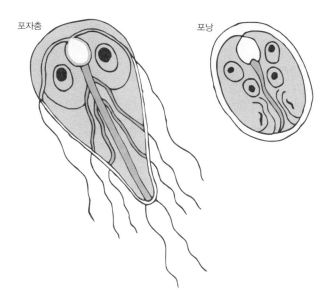

• 편모충의 포자충과 포낭 •

공하지 못했다. 그러니까 산에 갈 때 정수필터를 가져가는 것은 정수
필터 회사에게만 좋은 일일 뿐 편모충을 피하는 데에 꼭 필요한 것은
아니다. 하지만 다수의 여행자들이나 동물들 근처에 있는 물은 이야
기가 다르다.

편모충은 보기만 해도 정체를 파악할 수 있는 외형을 비롯해서 여
러 가지 독특한 특징을 갖고 있다. 편모충은 서양배를 길게 반으로 잘
라놓은 것처럼 생겼다. 대칭적으로 위치한 두 개의 핵은 기묘하게도
사람의 얼굴 같은 모양을 이룬다. 네 쌍의 편모(레이우엔훅이 발이라고
말했던 부분) 덕에 활동성이 있으며 아래쪽에는 빨판이라고도 부르는

옴폭한 원반이 있다. 이것으로 장 내벽에 단단히 달라붙어서 장이 계속해서 내용물을 밀어낼 때에도 쓸려 내려가지 않는다.

편모충은 양분이 풍부하고 안전한 환경에서 세포분열로 증식한다. 하지만 아직까지 정확히 밝혀지지 않은 환경적 신호에 응답하여 분열을 멈추고, 이 독특하고 기묘하게 아름다운 세포인 영양형 trophozoite(그리스어로 '운동성 동물'이라는 뜻)은 배설물을 통해 전파되는 두꺼운 벽을 가진 평범해 보이는 포낭으로 바뀐다. 포낭은 명백히 휴면 형태이다. 하지만 출간된 몇몇 연구에 따르면 포낭은 자연환경에서, 특히 햇살에 노출되면 오래 살아남지 못한다. 포낭은 물속에서 빠르게 가라앉기 때문에 휘젓지 않는다면 산 속 호수의 위쪽 45센티미터에는 편모충이 없을 가능성이 높다. 포낭을 섭취하게 되면 위산이 이들을 자극하여 발아시키고 다시금 포낭충이 된다. 이들은 증식할 수 있는 형태이고 분열하여 증식하지만, 세포가 표면에 달라붙어 있을 때에만 가능하다. 편모충의 생명 주기에는 생식 단계가 없는 것으로 알려져 있다.

흥미롭게도 편모충이 설사를 일으키는 원인이나 가끔 특유의 유황성 입 냄새를 풍기게 하는 이유는 아직까지 밝혀지지 않았다. 편모충은 독소를 생산하지 않는다. 그저 장 내벽에 달라붙어 장내 흡수력을 상당히 저해할 정도의 범위를 뒤덮어 설사를 일으킬 뿐이다.

편모충 포낭충은 복잡해 보이지만 이들의 구조는 진핵세포치고는 상당히 단순하다. 이들에게는 거의 모든 진핵세포에 있는 미토콘드리아나 다른 세포 내 기관(예를 들어 소포체, 골지체, 리소좀 등)이 없다. 미토콘드리아가 없다는 사실이 진화적 의미를 갖고 있기 때문에 생물학자들은 특히 이 포낭충에 관심을 기울인다. 앞에서 말한 것처럼 수많은 증거들이 미토콘드리아가 진핵세포의 진화 과정 초기에 사로잡은 박테리아의 잔재라는 사실을 알려준다. 그리하여 우리를 포함한 진핵생물들이 ATP를 생산하기 위한 방편으로 유기호흡을 할 수 있는 것이다. 또 다른 증거는 편모충이 지독하게 원시적인 진핵생물로, 생명의 계통수에서 상당히 안쪽 가지에 있다는 사실을 알려준다.

후손들의 관계를 보여준다는 면에서 가계도와 유사한 생명의 계통수는 약간 관목처럼 생겼다. 뿌리 근처에 돋아 있는 편모충이 속한 가지는 원시적인 것으로 여겨진다. 이들은 일반적인 가지가 훨씬 더 진화하기 전에, 자신들의 후손보다 앞쪽에 위치하고 있다(예를 들어 1장에 그려진 생물의 계통수를 보라).

그러므로 이 가지에 있는 편모충과 다른 원시 진핵생물들은 유기호흡을 해줄 박테리아를 아직 사로잡지 못했던 초기 진핵생물의 후손일 가능성이 높다. 하지만 이 이론에 대하여 지금은 의문이 제기된 상태이다. 편모충 게놈에 미토콘드리아에서 나온 유전자가 포함되어 있다는 사실이 밝혀졌기 때문이다. 그래서 편모충의 선조는 한때 미토콘드리아를 갖고 있다가 잃었을 것으로 보인다. 하지만 이 유전자는 미토콘드리아로부터 바로 나온 것이 아니라 다른 미생물에서 유래된 것일 수도 있다.

하나의 유기체에서 전혀 다른 유기체로 유전자를 전달하는 것이 이전에 예상했던 것보다 훨씬 흔한 일이라는 사실이 지난 10여 년 사이에 밝혀졌다. 유기체의 유전자나 특성이 유전적 혈통을 따라 직접적으로 내려오지 않을 수 있다는 가능성이 제기되며 진화에 대한 연구가 복잡해졌다. 유전자나 특성은 전혀 다른 혈통으로부터 비교적 최근에 얻은 것일 수도 있다. 이런 소위 측생 혹은 수평 유전자 이전은 유전자적 혈통을 해독하는 것을 어렵게 만드는 주된 요인이다.

편모충만이 설사를 유발하는 미토콘드리아가 없는 원생생물인 것은 아니다. 와포자충*Cryptosporidium*이라는 다른 원생생물도 주된 문젯거리이다. 이 박테리아는 대체로 하루 이틀 정도 가는 설사를 일으키지만, 때로는 몇 주씩 계속될 수도 있다. HIV와 AIDS, 암, 장기 이식 환자처럼 면역체계가 약해져 있거나 혹은 면역체계에 유전병이 있는 사람들의 경우 와포자충 감염은 생명에 위협이 될 수도 있다. 와포자충은 두 가지 이유에서 특히 유해하다. 첫째, 이것은 굉장히 전염성이 높다. 세포가 열 개 미만, 심지어 하나만 있어도 전염될 수 있다. 또한 우리가 상수도를 보호하기 위해 사용하는 주된 처리법인 염소 소독에 높은 내성을 갖고 있다. 다량의 전염성 세포들이 감염자의 배설물에서 나오게 된다.

와포자충 감염은 미국에서는 꽤 흔하다. 인구의 2퍼센트 정도가 이 원생생물을 보유하고 있고, 항체 연구에 따르면 우리 중 80퍼센트가 병을 앓은 적이 있다. 와포자충이 유발하는 질병은 1976년에 테네시 주 외곽의 세 살짜리 소녀가 2주 동안 위장병으로 고생한 일을 통해 처음으로 확인되었다. 와포자충의 대규모 전염 사건은 1993년 4월 위스콘신 주 밀워키에서 일어났다. 40만 명이 넘는 사람들이 전염되었고 그중 4,400명이 병원에 입원했다. 병세는 심각했다. 평균 12일 간 지속되었으며 병이 가장 심할 때 환자들은 하루에 평균 19회 설사를 했다. 면역력이 약한 사람들 여러 명이 사망했다. 병의 발원지는 남부 밀워키 상수도 공장으로 추적되었다. 여기서 일한 사람 50퍼센트가 병에 걸렸다. 공장의 염소 소독 과정이 의심되었지만 이들은 살균제를 권장량만큼 적절하게 첨가했다. 하지만 두꺼운 벽을 가진 와포자충의 접합자낭은 이런 처리를 견딜 수 있다. 그러면 왜 상수원이 예전에는 안전했고, 마찬가지 측면에서 상수도 공급처가 와포자충으로부터 안전한 이유는 뭘까? 모든 상수도 처리 시설은 미생물 처리를 염소 소독에 의존하고 있는데 말이다. 그 해답은 상수도 공급시설에서 사용하는 여과 장치가 와포자충의 난포낭도 제거한다는 데 있었다. 일반적으로는 여과만으로도 충분하지만 이 경우에는 정화 과정이 제대로 기능하지 못해서 예상치 못했던 전염병 발생이라는 결과가 나왔던 것이다.

대부분의 미생물들은 우리에게 별 해를 끼치지 않지만, 몇몇은 우리를 상당히 아프게 만든다. 편모충은 병을 일으키는 것으로 확인된 최초의 미생물 중 하나이고, 친족 관계의 미생물인 와포자충은 질병을 일으킨다고 가장 최근에 인지된 원생생물이다. 미토콘드리아가 없는 원시 원생생물은 미생물학의 초창기부터 사람들을 매료시켰고 지금도 계속되고 있다. 이들의 모습은 근사하고 근본적인 진화적 의문을 제기하게 만드는 데다 건강에 대한 많은 진짜와 가짜 우려를 불러일으킨다.

14

최후의 생존자들

**MARCH OF
THE MICROBES**

66

미생물은 우리가 존재하기 한참 전부터 이 지구에 살고 있었으며
어떤 끔찍한 사건으로 우리가 사라진다 해도 계속 존재할 것이다.
물론 이들의 생존은 끔찍한 사건의 특성에 달려 있다.
만약 이것이 강력한 방사능이라면, 대다수가 살아남을 수 있을 것이다.

99

미생물은 우리가 존재하기 한참 전부터 이 지구에 살고 있었으며 어떤 끔찍한 사건으로 우리가 사라진다 해도 계속 존재할 것이다. 물론 이들의 생존은 끔찍한 사건의 특성에 달려 있다. 만약 이것이 강력한 방사능이라면, 대다수가 살아남을 수 있을 것이다.

버섯구름

오래된 영화 〈닥터 스트레인지러브〉에서 나오는 원자폭탄 폭발 장면은 실제로는 절대로 보고 싶지 않은 모습이다. 계속된 원자폭탄 폭발로 인한 끔찍한 지구 규모의 강한 방사능은 우리들 자신을 비롯해 현존하는 수많은 종들을 없앨 것이다. 하지만 몇몇 종은 방사능이 가득한 세상에서도 살아남을 수 있다. 미생물도 그중 하나이다. 어떤 미생물은, 특히 유명한 박테리아 데이노코쿠스 라디오듀란스*Deinococcus radiodurans* 같은 것은 방사능에 굉장한 내성을 갖고 있다. 방사능 조사량이 500~1000라드rad면 흔히 사람은 죽지만 데이노코쿠스 라디오듀란스는 그 1만 배인 500만 라드에서도 아무 해도 입지 않는다.

의문의 여지없이 광범위한 강한 방사능은 대량 멸종을 야기한다. 하지만 대량 멸종에 선례가 없는 것은 아니다. 화석 기록을 보면 지구의 격정적인 역사상 최소한 이런 멸종이 다섯 번은 일어났고, 각각의 사건들은 화석 기록에 명확하게 나와 있다. 특정 지층 위에, 지질학적 시간으로 보면 잠시 동안 아래층보다 화석의 종류가 훨씬 적은 지층을 발견할 수 있다. 이렇게 화석의 수가 다른 것은 대멸종 전과 후를 나타낸다. 더 위에 있는, 좀더 최근의 지층에서 사라진 종은 어떤 재난으로 인해 멸종한 것이다. 이런 대변동 중에서 우리가 아는 한 가장 규모가 컸던 페름기-트라이아스기 대멸종은 2억 6,000만 년 전에 일어났다. 이것은 지질학적 연대를 나눌 때 페름기에서 트라이아스기로 넘어가는 특징이 된다. 이때 지구의 해상 동물 96퍼센트가 사라졌고 육상 동물 70퍼센트 이상이 사라졌다.

영향력은 좀더 작지만 가장 잘 알려졌고 멸종에 관해 설명하기 쉬운 것은 6,500만 년 전 백악기가 끝나고 제3기가 시작할 무렵에 벌어진 백악기-제3기 대멸종이다. 이때 새로 변한 것들을 제외하면 거의 모든 공룡이 사라졌고, 육지와 바다에서 대형 무척추 동물이 거의 다 사라졌다. 노벨상 수상 물리학자인 루이스 알바레스의 설명과 그의 아들 월터와 그 동료들이 찾아낸 증거가 지금은 지질학자들과 생물학자들에게 보편적으로 받아들여지고 있다. 알바레즈는 운석이나 작은 소행성이 범인이라고 여겼다. 지구상의 전환기 지층에는 드문 원소이지만 운석에는 훨씬 풍부한 이리듐iridium이 다량 분포하고 있기 때문이다. 다른 사람들은 우주에서 날아온 지름 약 10킬로미터 정도의 거대한 비행물체가 북아메리카 어딘가에 떨어졌을 거라고 주장한다. 후에 위성 이미지로 실제 떨어진 지역이 밝혀졌다. 유카탄 반도에 160킬로미터 정도의 달걀형 운석공이 있고, 그 위로 얕게 바닷물이 덮여 있다. 이 충격으로 지역적으로 잠시 강한 열이 방출되었고 이후 대기 중의 먼지로 인해서 햇빛이 감소하고 전 지구적으로 빙하기가 오게 되었다. 백악기─제3기의 지층이 얇긴 하지만 이후 기간 동안에도 동물들은 계속해서 멸종했을 것이다.

　반면 강력한 방사능으로 인한 사망은 상대적으로 빠르게 진행된다. 미생물을 포함한 거의 모든 유기체가 여기에 민감한데 데이노코쿠스 라디오듀란스만은 예외임이 잘 알려져 있다. 이 흥미로운 박테리아는 핵폭발에서 주로 나오는 파괴적인 광선인 감마선에 대한 내성이 대단히 강하고, 자외선과 장기간의 건조에도 강하다. 데이노코쿠스 라디오듀란스의 특별한 내성에 관한 자세한 사항은 완전히 밝혀지지 않았지만, 전반적인 부분은 알려졌다. 치명적인 감마선의 주된 세포 목표물은 DNA이다. 감마선은 DNA를 조각내어 세포를 죽인다. 대부분의 세포는 염색체의 분열에 특히 예민하다. 예를 들어 대장균은 이중나선 두세 개만 분해되어도 살아남지 못한다. 반면 데이노코쿠스 라디오듀란스는 수백 개를 분열할 수 있는 양의 방사능에도 영향을 받지 않는다.

데이노코쿠스 라디오듀란스는 세포를 강한 빨간색으로 염색할 수 있는 충분한 양의 카로티노이드 색소(방사능에 대해 방어막을 형성해주는 것으로 알려진 화합물)를 생성하고, 이들 세포는 특히 벽이 두껍다. 하지만 데이노코쿠스 라디오듀란스가 고강도의 방사능이 세포 안으로 들어와 염색체를 분해하는 것을 막는 방식으로 세포를 보호하는 것은 아니다. 이들은 대신에 염색체가 분해되자마자 회복하는 능력이 뛰어나다. 이를 위하여 데이노코쿠스 라디오듀란스는 각 세포에 여러 개의 염색체 복제본을 갖고 있으며, 분해되지 않은 조각을 분열된 부분 위에 겹쳐 손상된 부분을 복구하는 재료로 삼는다. DNA를 자르고 재봉합하는 것이 전문인 특수 효소가 이 조각을 사용해서 분열된 부분을 정확하게 수리한다. 이어 붙인 DNA는 분열되지 않은 염색체와 전혀 구분이 되지 않는다. 게다가 데이노코쿠스 라디오듀란스의 세포는 세포 한 개에 있던 재료를 모두 소모했을 경우 옆에 있는 세포로부터 남는 연결 조각을 받을 수 있다. 네 개의 데이노코쿠스 라디오듀란스 세포가 함께 결합하여 네 개의 분자를 형성하고, 방사능을 쬐면 네 개의 분자 중 한 개 세포의 DNA가 세포벽 안에 있는 통로를 통해 옆에 있는 세포로 이동한다.

방사능에 대한 데이노코쿠스 라디오듀란스의 독특한 내성은 진화의 수수께끼를 보여준다. 이들은 선택압에 따라서 지구상에 현재 존재하는 것보다 훨씬 고강도의 방사능을 견딜 수 있게 되었다. 진화는 직선적인 것이 아니다. 인간이 아직 획득하지 못한 기술과 결점을 보완하는 방향으로 진행되지 않는다. 데이노코쿠스 라디오듀란스가 방사능에 강한 내성을 갖게 된 이유를 과학적으로 가장 그럴 듯하게 추측하자면, DNA를 조각조각 분해할 수 있는 장기적이고 강력한 건조 상황에서도 살아남기 위한 선택의 부산물이었던 것으로 보인다. 데이노코쿠스 라디오듀란스가 남극대륙의 극도로 건조한 골짜기나 방사성 처리한 통조림 고기나 의료기기처럼 방사능이 강한 곳에서 발견된다는 사실에서 건조는 실제로 선택압이었을 거라는 이론이 뒷받침된다.

또 다른 설명으로는 데이노코쿠스 라디오듀란스나 그 선조들이 훨씬 방사능이 강했던 원시 지구에서 살 때부터 진화했다는 것이다. 이 이론을 뒷받침하는 증거도 있다. 현대의 분자 이론으로 수정된 생명의 계통수에서는 데이노코쿠스 라디오듀란스의 기원을 아주 고대로 추정한다. 이들이 위치한 가지는 나무의 뿌리 가까이에서 분지한다.

물론 지구의 미래에 또 다른 인재나 천재지변이 일어날 수도 있다. 수십억 년쯤 흐르는 동안 태양이 점점 더 밝아져서 지구가 계속 뜨거워질 수도 있다. 공룡을 멸종시켰던 것과 같은 소행성 충돌로 길고 무시무시한 겨울이 올 수도 있다. 미생물들은 이런 극단적인 환경을 훨씬 잘 견뎌낼 수 있다. 나는 미생물이 우리 인류보다 35억 년 앞서 지구에 나타났다는 말로 이 책을 시작했다. 그러니 지구의 상황이 어떻게 변하든 우리가 사라진 이후에도 미생물이 오랫동안 남아 있을 거라는 말로 마무리하는 것이 합리적일 것이다. 루이 파스퇴르가 옳았던 것 같다. 실제로 마지막을 장식하는 것은 미생물이다.

고분자 물질 macromolecule: 문자 그대로 커다란 분자. 생물학에서는 세포 안에서 발견되는 큰 분자들을 집단적으로 일컫는 말이다. 단백질, 핵산(RNA와 DNA), 다당류 및 몇몇 지질이 포함된다. 14, 22, 34, 37~39, 99, 107, 121, 195

고세균 Archaea: 원핵 미생물로 이루어진 두 개의 생물종 범위 중 하나. 다른 하나는 박테리아이다. 22, 27~29, 52, 61, 102, 125, 126, 130, 137, 138, 170, 176, 177, 185, 233, 239~243, 251, 348

공생 symbiosis: 함께 사는 두 개의 유기체. 113~115, 119, 151, 157, 163, 164, 182, 183, 407~411

과냉각 supercooling: 물이 얼지 않은 채 어는점 이하로 온도가 낮아지는 것. 377, 378

광영양생물 phototroph: 대사 에너지(ATP)를 빛에서 얻는 유기체. 112~115, 176, 180, 195, 215, 216, 220, 256, 257

광합성 photosynthetic: 미생물이 빛에서 에너지를 얻는 능력 19, 26, 31, 39, 112~116, 156, 164, 194, 242, 246~249, 256, 263, 386, 389, 405, 410

광합성 독립영양세균 photoautotroph: 대사 에너지(ATP)를 빛과 이산화탄소의 탄소로부터 얻는 독립영양세균. 395

규조류 diatom: 규소 벽으로 둘러싸인 세포를 가진 광합성 원생생물의 두 집단. 31, 414, 416~420

균류 fungi: 진핵 미생물 집단으로 긴 관상 세포가 주된 특징. 29~31, 74, 75, 86, 87, 112~116, 125, 126, 157, 277, 283, 285~288, 290~294, 299~301, 349, 398, 401

균사 hyphae: 균류의 것과 비슷한 세포 구조를 가진 균류나 다른 미생물의 관형 세포. 87, 113, 157, 283, 286, 287, 290, 293

균사체 mycelium: 대부분의 균류와 몇몇 박테리아(방선균류)의 특징인 관상세포 그물 조직. 87, 277, 294

그람 양성 gram-positive: 그람 염색이 되고 외부 세포막이 없는 박테리아의 주된 세포 종류 두 가지 중 하나이다. 23~26, 97, 100, 342, 344, 347, 361

극한생물 extremophile: 적대적인 환경에서 대부분의 유기체에게 번성하는 미생물. 210, 211, 233, 264

근권 rhizosphere: 식물의 뿌리를 둘러싼 토양 부분. 140, 146

글리코겐 glycogen: 포도당 단량체가 알파 결합을 해서 만드는 가지-사슬 형태의 다당류. 전분은 이 중합체의 직선 사슬 형태이다. 123, 229

기본구성 균주 constitutive: 항상 형성되는(주입할 필요가 없는) 효소의 종류. 95

ㄴ

남세균 cyanobacteria: 광합성의 부산물로 식물처럼 산소를 생산하는 광합성 박테리아 종. 26, 27, 112~116, 176, 180, 181, 183, 184, 194, 215, 246, 249, 254, 256~259, 263, 388, 390~392, 398, 400, 401, 409

남조류 blue-green algae: 남세균을 이르는 이전의 명칭. 178, 414

내생포자 endospores: 특정 박테리아의 세포 안쪽에서 형성되는 대단히 내성이 강한 휴면세포. 외포자와 비교하라. 270, 271, 333

누공(관찰반추위) fistula: 반추위부터 외부까지 인공적으로 뚫어놓은 구멍을 일컫는 일반적인 단어. 121

니트로게나아제 nitrogenase: 질소를 고정시키는 효소. 174, 180, 181

ㄷ

다당류 polysaccharide: 당이 사슬구조를 이루어 형성하는 고분자. 글리코겐, 셀룰로오스, 전분 등이 있다. 37, 91, 103, 123, 135~137, 358, 364

단량체 monomer: 고분자를 만드는 기초 단위 요소. 예를 들어 아미노산은 단백질의 단량체이고 당분은 다당류의 단량체이다. 14, 37, 107, 339

담자균류 basidiomycete: 담자기에서 담자포자를 형성하는 것이 특징인 균류의 두 집단. 30, 115, 283, 401

대기압 atmosphere of pressure: 지구의 대기가 가하는 압력. 대기압.(14.7psi와 동일하다.) 265

대사전구체(PM): 대사전구체. 모든 세포 구성요소들을 만드는 열두 개의 작은 분자들. 36~40, 187, 198, 199, 223, 249, 250, 255, 260

대사활동 metabolism: 세포 안에서 일어나는 모든 화학반응. 33, 73, 102, 120, 131, 142, 164, 205

대장 소화 동물 cecal digesters: 말이나 토끼처럼 위와 비슷한 기능을 하는 확장된 맹장을 가진 동물. 122, 126, 128, 130

대증식 bloom: 광합성 미생물이 대량 증식하는 것. 414, 416

독립영양세균 autotroph: 이산화탄소로부터 유기 성분을 추출하는 미생물. 223, 395

독소 toxin: 유기체가 만드는 유독물질. 142, 327, 331~336, 368, 371, 414, 415, 424

돌연변이 균주 mutant: 돌연변이를 일으킨 균주나 세포. 94~96, 105, 356, 378, 379

동위원소 isotope: 같은 화학적 성질을 가졌으나 원자량이 다른 원소 형태. 가끔 위쪽에 쓰는 숫자로 나타낸다. 예를 들어 탄소의 방사성 동위원소인 ^{14}C가 있다. 198, 213

동화 assimilation: 양분이 미생물의 구성요소 안으로 합쳐지는 것. 218

두배수체 diploid: 두 세트의 염색체를 갖고 있는 세포(반수체 참조). 179, 180

ㄹ

리그닌 lignin: 미생물에 의해 서서히 분해되는 나무형 식물의 구성성분. 126, 128

ㅁ

맥각 ergot: 균류인 클라비켑스 푸르푸레아가 생성하는 독소(에르고타민)의 일반 명칭이다. 278~284

메타게노믹스 metagenomics: DNA를 수집하고 염기서열을 분석하고 알려진 미생물과 비교해서 연구하는 무배양 방식. 61

메탄 methane: 천연가스(CH_4). 28, 51~57, 59, 92, 120, 130, 136, 137, 185, 193, 257

메탄생성균 methanogen: 천연가스(메탄)를 만드는 미생물(모두 고세균이다). 28, 52~55, 126, 130

무기호흡 anaerobic respiration: 산소 외의 화합물을 소모하여 양분을 산화시키고 ATP를 생성하는 세포적 공정. 45, 47~49, 66, 124, 164, 192, 196, 208, 212, 364, 389, 396

무산소 anoxic: 혐기성의 동의어. 49, 176, 214, 216, 257, 332, 389

무세포 acellular: 세포로 이루어지지 않은 것. 22

뮤 μ: 그리스 알파벳 '뮤'는 마이크로를 표시하는 단위로 사용되고 100만 분의 1을 뜻한다. 예를 들어 μg는 마이크로그램으로 100만 분의 1그램이다. μm는 100만 분의

1미터이고, $\mu\ell$는 100백만 분의 1리터이다.

미토콘드리아 mitochondria: 유기호흡을 수행하는 진핵세포 내의 미생물로부터 유래된 세포 내 소기관. 164, 388, 389, 425~427

ㅂ

박테리아 Bacteria: 원핵 미생물을 이루는 두 개의 생물종 왕국 중 하나. 다른 하나는 고세균이다.

박테리오파지 bacteriophage: 박테리아를 공격하는 바이러스. 흔히 파지라고 불린다. 32, 33

반수체 haploid: 한 세트의 염색체만을 가진 세포(두배수체 참조). 179

발효 fermentation: 몇몇 미생물이 ATP를 생성하는 무기호흡을 제외한 혐기성 과정. 39, 65~108, 125, 135, 136, 192, 257, 268, 357, 359, 364

발효기 fermenter: 미생물을 대량으로 배양하는 커다란 탱크. 대체로 휘저어서 공기를 공급한다. 103

방사성 탄소 연대측정법 radiocarbon dating: 생물의 연대를 이것이 형성된 이래로 얼마나 많은 방사성 탄소(^{14}C)가 붕괴되었는지를 측정하여 결정하는 것. 118

방선균 actinomycete: 균류 같은 관상 세포 형태로 군집을 이루어 자라는 박테리아 군의 대표. 346, 347, 349, 397~399

배우체 gametophyte: 생식체를 생성하는 식물의 성장 단계. 179, 180

백신 접종 vaccination: 약화시키거나 죽인 병원체 혹은 항원을 투여하여 이것이 유발하는 질병에 대한 방어력을 가진 항체를 생산하려는 방법. 321, 326~328, 362

베타카로틴 beta carotene: 카로틴에서 가장 흔한 형태로 식물에 특히 풍부한 자연 발생하는 색소 화합물. 239

변성 denature: 단백질의 3차원 구조를 망가뜨려 그 활성을 없애는 것. 240

병원성 pathogenicity: 질병을 유발하는 능력. 103, 147, 316

부분순환 호수 meromictic lake: '뒤섞이지 않는' 호수. 위층과 아래층이 섞이지 않는다. 49, 50, 214

부영양화 eutrophication: 물에 질소나 인이 과도하게 풍부해져서 광합성 미생물이 대량 증식하는 것. 194, 195

미생물에 관한 거의 모든 것

분생자 conidia: 특정 미생물이 만드는 무성 포자. 290~294, 301

분화 differentiation: 세포가 성장 중에 형태를 바꾸는 과정. 180~183, 379

비리온 virion: 완전한 바이러스 입자. 32~34, 309, 312~314

ㅅ

산성 광산 폐수 acid mine drainage: 미생물이 만든 황철광이나 다른 환원황의 산화로 생성된 광산에서 나오는 산성 유출수. 207~209

산성비 acid rain: 황산을 포함하고 있어서 pH가 낮은 비. 212

산소화 oxygenic: 산소 기체를 발생하는 것.

산화 oxidation: 화합물에서 전자를 제거하는 것. 전자는 혼자 존재할 수 없기 때문에 산화와 환원은 항상 같이 일어난다. 45, 66, 76, 186, 187, 190, 198, 199, 207, 215, 216, 257, 395

살균 sterilize: 주변에서 모든 미생물을 제거하는 것. 273, 369, 376

상리공생 mutualism: 양쪽 파트너 모두 이득을 얻는 공생관계. 112

생물막 biofilm: 막처럼 함께 자라는 미생물 세포 집단. 252~254

생체원소 bioelement: 모든 세포의 고분자를 이루는 탄소, 수소, 질소, 산소, 인, 황의 여섯 가지 원소들. 178, 203

섬모 pili: 몇몇 미생물에 달려 있는 똑바른 줄기 같은 부속기관. 핌브리fimbri와 동의어이다. 367

세포 내 공생자 endosymbiont: 다른 미생물 세포 안에 사는 미생물. 162

세포막 cell membrane: 모든 세포를 둘러싸고 있는 얇은 구조. 14, 25, 28, 32, 83, 169, 348, 377

세포질 cytoplasm: 핵을 제외하고 세포막 안에 있는 세포의 모든 구성요소. 25, 29, 83, 242, 243, 264, 269

셀룰라아제 cellulase: 셀룰로오스를 가수분해하는 효소. 122~127, 130

셀룰로오스 cellulose: 포도당 단량체가 베타 결합을 하여 만드는 다당류. 15, 71, 121~131, 301, 401

순수 배양 pure culture: 혼자 자라는 유기체. 순배양. 76

슈퍼펀드 Superfund: 버려진 오염물질 지역으로부터 사람들을 보호하기 위한 미국 정

ㅇ

와편모충 dinoflagellate: 두 개의 편모를 갖고 하나로는 세포 몸통을 감싸고 있는 것이 특징인 광합성 원생생물. 31, 155~157, 382~387, 407~416

외포자 exospores: 생식세포 외부에서 형성되는 휴면 세포.

원생동물 protista: 원생생물의 옛말. 균류를 제외한 진핵 미생물. 31, 126, 184, 289, 294

원충 protozoa: 조류를 제외한 원생동물을 묘사하는 단어. 30, 31, 125, 126, 405, 420

원핵생물 prokaryotic: 박테리아와 고세균처럼 내막과 명확한 핵이 없는 것이 특징인 단순한 세포 해부구조. 22, 23, 27, 29, 36, 177, 180

유기산 organic acid: 수소 이온(양성자, H^+)을 방출할 수 있는 어떤 화합물이든 산이라고 한다. 유리산은 대체로 카르복실기($-COOH$)를 갖고 있어서 쉽게 수소 이온을 방출할 수 있다. 78, 124, 125, 209, 257

유기호흡 aerobic respiration: 산소를 소모하여 ATP를 만들고 양분을 산화시키는 세포적 공정. 39, 45, 50, 66, 164, 186, 194, 207, 364, 388, 396, 425

유도 inducible: 미생물이 꼭 필요할 때에만 만드는 효소의 종류. 예를 들어 화합물을 대사하는 것이 가능할 때에만 만드는 효소를 유도효소라고 한다.

유독성 virulence: 질병을 감염시키고 유발하는 능력. 105, 303, 324, 414

유익균 probiotic: 파괴적이거나 병원성인 미생물의 자리에 무해한 미생물을 자리 잡게 하여 해로운 것을 배제하는 처리법. 148

이당류 disaccharide: 기본적인 당(단당류) 두 개가 화학적으로 결합되어 만들어진 당. 자당과 젖당이 그 예이다. 268, 269, 358

이중나선 double helix: DNA의 동의어. 동일한 단일 가닥 두 개가 나선형으로 꼬여 있는 구조에서 나온 이름이다. 246, 433

이형세포 heterocyst: 특정 남세균이 생성하는 벽이 두껍고 질소를 고정시키는 세포. 116

인산화 phosphorylation: 화합물에 인산염(PO_4^{3-})을 첨가하는 것.

ㅈ

자가분해 autolyze: 미생물이 스스로를 소화하고 분해하는 것. 69, 75, 82

자낭균류 ascomycete: 자낭에서 낭포를 형성하는 균류의 두 집단. 30, 115, 283, 290, 401

전분 starch: 포도당 단량체가 알파 결합을 해서 만드는 직선형 사슬 구조의 다당류. 글리코겐은 이 중합체가 가지-사슬 형태를 이룬 것이다. 93, 359

접종물 inoculum: 성장을 시작하기 위해서 첨가하는 소량의 미생물. 82

정수압 hydrostatic: 물이 가하는 힘과 압력. 233

정족수 인식 quorum sensing: 특정 미생물이 자신들의 숫자를 인식하고 반응하는 능력. 150, 153, 156, 158

젖산 발효 malolactic fermentation: 몇몇 와인에서 일어나는 말산이 젖산과 이산화탄소로 전환되는 발효. 66, 73

제련 smelting: 광물을 정제하기 위해서 가열하는 것. 종종 황이 유독한 이산화황 기체(SO_2) 상태로 증발한다.

종속영양세균 heterotroph: 유기 화합물을 주된 양분으로 사용하는 유기체. 260, 395

주화성 chemotaxis: 운동성 미생물이 화학적으로 선호하는 환경으로 움직이는 것. 254, 258

지구화학 geochemical: 지질학적, 화학적 사건에 대한 통칭. 55, 59

지의류 lichen: 균류와 광영양생물(또는 조류나 남세균) 사이의 공생. 112~120

지중해성 기후 Mediterranean climate: 겨울에 비가 오고 여름에는 건조한 것이 특징인 기후.

진핵 eukaryotic: 박테리아와 고세균을 제외한 모든 유기체들의 특성이라 할 수 있는 복잡한 세포의 해부학적 구조.

진핵생물 eukaryote: 진핵생물군에 속하는 진핵세포를 가진 미생물. 180, 256, 348, 388, 425

진핵생물군 Eucarya: 모든 진핵 미생물, 예를 들어 식물, 동물, 균류, 원생생물을 포함하는 생물학적 영역. 22, 29~31, 164, 406

질소고정 nitrogen-fixing: 기체 질소(N_2)를 암모니아(NH_3)로 전환시키는 공정. 116, 164, 169, 172~177, 182, 183, 400

질화 nitrify: 미생물이 암모니아를 질산염으로 전환시키는 것. 185, 188, 189, 196

ㅊ

초산생성 acetogenicr: 아세트산염을 만들 수 있는 능력. 130

촉매 작용 catalysis: 촉매가 활성화 에너지를 낮추어 화학반응을 촉진시키는 것.

출혈성 hemorrhagic: 출혈이 특징인 성질. 322

미생물에 관한 거의 모든 것

ㅋ

카로티노이드 carotenoid: 카로틴 같은 화합물. 242, 245, 434

카로틴 carotenes: 특히 식물에 풍부한 자연 발생 색소 화합물 집단.

콩과 식물 legume: 여성용 모자처럼 생긴 꽃이 달리는 식물군. 대체로 뿌리에 질소고정 박테리아가 풍부한 뿌리혹이 형성된다. 168~176, 183, 196, 264, 400

클론(복제) clone: 단일 유기체나 세포가 만든 유전적으로 동일한 자손. 또는 유전적으로 동일한 유기체나 유전자를 얻는 과정.

ㅌ

탄저병 anthrax: 탄저균이 일으키는 질병. 142, 324, 344

탈황작용 desulfurylation: 유기 화합물에서 황 원자를 황산수소(H_2S)로 제거하는 것. 218

ㅍ

파지 phage: 박테리오파지를 참조하라.

판데믹 pandemic: 넓은 지역에, 가끔은 전 세계적으로 퍼지는 유행병. 308

펩티도글리칸 peptidoglycan: 단백질과 당분으로 이루어진 고분자에 대한 일반적인 명칭. 박세리아 세포벽을 만드는 물질인 뮤레인 같은 특정한 이름 대신에 종종 사용된다. 36, 99, 100, 338, 339, 342, 343, 347

편모 flagellum: 운동을 위한 세포 부속기관. 원핵생물의 편모는 회전하고 진핵생물의 편모는 채찍 같은 형태로 움직인다. 17, 156, 182, 239, 242, 294, 364, 407, 423

프로테아제 prokaryotic: 단백질을 형성하는 아미노산을 이어주는 결합을 자르는 효소. 92, 314, 335

플라스미드 plasmid: 많은 미생물들이 갖고 있는 불필요한 DNA 조각. 73, 141~148, 324, 343, 367, 368

피막 capsule: 일부 미생물 세포를 둘러싸고 있는, 대체로 다당류로 이루어진 두꺼운 젤라틴 같은 층. 102~108

ㅎ

화와 환원은 항상 같이 일어난다. 66, 207

활주운동 gliding motility: 몇몇 미생물이 고체 표면에서 무편모성으로 움직이는 동작. 182, 258

황산염 환원균 sulfate—reducing bacteria: 황산염을 산소의 대체제로 이용하여 무기호흡으로 대사 에너지를 얻는 박테리아. 48~51, 192, 209~220

황색소년 yellow boy: 산성 광산 배출수로 인해 하천 바닥에 축적되는 노란 퇴적물을 묘사하는 구어. 204, 208

황철광 pyrite: 황화철(FeS). 바보의 금이라고도 부른다.

효소 enzyme: 생물학적 반응을 촉진시키는 단백질. 몇몇 생물학적 반응은 리보자임이라는 RNA 분자에 의해 촉진된다. 촉매는 반응의 속도를 빠르게 만든다. 효소는 '아제'라는 이름으로 끝난다.

미생물에 관한 거의 모든 것

개정판 1쇄 | 2018년 2월 9일
개정판 2쇄 | 2021년 10월 11일

지은이 | 존 L. 잉그럼   옮긴이 | 김지원
펴낸이 | 정미화   기획편집 | 정미화 정일웅   디자인 | 김현철 엄혜리
펴낸곳 | (주)이케이북   출판등록 | 제2013-000020호
주소 | 서울시 관악구 신원로 35, 913호
전화 | 02-2038-3419   팩스 | 0505-320-1010
홈페이지 | ekbook.co.kr   전자우편 | ekbooks@naver.com

ISBN 979-11-86222-18-8 03470